DEUTSCHE AKADEMIE DER WISSENSCHAFTEN ZU BERLIN
INSTITUT FÜR ORIENTFORSCHUNG

VERÖFFENTLICHUNG NR. 40

HORST KLENGEL

GESCHICHTE SYRIENS IM 2. JAHRTAUSEND V. U. Z.

TEIL 3

HISTORISCHE GEOGRAPHIE UND ALLGEMEINE DARSTELLUNG

Mit sechs Karten

AKADEMIE-VERLAG · BERLIN
1970

Erschienen im Akademie-Verlag GmbH, 108 Berlin, Leipziger Straße 3–4

Lizenz-Nr. 202 · 100/74/70
Kartengenehmigung Nr. 157/70
Offsetdruck und buchbinderische Verarbeitung: VEB Druckerei „Thomas Müntzer", 582 Bad Langensalza
Bestellnummer: 2013/40/III · EDV: 751 68 64 · ES 7 L
32,–

V O R W O R T

Die Zusammenstellung und Auswertung des inschriftlichen Quellenmaterials zur syrischen Geschichte des 2. Jahrtausends v.u.Z. soll mit diesem Band zu einem vorläufigen Abschluss gebracht werden. Es ist beabsichtigt, neu hinzutretende Texte - beginnend mit denen des kürzlich erschienenen Bandes Ugaritica V - sowie Ergebnisse der weiteren historischen Forschung von Zeit zu Zeit nachzutragen. Die Veröffentlichung neuer Inschriftenfunde insbesondere aus Rās Šamrā und Boğazköy, aber auch die zu erhoffenden Neuentdeckungen in anderen Ruinenstätten lassen ein rasches Anwachsen des Quellenmaterials erwarten. Die chronologische Einordnung mancher Belege sowie die historische Darstellung werden dann gewiss zu korrigieren sein. Es ist zu hoffen, dass viele der Fragezeichen, die bei der bewusst zurückhaltenden Interpretation der Quellen gesetzt werden mussten, bald getilgt werden können und auch dort gesicherte Ergebnisse erlangt werden können, wo jetzt nur Vermutungen geäussert werden durften.

Die Arbeit der letzten Jahre hat mir deutlich vor Augen geführt, wie sehr wir uns mit einer wirklich historischen Erforschung des mittel - und spätbronzezeitlichen Syrien - nicht zu reden von der Zeit davor - noch am Anfang befinden. Die zeitlichen und räumlichen Lücken, die die Quellenüberlieferung noch aufweist, sind zu gross, als dass sie durch Rekonstruktionen überbrückt werden könnten. Das trifft nicht nur für die hier behandelte politische Geschichte zu, sondern auch für die Untersuchung der sozialökonomischen und kulturellen Verhältnisse als Widerspiegelungen eines historischen Entwicklungsprozesses. Im Titel des zweiten Abschnitts dieses Bandes ist daher nicht der Anspruch erhoben worden, eine wirkliche Gesamtdarstellung oder Gesamtschau bieten zu wollen. Wenn die nunmehr vorliegenden drei Bände als eine nützliche Hilfe bei der weiteren Forschung dienen können, dann haben sie ihre Aufgabe vollauf erfüllt.

Die Offset-Vorlage habe ich wiederum gemeinsam mit meiner Frau hergestellt, der auch an dieser Stelle wieder herzlich für ihre Hilfe gedankt sei.

Berlin, im August 1969

Horst Klengel

INHALTSVERZEICHNIS

V E R Z E I C H N I S   D E R   A B K Ü R Z U N G E N

AAS = Annales Archéologiques de Syrie. Damaskus, 1951 ff.- Jetzt: Annales Archéologiques Arabes Syriennes.

AASOR = Annual of the American Schools of Oriental Research. New Haven, 1920 ff.

Abel, Géographie = F.M. Abel, Géographie de la Palestine, I - II, Paris 1933-38.

AfO = Archiv für Orientforschung. Berlin, dann Graz, 1926 ff.

AHw = W. von Soden, Akkadisches Handwörterbuch. Wiesbaden, 1959 ff.

AIBL = Académie des Inscriptions et Belles-Lettres, Comptes rendus. Paris, 1857 ff.

AJSL = American Journal of Semitic Languages and Literatures. Chicago, 1894 ff.

AKA = E.A. Wallis Budge - L.W. King, Annals of the Kings of Assyria, I, London 1902.

Albright, Vocalization = W.F. Albright, Vocalization of the Egyptian Syllabic Orthography. New Haven 1934.

AM = A. Götze, Die Annalen des Muršiliš (MVAG 38). Leipzig 1933.

ANET = Ancient Near Eastern Texts Relating to the Old Testament, edited by James B. Pritchard. 2nd ed., Princeton 1955.

ARM = Archives Royales de Mari, publiées sous la direction de A.

Parrot et G. Dossin. Paris, 1950 ff. Bisher erschienen die Bände I - XIII.

ArOr = Archiv Orientální, Prag, 1929 ff.

AT = Bezeichnung der Texte aus Alalaḫ mit folgender laufender Nr. nach D.J. Wiseman, The Alalakh Tablets, London 1953. Texte aus der Schicht VII sind mit einem + gekennzeichnet.

ATHE = B. Kienast, Die altassyrischen Texte des orientalischen Seminars der Universität Heidelberg und der Sammlung Erlenmeyer Basel. Berlin 1960.

BASOR = Bulletin of the American Schools of Oriental Research. South Hadley, dann New Haven, 1919 ff.

BBB = Bonner Biblische Beiträge. Bonn, 1954 ff. Nr. 25 = E. Edel, Die Ortsnamenlisten aus dem Totentempel Amenophis' III., Bonn 1966.

BBLAK = Beiträge zur Biblischen Landes- und Altertumskunde. Stuttgart, 1949 ff.

BIN = Babylonian Inscriptions in the Collection of J.B. Nies. New Haven - London - Oxford, 1917 ff.

Bottéro, Ḫabiru = J. Bottéro, Le problème des Ḫabiru à la 4e Rencontre Assyriologique, Paris 1954 (= Cahiers de la Société Asiatique, XII).

Breasted, Anc. Rec. = J.H. Breasted, Ancient Records of Egypt. Chicago 1906-07.

CAD = The Assyrian Dictionary of the Oriental Institute of the University of Chicago. Chicago, 1956 ff.

Campbell, Chronology = E.F. Campbell, Jr., The Chronology of the Amarna Letters. Baltimore 1964.

CAH = The Cambridge Ancient History. Revised Edition of Volumes I and II. Cambridge - London.

CCT = Cuneiform Texts from Cappadocian Tablets. London, 1921 ff.

Dussaud, Topographie = R. Dussaud, Topographie historique de la Syrie antique et médiévale. Paris 1927.

EA = Bezeichnung von el-'Amārna-Briefen nach J.A. Knudtzon, Die el-Amarna-Tafeln. Leipzig 1915.

Edzard, ZZB = D.O. Edzard, Die "Zweite Zwischenzeit" Babyloniens. Wiesbaden 1957.

EL = G. Eisser und J. Lewy, Die altassyrischen Rechtsurkunden vom Kültepe (MVAG 33 und 35). Leipzig 1930 und 1935.

FF = Forschungen und Fortschritte. Berlin, 1925 ff.

Forrer, Provinzeinteilung = E. Forrer, Die Provinzeinteilung des Assyrischen Reiches. Leipzig 1920.

Gardiner, Onomastica = A.H. Gardiner, Ancient Egyptian Onomastica. Oxford 1947.

Garstang-Gurney, Geography = J. Garstang and O.R. Gurney, The Geography of the Hittite Empire. London 1959.

GN = Abkürzung für: Geographischer Name.

GS I = H. Klengel, Geschichte Syriens im 2. Jahrtausend v.u.Z., Teil I - Nordsyrien. Berlin 1965.- GS II = Teil II - Mittel- und Südsyrien. Berlin 1969. GS III = vorliegende Arbeit.

Helck, Urkunden = W. Helck, Urkunden der 18. Dynastie, Übersetzung zu den Heften 17-22. Berlin 1961.

Helck, Beziehungen = W. Helck, Die Beziehungen Ägyptens zu Vorderasien im 3. und 2. Jahrtausend v. Chr. Wiesbaden 1962.

Herdner, Corpus = Andrée Herdner, Corpus des tablettes en cunéiformes alphabétiques découvertes à Ras Shamra-Ugarit de 1929 à 1939. Paris 1963 (Mission de Ras Shamra, X).

HSS = Harvard Semitic Series. Cambridge Mass.

HT = Hittite Texts in the Cuneiform Character from Tablets in the British Museum. London 1920.

IBoT = Istanbul Arkeoloji Müzelerinde bulunan Boğazköy Tabletleri.

Istanbul, 1944 ff.

IEJ = Israel Exploration Journal. Jerusalem, 1951 ff.

JAOS = Journal of the American Oriental Society. Boston, 1849 ff.

JARCE = Journal of the American Research Center in Egypt. Boston.

JBL = Journal of Biblical Literature and Exegesis. Boston, Philadelphia, 1881 ff.

JCS = Journal of Cuneiform Studies. New Haven, 1947 ff.

JEA = The Journal of Egyptian Archaeology. London, 1914 ff.

JEOL = Jaarbericht van het Vooraziatisch-egyptisch Gezelschap Ex Oriente Lux. Leiden, 1933 ff.

Jirku, Listen = A. Jirku, Die ägyptischen Listen palästinensischer und syrischer Ortsnamen. Leipzig 1937 (= Klio, Beiheft 38).

JKF = Jahrbuch für Kleinasiatische Forschung. Heidelberg, 1950 ff.

JNES = Journal of Near Eastern Studies. Chicago, 1942 ff.

JPOS = Journal of the Palestine Oriental Society. Jerusalem, 1920 ff.

JSS = Journal of Semitic Studies. Manchester, 1956 ff.

KAF = Kleinasiatische Forschungen, I. Weimar 1930.

KAH = Keilschrifturkunden aus Assur historischen Inhalts, I-II. Leipzig 1911 und 1922 (= WVDOG 16 und 37).

KAJ = Keilschrifttexte aus Assur juristischen Inhalts. Leipzig 1927 (= WVDOG 50).

Kammenhuber, Arier = A. Kammenhuber, Die Arier im Vorderen Orient. Heidelberg 1968.

KAV = Keilschrifttexte aus Assur verschiedenen Inhalts. Leipzig 1920 (= WVDOG 35).

KBo = Keilschrifttexte aus Boghazköi, in: WVDOG, 1916 ff.

Kitchen, Suppiluliuma = K.A. Kitchen, Suppiluliuma and the Amarna Pharaohs. Liverpool 1962.

KUB = Keilschrifturkunden aus Boghazköi. Berlin, 1921 ff.

Kupper, Nomades = J.-R. Kupper, Les nomades en Mésopotamie au temps des rois de Mari. Paris 1957.

Laroche, Cat. = E. Laroche, Catalogue des textes hittites, in: RHA 58 (1956) 33 ff.; 59 (1956) 69 ff.; 60 (1957) 30 ff. und 62 (1958) 18 ff.

Laroche, Noms = E. Laroche, Les noms des Hittites. Paris 1966.

Leemans, Foreign Trade = W.F. Leemans, Foreign Trade in the Old Babylonian Period. Leiden 1960 (Studia et Documenta, 6).

Liverani, Storia = M. Liverani, Storia di Ugarit nell'età degli archivi politici. Rom 1962 (Studi Semitici, 6).

Luckenbill, ARAB = D.D. Luckenbill, Ancient Records of Assyria and Babylonia. Chicago 1926-27.

Maisler, Untersuchungen = B. Maisler, Untersuchungen zur alten Geschichte und Ethnographie Syriens und Palästinas, I. Giessen 1930.

MAOG = Mitteilungen der Altorientalischen Gesellschaft. Leipzig, 1925 ff.

MDOG = Mitteilungen der Deutschen Orient-Gesellschaft. Berlin, 1899 ff.

MIO = Mitteilungen des Instituts für Orientforschung der Deutschen Akademie der Wissenschaften zu Berlin. Berlin, 1953 ff.

Missione = Missione archeologica italiana in Siria. Rapporto preliminare. Rom, 1965 ff. (Campagna 1964, ff.).

MVAG = Mitteilungen der Vorderasiatisch-Aegyptischen Gesellschaft. Berlin, dann Leipzig, 1896 ff.

OA = Oriens Antiquus. Rom, 1962 ff.

OLZ = Orientalistische Literaturzeitung. Berlin, 1898 ff.

Or = Orientalia. Rom, 1920 ff., Nova Series (NS) 1932 ff.

PJB = Palästina-Jahrbuch des Deutschen Evangelischen Instituts für Altertumswissenschaft des Heiligen Landes zu Jerusalem. Berlin, 1905 ff.

PN = Abkürzung für: Personenname.

Porter-Moss, Bibliography = B. Porter - R.L.B. Moss, Topographical Bibliography of Ancient Egyptian Hieroglyphic Texts, Reliefs, and Paintings. VII: Nubia, the Deserts, and Outside Egypt. Oxford 1951.

Posener, Princes et pays = G. Posener, Princes et pays d'Asie et de Nubie. Brüssel 1940.

PRU = Le Palais Royal d'Ugarit, publiée sous la direction de Cl. F.-A. Schaeffer. Paris, 1955 ff. Bisher erschienen die Bände II - V.

RA = Revue d'Assyriologie et d'Archéologie Orientale. Paris, 1884 ff.

RAI = Rencontre Assyriologique Internationale, Comptes rendus.

Rép. An. = J. Bottéro et A. Finet, Répertoire analytique des tomes I à V. Paris 1954 (= ARM XV).

RHA = Revue Hittite et Asianique. Paris, 1930 ff.

RLA = Reallexikon der Assyriologie. Berlin, 1928 ff.

RS = Bezeichnung der Texte aus Rās Šamrā (Ugarit) mit nachfolgender Grabungsnummer.

RSO = Rivista degli Studi Orientali. Rom, 1907 ff.

Schaeffer, Stratigraphie Comparée = Cl.F.-A. Schaeffer, Stratigraphie Comparée et Chronologie de l'Asie Occidentale. London 1948.

Sethe, Ächtung = K. Sethe, Die Ächtung feindlicher Fürsten, Völker und Dinge auf altägyptischen Tongefäßscherben des Mittleren Reiches. Berlin 1926.

Simons, Lists = J. Simons, Handbook for the Study of Egyptian Topographical Lists Relating to Western Asia. Leiden 1937.

Smith, Idrimi = S. Smith, The Statue of Idri-mi. London 1949.

Sommer, AU = F. Sommer, Die Aḫḫijavā-Urkunden. München 1932.

TC = Tablettes Cappadociennes. Paris, 1920 ff. (TCL 4, 14, 19, 20, 21).

TCL = Textes cunéiformes du Musée du Louvre. Paris, 1910 ff.

Thureau-Dangin, SAKI = F. Thureau-Dangin, Die sumerischen und akkadischen Königsinschriften. Leipzig 1907.

TIM = Texts in the Iraq Museum. Wiesbaden, 1964 ff.

Tocci, La Siria = F.M. Tocci, La Siria nell'età di Mari. Rom 1960 (Studi Semitici, 3).

Ugaritica = Cl.F.-A. Schaeffer (Ed.), Ugaritica. Paris, 1939 ff. Bisher erschienen die Bände I - V.

Urk. IV = Urkunden des ägyptischen Altertums, 4. Abt., herausgegeben von K. Sethe und W. Helck. Leipzig, dann Berlin, 1906 ff.

VBoT = A. Götze, Verstreute Boghazköi-Texte. Marburg 1930.

VDI = Vestnik Drevnej Istorii. Moskau-Leningrad, 1937 ff.

Weidner, PDK = E. Weidner, Politische Dokumente aus Kleinasien. Leipzig 1923.

WO = Die Welt des Orients. Stuttgart, dann Göttingen, 1947 ff.

Woolley, FK = L. Woolley, A Forgotten Kingdom. London 1953.

Wreszinski, Atlas = Wreszinski, Atlas zur ägyptischen Kulturgeschichte, I - III, Leipzig 1923-40.

WVDOG = Wissenschaftliche Veröffentlichungen der Deutschen Orient-Gesellschaft. Leipzig, dann Berlin, 1900 ff.

WZB = Wissenschaftliche Zeitschrift der Humboldt-Universität zu Berlin. Gesellschafts- und sprachwissenschaftliche Reihe. Berlin, 1951 ff.

WZKM = Wiener Zeitschrift zur Kunde des Morgenlandes. Wien, 1887 ff.

ZA = Zeitschrift für Assyriologie und verwandte Gebiete. Leipzig, dann Berlin, 1886 ff., Neue Folge (NF) 1924 ff.

ZÄS = Zeitschrift für ägyptische Sprache und Altertumskunde. Leipzig, dann Berlin, 1863 ff.

ZDMG = Zeitschrift der Deutschen Morgenländischen Gesellschaft. Leipzig, dann Wiesbaden, 1846 ff.

ZDPV = Zeitschrift des Deutschen Palästina-Vereins. Leipzig, dann Wiesbaden, 1878 ff.

1. Abschnitt

ZUR HISTORISCHEN GEOGRAPHIE SYRIENS IM 2. JAHRTAUSEND

1. Kapitel

EINLEITUNG

Je weiter wir in die Geschichte der menschlichen Gesellschaft zurückgehen, desto mehr ist mit einem Einfluss der geographischen Lage und der natürlichen Bedingungen eines Bereiches auch auf den Verlauf der politischen Geschichte zu rechnen. Je weniger weit der technische Fortschritt und die Erfahrungen des Menschen im Produktionsprozess gediehen waren, desto mehr bestimmten die von der Natur gegebenen Bedingungen die Schnelligkeit und die Art und Weise der ökonomischen, sozialen und damit auch der politischen und ideologischen Entwicklung. Für den hier zu behandelnden Zeitraum, das 2. Jahrtausend v.u.Z., ist daher ein beträchtlicher Einfluss des geographisch-landschaftlichen Milieus auf den Gang der politischen Geschichte zu berücksichtigen, auch wenn gerade in Syrien die Entwicklung der Produktivkräfte rasche Fortschritte machte und Mängel in der Naturausstattung des Landes zu kompensieren vermochte.[1] Es sei daher gestattet, der allgemeinen Darstellung der politischen Geschichte Syriens während der mittleren und späten Bronzezeit eine Skizze der natürlichen Bedingungen Syriens voranzustellen.[2] Dabei wird zugleich versucht, auch diejenigen Bereiche und Ortschaften zu notieren, die in GS I und II gar nicht oder nur am Rande erwähnt wurden,[3] da für eine Darstellung in einem besonderen Kapitel dieser Bände die inschriftliche Überlieferung zu dürftig erschien. Das besagt allerdings nichts über die Bedeutung, die einem Ort bzw. einem Staatswesen in der Geschichte Syriens während des 2. Jahrtausends zuzusprechen ist. Eine mehr oder minder wichtige Rolle in der politischen Entwicklung muss nicht notwendigerweise einen adäquaten Ausdruck in der bisher vorliegenden inschriftlichen Überlieferung gefunden haben.[4] Lokalisierungen, soweit sie aufgrund lautlicher Anklänge von Ortsnamen der mittleren und späten Bronzezeit an solche der Gegenwart sowie nach Angaben des jeweiligen Kontextes eines Beleges vorgenommen worden sind, sollen im folgenden notiert werden, auch wenn für die überwiegende Zahl der Identifikationen beweiskräftige Argumente noch ausstehen.[5] Der weitaus grösste Teil der ungefähr 1000 Orte, die uns bislang aus dem keilinschriftlichen und hieroglyphisch-ägyptischen Quellenmaterial überliefert sind und im Syrien des 2. Jahrtausends gesucht werden dürfen, ist noch nicht exakt lokalisierbar. Für eine grosse Zahl dieser Orte, und insbesondere für die, die nur in Texten der Archive von Alalaḫ und Ugarit und dort oft nur singulär belegt sind, bleibt auch für die Zukunft wenig Hoffnung, ihre Lage genauer zu bestimmen. Da es in diesem Rahmen wenig sinnvoll wäre, sämtliche Ortsnamen des syrischen 2. Jahrtausends aufzuführen, sei dafür auf das geplante geographische Repertorium verwiesen.

Auf den beigefügten Karten (1 - 4) sind die meisten Positionsangaben als unsicher zu betrachten, auch wenn sie nicht durch ein (?) kenntlich gemacht sind. Durch ein x ist ein Platz bezeichnet, an dem Grabungen oder wenigstens Sondagen durchgeführt worden sind, die Material der mittleren und späten Bronzezeit erbrachten. Wenn kein altorientalischer Ortsname vorgeschlagen werden kann, sind die modernen Namen in ( ) gesetzt. Ein o gibt die Lage eines modernen Ortes an, der zur besseren Orientierung eingetragen wurde. Bei GN (= geographischen Namen), die sowohl in vokalisierter als auch in unvokalisierter Schrift überliefert sind, wurde auf die Angabe letzterer Schreibung auf den Karten verzichtet; sie kann jeweils im Textteil nachgeschlagen werden.[6]

Anmerkungen

1 Zur räumlichen Abgrenzung des Begriffes "Syrien" s. bereits GS I 1 ff. und II 1 ff. Auf eine Verwendung des Begriffes im Sinne eines "Gross-Syrien" unter Einschluss von Palästina sollte künftig besser verzichtet werden.- Auf die Notwendigkeit, den topologischen Faktor mit in historische Untersuchungen einzubeziehen, ist in letzter Zeit vor allem von W.J. van Liere, AAS 13 (1963) 109 sowie M.B. Rowton, JNES 26 (1967) 261 hingewiesen worden. Zur Rolle des klimatischen Faktors und seiner Veränderung s. zuletzt M. Liverani, OA 7 (1968) 77 ff.

2 Vgl. dazu schon in GS I und II. Um GS III auch als Einzelwerk benutzbar zu machen, muss hier manches wiederholt werden, was bereits in den beiden voraufgehenden Bänden erwähnt wurde.

3 GS I: Karkemiš, Jamḫad/Ḫalap, Mukiš/Alalaḫ, Uršu, Ḫaššu und Emār; GS II: Nuḫašše, Nija, Tunip, Qat(a)na, Kinza/Qadeš, Amurru, Ugarit und Gubla/Byblos.

4 Vgl. etwa Tyros, dessen Geschichte erst dann voll ins Licht kommen wird, wenn die an Ort und Stelle durchgeführten Ausgrabungen auf die wahrscheinlich vorhandenen Schriftzeugnisse stossen.

5 Geboten werden im folgenden Lokalisierungsvorschläge, die einige Wahrscheinlichkeit für sich in Anspruch nehmen dürfen bzw. gegen die keine gravierenden Gegenargumente vorzubringen sind.

6 Im Text werden bei ägyptischen Schreibungen die Vokalisierungsvorschläge von Helck (Beziehungen) in Klammern beigefügt.

2. Kapitel

DIE SYRISCHE KÜSTE

Wie bereits in GS II 3 f. ausgeführt wurde, handelt es sich hier um einen schmalen Saum, der zumeist schon nach weniger als 3 km Breite in die Vorberge des Libanon übergeht und durch Vorspringen dieser Berge selbst in eine Reihe von Abschnitten zerlegt wird. Nur an wenigen Stellen weitet sich dieses Litorale zu kleinen Ebenen aus, die dank einem Niederschlagsmittel von 600 - 900 Millimetern im Jahr eine erfolgreiche landwirtschaftliche Nutzung ermöglichen. Die vom Libanon, dem Nusairiergebirge und dem Bergland am unteren Orontes herabströmenden Flüsse haben sich zum Teil tief in die Küstengebirge eingegraben und eröffneten damit zuweilen einen guten Zugang zum Inneren des Landes mit seinen natürlichen Reichtümern (vor allem Holz). Über die Hafenplätze an der syrischen Küste floss ein Warenstrom, der Vorderasien mit Ägypten, Zypern und der ägäischen Welt verband. Die Texte aus el-ʿAmārna und Ugarit sowie auch hieroglyphisch-ägyptische Zeugnisse haben uns einige Dutzend Ortsnamen überliefert, die mehr oder weniger sicher unmittelbar am Mittelmeer lokalisiert werden dürfen.

Der am weitesten nördlich gelegene Ort des Litorale, von dessen Existenz im 2. Jahrtausend wir etwas wissen, ist der an der Mündung des Orontes (Nahr el-Assi) gelegene Hafen von Alalaḫ an der Stelle des heutigen al-Mina; er überlebte die zu Beginn des 12. Jahrhunderts v.u.Z. über Alalaḫ hereinbrechende Katastrophe.[1] Ein keilschriftlich überlieferter Name lässt sich diesem Ort bisher nicht zuweisen. Unweit der Orontes-Mündung, wohl südöstlich davon und wahrscheinlich an das Meer stossend, könnte das Land Zalḫi gelegen haben.[2] Es ist zum ersten Male direkt in den Texten des jüngeren Alalaḫ-Archives bezeugt,[3] gehörte also in den geographischen Horizont dieser Urkunden. In dem KUR Zilḫuš = KUR taskarinni in der Serie ḪAR.RA = ḫubullu XXII 9′ (s. dazu E. Reiner, JNES 15, 1956, 146) darf man gewiss das Land Zalḫi der Alalaḫ-Texte erkennen. Es ist sicher mit den mātāti Za-al-ḫi von EA 126:5 zu identifizieren, die dort als eine Gegend bezeichnet werden, aus der man - ebenso wie aus der Ugarits - mit Schiffen Buchsbaumholz (^{GIŠ}taskarinnu) bezog. Die Schiffe von Gubla/Byblos konnten nicht nach Zalḫi gelangen, da sie von Aziru und seinen Parteigängern daran gehindert wurden. Auch das spricht jedenfalls für eine Lage nördlich von Amurru in der Nähe der Mittelmeerküste.[4] Gesichert ist die Küstenlage für den Ort Ḫimulli, der in der Grenzfestlegung zwischen Ugarit und Mukiš (s. dazu J. Nougayrol, PRU IV 11 ff.) als letzter Fixpunkt genannt wird (RS 17.62:25′, 17.340:Rs.7). Dabei wird Ḫimulli in RS 17.340 durch den Zusatz ša i-na libbi^{bi} tāmti, "das inmitten des Meeres (liegt)" näher bezeichnet. Bereits J. Nougayrol (PRU IV 15) hat hierbei an eine Lage auf der Pigeon-Insel nördlich des Rās el-Basīṭ gedacht.[5] Weiter nach S gelangen wir dann nach Ugarit = Rās Šamrā 11 km nördlich von Latakia/Lādiqīje gelegen (s. GS II 326 ff.). An der Stelle des erst in hellenistischer Zeit gegründeten bzw. neu gegründeten Laodikeia/Latakia dürfte bereits eine ältere Siedlung bestanden haben.[6] Es ist nicht zu bestimmen, ob von den zahlreichen GN, die in den Texten aus Ugarit überliefert werden und die grösstenteils innerhalb des politischen Bereiches Ugarit zu suchen sind (s. unten), einige noch direkt an der Küste anzusetzen sind. Wahrscheinlich zu machen ist eine solche Lage am Meer nur für einige Orte, die in Zusammenhang mit dem im SO Ugarits gelegenen, zeitweilig dem ugaritischen König unterstellten Sijannu (s. unten Kap. 3) genannt werden: So zunächst der Ort Gibala, erwähnt in RS 17.355+:19 (PRU IV 71 ff.) in Zusammenhang mit der Grenzziehung Ugarit-Sijannu, den wir an der Stelle des heutigen Ǧeble und des antiken Gabala (Strabo XVI 2, 12) suchen dürfen.[7] Der kleine Hafen, der heute von den Fischern des Städtchens Ǧeble benutzt wird, könnte auch im 2. Jahrtausend schon verwendet worden sein. Unweit davon muss Atalligi gelegen haben, ein Hafenplatz nahe der Grenze Ugarit-Sijannu (s. PRU IV 253; RS 17.335+:18 = PRU IV 71 ff.), der nach der Grenzziehung ebenso wie Gibala beim ugaritischen König verblieb.[8] Zu erwähnen wäre in diesem Zusammenhang, dass etwa 5 km nördlich von Gibala/Ǧeble archäologische Untersuchungen E. Forrers auf der Qal'at er-Rūs (an der Mündung des gleichnamigen Flusses) durchgeführt worden sind, die bronzezeitliches Material erbrachten.[9] An dieser Stelle dürfte daher ebenfalls eine Siedlung zu suchen sein, die zum Königreich von Ugarit gehörte; eine Identifizierung mit einem GN der Ugarit-Texte ist noch nicht möglich. Der Ort Šuksi, der ebenfalls noch im Grenzbereich Ugarit-Sijannu lag,[10] wird jetzt allgemein mit dem Tell Sukās 6 km südlich Ǧeble gleichgesetzt, den dänische Archäologen in den Jahren 1958 - 1963 untersucht haben.[11] In der Nähe von Šuksi, im Grenzgebiet zwischen Ugarit und Sijannu und wohl gleichfalls noch in der schmalen Küstenebene, dürfte das noch nicht genauer zu lokalisierende Ḫarmanu zu suchen sein. Ebenso wie von Šuksi gehörten auch Felder von Ḫarmanu teils dem ugaritischen König, teils dem von Sijannu (s. RS 17.123 = PRU IV 230 f.). Dafür könnte auch RS 15.91 (PRU III 75) herangezogen werden, eine königliche Landschenkung der Zeit des Arḫalba, Sohnes des Niqmadu (II.) von Ugarit. Darüber hinaus wird durch RS 16.170 (PRU III 91) aus der Zeit des Niqmepa angezeigt, dass der ugaritische König über Territorium von Ḫarmanu entschied, das sich in den Händen zweier anderer Orte (Mulukku und Galba) befand.[12] Zu notieren wäre hier vielleicht noch das zur Zeit des Muršili II. von Ḫatti von Ugarit abgetrennte Ušnatu, für das eine Lage bei Arab el-Mulk (vielleicht Tell Darūk, s. AfO 20, 1963, 259) vorgeschlagen worden ist. Der jetzt als Ugaritica V Nr. 25 veröffentlichte Brief RS 20.174 A könnte anzeigen (vgl. schon J. Nougayrol, Ugaritica V S. 90 Anm. 1), dass auch Ušnatu an Ugarit grenzte.

Diese Orte, die als Küstenplätze des Königreiches von Ugarit während der Zeit seiner grössten Ausdehnung benannt werden können, haben eine weit geringere Bedeutung besessen als Ugarit. Nicht zuletzt dürfte es das wellige, einen erfolgreichen Ackerbau gestattende Hinterland Ugarits gewesen sein (vgl. Strabo XVI 2, 9), das die Stadt ökonomisch überlegen sein liess und die Konzentration einer grösseren Bevölkerungszahl auf einem engen Raum gestattete. Südlich des Nahr er-Rūs tritt das Nusairier-Gebirge unmittelbar an das Meer heran und lässt einer landwirtschaftlichen Tätigkeit wenig Raum.[13] Auch die Häfen südlich Ugarits werden gegenüber dem in der Bucht von Minet el-Beida gelegenen Hafen der Hauptstadt, von dem sich gute Zugangswege zum syrischen Binnenland öffneten, eine geringe Rolle gespielt haben. Von Šuksi bzw. Ušnatu(?) bis nach Arḫad lassen sich an der Küste bislang keine Orte lokalisieren, obgleich eine Besiedlung anzunehmen ist. Grösseren Ortschaften dürften die Ausläufer des Nusairier-Gebirges kaum günstige Entwicklungsmöglichkeiten geboten haben. Möglicherweise hat an der Stelle des heutigen Bānjās bereits eine bronzezeitliche Siedlung bestanden. Vielleicht lagen in diesem Küstenabschnitt einige der Orte, die in RS 19.41 und in RS 19.46 als Hafenplätze von Siḭannu genannt werden; vgl. vorläufig Ugaritica IV 131 und 140. Erst auf der Höhe von Tartūs beginnen die Berge wieder weiter zurückzutreten und einer Ebene Raum zu geben, durch die der (südliche) Nahr el-Kebīr (Eleutheros) dem Meer zuströmt. Arųad, heute Ruād, griech. Arados, liegt auf einer Insel etwa 3 km vom Festland entfernt. Es hat im 2. Jahrtausend eine im Vergleich mit anderen Küstenstädten - wie Ugarit, Gubla/Byblos und Tyros - geringere Rolle gespielt. Als Ktisteninsel war Arųad für den Fernhandelsverkehr dieser Zeit von untergeordneter Bedeutung, doch vermochte es andererseits, die Seefahrt entlang der syrischen Küste - und Seeschiffahrt war auch im 2. Jahrtausend noch im wesentlichen Küstenschiffahrt - empfindlich zu stören. So war Arųad während der Āmārna-Zeit ein wichtiger Bundesgenosse von Abdiaširta und Aziru, die sich die Macht im Lande Amurru erkämpften (s. GS II 245 ff.). Ihr Vorgehen gegen andere Küstenplätze, vor allem gegen Gubla/Byblos, lag offenbar auch im Interesse von Arųad. Die "Leute von Arųad" - ein Herrscher ist für die Insel aus den Texten des 2. Jahrtausends nicht bezeugt - retteten für Aziru Besitztümer seines Vaters Abdiaširta, als die Ägypter gegen ihn vorgingen (EA 101, 105); Arųad wandte sich an der Seite Azirus gegen Gubla (EA 104),[14] beteiligte sich von der See her an der Belagerung von Şumur (EA 105) und attackierte gemeinsam mit Aziru von Amurru und Zimrida von Sidon - so jedenfalls meldet es ein Schreiben des angegriffenen Königs - König Abimilki von Tyros (EA 149). Kontakte mit Ägypten könnten aufgrund einiger ägyptischer Fragmente angenommen werden[15] und sind in Anbetracht der Lage Arųads ohnedies wahrscheinlich; schriftliche Zeugnisse für Arųad liegen aus Ägypten kaum vor.[16] Eine Verbindung mit Ugarit wird durch RS 19.42 belegt.[17] Sichere Nachrichten über das Arųad des 2. Jahrtausends liegen dann erst wieder aus der Zeit des assyrischen Königs Tiglatpilesar I. (1114 - 1076) vor, der nach Arųad (Armada) übersetzte und eine Tributleistung des Ortes empfing. Diese ist gewiss nur einmal gezahlt worden und eher als Zahlung für die Schonung der Stadt durch die assyrischen Truppen zu verstehen.[18]

Von Arṷad aus fuhr Tiglatpilesar I. auf Schiffen dieser Stadt (s. AfO 18, 1957-58, 344 Z. 21 f.) zur Küste nach Sumur/Ṣamuri, also in südöstlicher Richtung. Archäologische Forschungen auf Arṷad werden durch die dichte Bebauung der Insel gehindert,[19] doch haben Unterwasseruntersuchungen der Hafenanlagen bereits begonnen.[20] Ob Arṷad gegenüber auf dem Festland, an der Stelle des späteren Tartūs bzw. ʻAmrīt (Marathos) eine bronzezeitliche Siedlung gelegen hat, ist noch nicht geklärt, doch anzunehmen. F.M. Abel (Géographie II 3) möchte an dieser Stelle den Ort qmq (qa-m-q〈 〉) lokalisieren, der in einer Ortsliste des Ramses III. aus Medinet Habu genannt wird (Simons, Lists XXVII 113 = Jirku, Listen XXII 113, vgl. Helck, Beziehungen 252). Er schlägt dafür den von E. Renan erforschten Tell Ghamqa vor; M. Noth, der diesen Tell im Jahre 1955 besuchte, fand ihn dicht mit Scherben besät (ZDPV 72, 1956, 82). Das griechische Marathos (ʻAmrīt) wird von F.M. Abel (Géographie II 3) mit dem Ort krtmrt (ka-ra-ta-m-ru-ta) der Thutmosis III.-Liste I 222 (vgl. dazu Helck, Beziehungen 145) gleichgesetzt; dem Beleg entsprechender wäre allerdings wohl eine Ansetzung im nördlichen bzw. nordöstlichen Syrien.[21] Etwa 15 km südlich von Tartūs haben amerikanische Grabungen unter der Leitung von R.J. Braidwood an der Stelle von Tabbat el-Hammām auch bronzezeitliche Schichten angeschnitten; eine Benennung des alten Ortes ist nicht möglich.[22]

In die Küstenebene am südlichen Nahr el-Kebīr gehört dann die Stadt Ṣumur (Simyra), die wir wohl nördlich des Flusses suchen dürfen, vielleicht an der Stelle des Tell Kazel.[23] Einen knappen Überblick über die Rolle von Ṣumur in der Geschichte des 2. Jahrtausends hat bereits W. Helck (Beziehungen 313 f.) gegeben.[24] Der Ort wird schon bei Thutmosis III., Jahr 30 (Urk. IV 689,13: ḏmr) genannt, wo die Verwüstung seiner Umgebung notiert wird. In den EA-Briefen spielt Ṣumur als Residenz eines ägyptischen Beamten (rābiṣu) eine

Rolle, der von hier aus Amurru kontrollierte.[25] Sie besass zu dieser Zeit offenbar keinen eigenen Fürsten; dagegen befand sich in Ṣumur ein Palast des ägyptischen Beamten bzw. des ägyptischen Königs, der von einer kleinen Truppe bewacht wurde (EA 62). Die Stadt wurde dann von Abdiašìrta (s. GS II 251 ff.) und seinem Sohn Aziru (s. GS II 266 ff.) angegriffen, belagert und eingenommen, was in den Briefen des Ribaddi von Gubla/Byblos einen breiten Widerhall gefunden hat. Durch diese Ereignisse hat Ṣumur offenbar ziemlich gelitten, und Aziru wurde seitens des ägyptischen Königs mehrfach aufgefordert, die Stadt wieder aufzubauen (EA 159 - 161). Über das weitere Schicksal Ṣumurs im 2. Jahrtausend ist wenig bekannt. Zur Zeit des Ramses II. scheint sie noch einmal zeitweilig unter ägyptischen Einfluss gekommen zu sein, wenn wir die Erwähnung eines "Ṣumur (ḏmr) des Ramses II. (Sśj)" (Pap. Anastasi I 18, 8) dahingehend verstehen dürfen; als Zeitpunkt käme vielleicht die Zeit kurz vor der Schlacht von Qadeš in Betracht.[26] Wie es scheint, ist danach die Herrschaft von Amurru bzw. des hethitischen Grosskönigs über die Stadt wiederhergestellt worden und hat bis zum Ende der Bronzezeit bestanden. Tiglatpilesar I. hat Sumur von Arḫad aus erreicht (s. oben) und dabei 3 bērū = etwa 20 km zurückgelegt - eine Angabe, die mit einer Lokalisierung der Stadt etwas nördlich der Einmündung des Nahr el-Kebīr in das Mittelmeer übereinstimmt. Ṣumur gilt auch bei Tiglatpilesar noch als ein Ort in Amurru, ebenso wie Arḫad. Da eine Tributleistung von Ṣumur/Ṣamuri nicht erwähnt wird, könnte vermutet werden, dass es zu dieser Zeit zum Bereich eines anderen Ortes in Amurru gehörte, vielleicht - wie aus späterer Zeit bezeugt (s. Strabo XVI 2, 12) - zu Arḫad?[27] Ṣumur war durch die Senke von Ḥoms vom Binnenlande her leicht zu erreichen, was politisch zuweilen von Nachteil war, die ökonomische Entwicklung der Stadt andererseits begünstigte. Die Ebene an der Mündung des Nahr el-Kebīr, von diesem

Fluss und anderen Wasserläufen in einer einstigen Meeresbucht angeschwemmt,[28] bot zudem für die Ernährung Ṣumurs ein fruchtbares Hinterland. Unter ähnlichen Bedingungen hat sich in der Eleutheros-Ebene ein weiterer Ort entwickelt, Irqata. Der Name dieser Stadt ist bereits in den Ächtungstexten des ägyptischen Mittleren Reiches bezeugt,[29] wobei als Fürst der älteren Zeit ein 'i-l-u-m-q-h-tí, der jüngeren Periode ein ´- m-mú-h()r-(...) erwähnt werden.[30] Irqata erscheint dann wieder bei Thutmosis III. im Annalenbericht über sein 42. Jahr (Urk. IV 729); Irqata wurde von den Ägyptern erobert (vgl. zur Situation Helck, Beziehungen 153). In den ägyptischen Ortslisten ist Irqata bislang nur bei Amenophis III. belegt: ´rq[t] in Liste C_N Nr. 13 bei E. Edel, BBB 25 (1966) 24. Die EA-Texte (s. EA S.1576 [Index]) weisen Irqata als wichtige Stadt der Amarna-Zeit aus. Als Fürst erscheint zunächst in EA 75:25 und 140:10 ein gewisser Aduna, der dann in den Kämpfen der nachfolgenden Jahre umkam. Als Absender des Briefes EA 100 treten die Stadtältesten Irqatas auf (vgl. dazu GS II 196), die sich als dem Pharao treu ergeben bezeichnen; Treue gegenüber Ägypten wird für Irqata auch in Ribaddi-Briefen (EA 72 und 88) bezeugt. In EA 62 wird Irqata als Ausgangspunkt des Abdiaširta für seine "Hilfeleistung" für Sumur gegen die Šeḫlal-Krieger (vgl. EA +371) erwähnt, s. dazu schon GS II 251 ff. Ein späterer Stadtfürst ist für Irqata nicht bekannt, und es scheint, dass der Ort dann fest zu Amurru gehörte und der Kontrolle der Aziru-Dynastie unterstand; denn nach dem Ende des Abdiaširta hatte Irqata zwar zunächst wieder voll dem ägyptischen Beamten von Sumur unterstanden (EA 103), war dann aber Aziru in die Hände gefallen (EA 139). In späteren Texten erscheint Irqata bislang nur noch in einem Gelübde, das Muwatalli von Ḫatti wohl vor der entscheidenden Auseinandersetzung mit Ägypten ablegte und in dem es um einen Sieg auch über Amurru geht (KBo IX 96 Vs. 11, s. GS II 213). Unter den angerufenen

Gottheiten findet sich auch eine [IŠTAR] von Irqata. Hinsichtlich der genaueren Lokalisierung von Irqata beim Tell Arqā am gleichnamigen Fluss im südlichen Teil der Eleutheros-Ebene besteht weitgehend Übereinstimmung.[31] Gleichfalls aus den ägyptischen Ächtungstexten bekannt ist Ullaza, das wohl beim späteren Orthosia = heute Arḍ Arṭūzī lokalisiert werden darf.[32] Eine kurze Zusammenfassung des Belegmaterials hat bereits W. Helck (Beziehungen 314 f.) geboten, vgl. auch schon M. Noth, ZDPV 60 (1937) 229 ff. Nach der Notiz in den Ächtungstexten (s. dazu Helck, Beziehungen 53 und 62) taucht die Stadt dann wieder bei Thutmosis III. auf. Er hat Ullaza zweimal angegriffen, wobei er auf Verteidiger der Stadt aus dem mittelsyrischen Tunip stiess (Urk. IV 685 ff., 690, s. dazu GS II 89 f.). Thutmosis hat nach der Eroberung von Ullaza dort ägyptische Truppen stationiert und den Ort offenbar als einen Umschlagplatz für Zedernholz verwendet (Urk. IV 1237 = Helck, Urkunden 10: w;nrṯ). In den EA-Briefen wird Ullaza mehrfach genannt,[33] ohne dass dabei ein Regent dieser Stadt erscheint. Sie geriet zunächst unter die Kontrolle des Abdiaširta (EA 60, vgl. vielleicht EA 61), wurde dann nochmals von seinem Sohn Pubaḫla eingenommen (EA 104, vgl. EA 109, 117 und 140), wobei dieser offenbar von der See her durch Schiffe Arṿads unterstützt wurde (EA 105). Später erscheint Ullaza wohl noch einmal in den Ortslisten des Sethos I. (Simons, Lists XIII 56 = Jirku, Listen VIII B 8), falls wir hier W. Helck (Beziehungen 315) folgen dürfen. Von Ullaza weiter nach S gehend gelangen wir nach der Stadt Ardata. Wenn die Lokalisierung an der Stelle des heutigen Arde/Ardāt 7 km östlich Tarāblus/Tripoli zutrifft (s. GS II 232 Anm. 13 mit Lit., ferner K. Galling, ZDPV 70, 1954, 99 f.), dann lag es am Rande der Küstenebene von Tripoli, die vor der Mündung des Nahr el-Qādišā aufgeschüttet wurde. Die Stadt wird zum ersten Mal bei Thutmosis III. erwähnt: In Urk. IV 687 und 689, dem Annalenbericht des 29. und 30. Jahres, wird Ardata als Ziel einer erfolgreichen militärischen Unternehmung genannt, die zur Plünderung des Gebietes von Ardata führte.[34] Der zeitlich nächste Beleg findet sich in einer Ortsliste des Amenophis III., in der (D_N links Nr. 8) der GN [ ]dt wohl so zu ergänzen ist.[35] Eine Reihe von Nachrichten lassen sich dann den EA-Briefen (s. EA S. 1156 f.) entnehmen: Zur Zeit des Abdiaširta wurde die Stadt durch einen gewissen Mija von Arašni - offenbar nach Absprache mit Abdiaširta - eingenommen (EA 75), womit Ardata unter die Kontrolle des Abdiaširta geriet (vgl. auch EA 72 und 88)..Die Söhne des Abdiaširta vermochten den Ort erneut auf ihre Seite zu bringen (EA 104, 109); für die Ermordung des Königs von Ardata wird in EA 139 und 140 Aziru verantwortlich gemacht. Der PN des getöteten Fürsten ist nicht überliefert; es bleibt zudem zu bezweifeln, dass die Situation richtig dargestellt wurde. Neuerdings ist Ardata auch aus dem Textmaterial Ugarits bezeugt: Der Absender von RS 20.33, ein in Amurru stationierter Truppenführer, berichtet u.a. über Kämpfe bei Ardat.[36] Über die Lage von Arašni, dessen Regent Ardata einmal eroberte (EA 75),[37] ist nichts Genaueres festzustellen; vielleicht lag der Ort nördlich von Ardata (vgl. Dussaud, Topographie 509).

Mit Ardata sind wir bereits in die Gegend von Tripoli gelangt. Hier wird auch Ḫaḫlija zu suchen sein: In EA 104:11 erscheint es in der wohl geographisch geordneten Abfolge Ardata - Ḫaḫlija - Ambi - Šigata unter den Orten, die von den Söhnen des Abdiaširta bereits erobert wurden, und in EA 114:12 ist es als Küstenort genannt, in dessen Nähe Schiffe von Gubla auf der Fahrt nach Ṣumur gekapert wurden.[38] In der Nähe von Tripoli können wohl auch die Orte ʾkt (ʾi_4-ka-ta), ʾbr (ʾab-la) und qrmn (qa-l(a)-mu_4-na) gelegen haben, die in ägyptischen topographischen Listen genannt werden.[39] Der GN ʾbr ist sonst offenbar nicht weiter belegt - wenigstens nicht in einem

Kontext, der eine Gleichsetzung mit dem 'br bei Tripoli gestatten würde; qrmn erscheint noch in einer Karnak-Darstellung des Ramses II.[40] sowie schon bei Sethos I. - hier allerdings in der Schreibung qa-la-m()-mú.[41] Das qrmn des Ramses II. dürfte wohl mit dem el-Qalamūn 6 km SW Tripoli gleichzusetzen sein.[42] Besser bezeugt ist der Ort Ambi, der mehrfach in den EA-Texten genannt wird (s. EA S. 1571 [Index]) und schon von O. Weber mit Ammiḭa gleichgesetzt worden ist. Nach den EA-Briefen lassen sich Ambi und Ammiḭa kaum voneinander trennen, doch kommt der GN Ammiḭa auch ausserhalb der EA-Texte vor: In der Autobiographie des Idrimi erscheint Ammiḭa als ein Ort in Kana'an, in dem sich Idrimi während seiner Flucht aufhielt und wo er Leute u.a. aus Ḫalap, Mukiš(ḫe), Niḭa und Ama'u antraf, also Untertanen seines Vaters Ilimilimma (Idrimi Z. 20 ff., vgl. GS I 175 f.).[43] Ein Ammiḭa tritt auch in zwei Texten aus Alalaḫ IV auf (AT 166:19 und 181:2), und möglicherweise handelt es sich bei dem 'mj einer Ortsliste des Amenophis III. (C_N rechts 12, s. E. Edel, BBB 25, 1966, 24) um denselben Ort. In Ambi dürfen wir das heutige Enfe halbwegs zwischen Tripoli und Batrūn sehen,[44] wofür auch die häufige Nennung neben Šigata in den EA-Texten spricht. Ambi war der erste Ort des Bereiches von Gubla/Byblos, der dem Abdiaširta in die Hände fiel, wobei zuvor der Regent dieser Stadt (hier Ammiḭa genannt) in einer Revolte gestürzt wurde.[45] In EA 139 und 140 wird die Tötung des Königs von Ammiḭa dem Aziru angelastet, der Ambi/Ammiḭa erneut unter seine Kontrolle brachte (EA 98, 102, 104, vgl. GS II 266 ff.). In EA 99 haben wir wohl ein an den König von Ammiḭa gerichtetes Schreiben vor uns, doch ist die Lesung des GN unsicher. Dem Vordringen des Abdiaširta und seiner ḫāpiru-Leute hoffte sich Ribaddi in Šigata entgegenstellen zu können; von dort schrieb er um ägyptische Hilfe (EA 71. 90). Er musste sich jedoch nach Batruna zurückziehen und den Ort den Gegnern überlassen (EA 74, 76, 88, 95); Šigata kam unter die Kontrolle des Aziru (EA 98, 104). Wir dürfen Šigata an der Küste (vgl. EA 98:15 ff.) südlich von Ambi/Enfe suchen und es wohl mit Šaqqa/Šakka nahe Batrūn identifizieren.[46] Das Kap (Rās eš-Šakka) hat vielleicht als "heiliges Vorgebirge" in ägyptischen topographischen Listen Erwähnung gefunden (rš qdš) ?[47] Zweifelhaft ist, ob der Ort Šallu, erwähnt nur in EA 117:41, in dieser Gegend zu lokalisieren wäre.[48] Gesichert erscheint dagegen die Gleichung Batruna = heute Batrūn.[49] Ebenso wie die vorgenannten Orte ab Ambi gehörte auch Batruna zum Bereich von Gubla/Byblos, fiel dann aber in die Hände von Abdiaširta und seinen Söhnen; Belege s. EA S. 1572 (Index) und dazu O. Weber, EA S. 1165. Zuvor hatten Abdiaširta und seine ḫāpiru-Leute noch den Ort Bītarḫa eingenommen (EA 79, 83, 91), der ausserhalb der EA-Texte ebenfalls noch nicht belegt ist und gewiss nördlich von Gubla/Byblos in der Nähe von Batruna gesucht werden darf.[50] In der Nähe von Gubla/Byblos (s. dazu GS II 422 ff.) könnte das in EA-Briefen bezeugte Inamta gelegen haben (EA 83, 104, 105?), das sich nach EA 104:52 ff. den ḫāpiru-Leuten anschloss; vgl. schon O. Weber, EA S. 1172. Nach W. Helck (Beziehungen 193 Anm. 16) müsste Inamta etwas südlich von Gubla/Byblos gelegen haben, da es in den Berichten über die Kämpfe in Amurru nicht genannt wird.

Auf einer Halbinsel gelegen und mit einer schmalen, welligen Küstenebene als Hinterland hat an der Stelle des heutigen Beirut die Stadt Beruta (Biruti, brt)[51] bestanden, ohne allerdings die Bedeutung solcher Häfen wie Ugarit, Gubla/Byblos oder Tyros zu erlangen. Die Pass-Strasse nach der Biqāʿ und weiter nach Damaskus ist gewiss schon im orientalischen Altertum von Wichtigkeit gewesen; Beruta dürfte davon profitiert haben.[52] Der Name dieses Hafenortes taucht bisher zum ersten Mal in den EA-Texten auf,[53] unter denen sich auch einige Briefe des Fürsten Ammunira/Ḫammuniri von Beruta an den ägyptischen König finden (EA 141 - 143). Diese Schreiben stellen Antworten auf Briefe des Pharao dar und sind zeitlich innerhalb der EA-Texte ziemlich spät anzusetzen; vgl. dazu GS II 277 ff. Beruta erscheint in den Briefen des Ammunira als eine dem ägyptischen König treu ergebene Stadt, und ihre Lage ausserhalb des eigentlichen Aktionsbereiches des Aziru lässt daran auch kaum ernsthaft zweifeln. Nach den verfügbaren Quellen zu urteilen, sind auch die Hethiter nicht bis in diesen Küstenabschnitt vorgestossen. Einige Aussagen in Briefen des Ribaddi von Gubla/Byblos (EA 101, 114, 118) zeigen, dass sich Beruta an der Seite anderer Hafenorte an Unternehmungen gegen das benachbarte Gubla beteiligte. Wir gehen vielleicht nicht fehl, die Ursachen für diese Haltung nicht zuletzt in der Handelskonkurrenz zwischen beiden Libanon-Häfen zu suchen. Die von Ribaddi erbetene Hilfeleistung wurde hinausgezögert (EA 92). Die Situation änderte sich erst, als Gubla wirtschaftlich sowie politisch stark geschwächt war. Ribaddi, der in seiner Notlage das Bündnis des Ammunira zu gewinnen suchte, wurde in Beruta aufgenommen (EA 136, 137) und blieb dann dort, als ihm die Tore Gublas verschlossen wurden (EA 137, 138, 142). Es wurden zudem während dieser Zeit ägyptische Truppen erwartet (EA 141 - 142). Ribaddi hat dann, wenn die Notiz in EA 162:12 ff. nicht irrtümlich ist, Beruta später wieder verlassen und sich nach Sidon begeben. In EA 155:67 wird der Fürst von Beruta erwähnt und berichtet, dass er sich auf ein Schiff begeben habe.[54] Ob auch Ḭapaḫaddi, der in den EA-Texten häufig erwähnt wird, Fürst von Beruta war (vor Ammunira?), muss noch dahingestellt bleiben.[55] In den RS-Texten erscheint Beruta, soweit bisher zu sehen ist, nur wenige Male.[56] In RS 17.730 = PRU III 12 f., einem Schreiben des (nicht mit Namen genannten) Königs von Birūtū an den Präfekten von Ugarit, wird dem Empfänger (= "mein Sohn", s. dazu GS II 396) ein Bote anempfohlen. Bei RS 17.341 = PRU IV 161 ff. handelt es sich um ein durch Initešub von Karkemiš gesiegeltes Edikt, in dem Streitfragen zwischen Ugarit und Siyannu entschieden werden. Z. 13'ff. geht es um einen nicht erlaubten Handel (Wein?) zwischen den Bewohnern Siyannus und Leuten aus Bīrūti (unter Umgehung der Privilegien Ugarits?, vgl. GS II 382). Vielleicht in den gleichen Zusammenhang ist RS 21.183 = Ugaritica V Nr. 41 zu stellen, s. dazu J. Nougayrol, Ugaritica V S.126 Anm.2. Aus Boğazköy ist bislang nur ein singulärer Beleg überliefert, und zwar in einem akkadisch verfassten Schreiben aus Ägypten: KUB III 36 (Laroche, Cat. 576_4) ist in Z. Rs. 5' vielleicht LÚ ^{URU}Bi-r[u-tu/i zu ergänzen; eine Aussage lässt sich daraus für Beruta nicht entnehmen.[57] Dass Beruta/Bīrūti aus hethitischen Texten noch nicht bekannt ist, scheint nicht einfach auf einen Zufall der Überlieferung zurückzuführen zu sein. Beruta lag auch während des jüngeren Ḫattireiches ausserhalb der syrischen Besitzungen Ḫattis und gehörte zur ägyptischen Herrschaftszone. In ägyptischen Texten taucht Beruta allerdings, soweit man jetzt sehen kann, erst im Pap. Anastasi I auf (vgl. Helck, Beziehungen 329: bí-rú-ta). Weiter nach S an der Küste fortschreitend, wäre als nächster Ort Sidon zu notieren (Z/Siduna), heute Ṣaidā. An der Stelle eines natürlichen Hafenplatzes entstanden, ist hier später - ebenso wie in Tyros - durch eine künstliche Zuschüttung und eine Versandung eine Verschlechterung der Brauchbarkeit des Hafens für grössere Schiffe eingetreten.[58] Auch für Sidon stammen die bisher frühesten Zeugnisse aus den EA-Texten.[59] Der Fürst von Sidon, Zimrida, ist in EA durch zwei eigene Briefe nach Ägypten vertreten (EA 144 - 145), in denen er seine Loyalität zum Ausdruck gebracht hat; daneben wird er häufig in Briefen anderer Provenienz erwähnt, s. EA S. 1570 (Index). Letztere Zeugnisse sind bemüht, ihn in einem grundsätzlich anderen Licht zu zeigen: Demnach hat Sidon, wohl aus Gründen der Handelskonkurrenz, sich einerseits gegen Ribaddi von Gubla/Byblos gewandt und mit Abdiaširta bzw. Aziru von Amurru gemeinsame Sache gemacht (EA 83, 92, 103, 106, 114, 118), andererseits - so legt es Abimilki von Tyros in seinen Briefen dar - auch Tyros angegriffen und die für die Versorgung der Inselstadt mit Wasser und Holz wichtige Ortschaft Uzu eingenommen (EA 147 - 149, 151 - 152, 154). In EA 85:69 ff. wird auf eine Anwesenheit des Amenophis III.[60] in Sidon verwiesen mit dem Bemerken, dass es seit diesem - offenbar letzten - Auftreten des ägyptischen Königs in Syrien Unruhen gebe. Nach EA 162:12 ff. hat Ribaddi von Gubla/Byblos schliesslich (nach der Aussperrung aus seiner Stadt und einem Aufenthalt in Beruta) in Sidon Zuflucht genommen (oder Schreiberirrtum für Beruta?), sei aber dort auf Weisung des Aziru seinen Gegnern ausgeliefert worden. In den Texten aus Ugarit ist ein weiterer Sidon-Herrscher mit dem PN Ḫapaaddu belegt (RS 25.430, nur Adresse erhalten; s. vorläufig J. Nougayrol, AIBL 1963, 133), ferner ein ^{m}Imtu[-...], der in RS 11.723 (= PRU III 9) als Absender auftritt und den Titel eines Königs von Sidon trägt. Der angeschriebene König von Ugarit wird dabei als "Bruder", d.h. als gleichgestellter Herrscher angesprochen.[61] Aus Boğazköy ist Sidon (Zituna) bislang in der Evocatio KUB XV 34 I 55 bezeugt, während es in ägyptischen Quellen des 2. Jahrtausends nur in späten Zeugnissen vertreten ist: Einmal im Pap. Anastasi I 20, 9 (s̱í-du-na), zum anderen in der Erzählung des Wenamon (Unamūn) I 59 - II 1.[62] In letzterem Text, der die Situation um etwa 1100 widerspiegelt, wird Sidon als Ort bezeichnet, der einen umfangreichen Seehandel mit Ägypten betrieb. Die Ereignisse, die während der sogenannten "Seevölker-Zeit" zum Untergang verschiedener syrischer Zentren (u.a. auch Ugarits) führten, hatten Sidon offenbar wenig Schaden zugefügt. Ebenso hat die gewiss nur einmal erfolgte Tributleistung Sidons an Tiglatpilesar I. (KAH II 68 Vs. 21; KAH II69:3; AfO 18, 350 Z.27) die Blüte dieser Stadt nicht beeinträchtigt. Zu dieser Zeit bestand an der Stelle von Sarafand, dem antiken Sarepta und biblischem "Zarpath bei Sidon" (1. Kön. 17:9 f.), 15 km S Sidon, eine Siedlung, die im Pap. Anastasi I, 20, 8 zusammen mit Sidon und Beruta genannt wird: ḏ;rpwtj (ga-r-pu-'u-ta$_2$). Wie Helck, Beziehungen 329, wohl richtig vermutet hat, gehörte der Ort schon damals zum Bereich von Sidon; vgl. Dussaud, Topographie 42. Tyros (Surri), an der Stelle des heutigen Sūr auf einer Insel (heute Halbinsel) gelegen,[63] ist bereits aus dem frühen 2. Jahrtausend bezeugt.[64] Es erscheint zum ersten Mal wohl in den Ächtungstexten des Mittleren Reiches (ḏw;wj).[65] In den EA-Briefen wird der Fürst von Tyros, Abimilki, als Absender der Briefe EA 146 - 155 genannt; Tyros (Surri) erscheint daneben noch öfter.[66] Da Abimilki nur in seinen eigenen Briefen mit Namen auftaucht, ist es möglich, dass in den übrigen Belegen ein weiterer Fürst von Tyros gemeint sein könnte (s. schon O. Weber, EA S. 1245). Der Fürst von Tyros, dem Ribaddi Kupfer zu seiner "Rettung" gab (EA 77), war gewiss nicht Abimilki. In EA 89 (s. dazu W.F. Albright - W.L. Moran, JCS 4, 1950, 163 ff.) wird durch Ribaddi ein Herrschaftswechsel in Tyros berichtet: Es bestanden zunächst gute Beziehungen zwischen Gubla und Tyros, die durch Ribaddi gefestigt werden sollten, indem er seine Schwester mit dem dortigen Regenten (ḫazannu) verheiratete. Der Fürst von Tyros wurde jedoch nebst seinen Angehörigen, also auch der Schwester des Ribaddi, beseitigt; auch die Söhne kamen dabei ums Leben, während sich die Töchter retten konnten. Die Verschwörer standen offenbar in einer Übereinkunft mit Abdiaširta, waren aber, wie Ribaddi zu berichten weiss, bei der Bevölkerung nicht populär und würden zudem die Loyalität dem Pharao gegenüber nur vortäuschen. Es folgt dann ein Hinweis darauf, dass Tyros sehr reich sei und - wie Ugarit - eine Sonderstellung unter den von Ägypten abhängigen Städten Syriens einnehme. Letztere Aussage wird später in einem Abimilki-Brief (EA 149) bestätigt, da sich der Absender hier als einen rābiṣ šarri bezeichnet; er trägt hier den gleichen Titel wie der in Ṣumur residierende "Grosse", der ägyptische Provinzvorsteher. Wie es scheint, war Tyros nicht Teil einer Provinz. Möglicherweise ist Abimilki durch den in EA 89 gemeldeten Umschwung in Tyros an die Macht gekommen,[67] vielleicht auch etwas später. Die von ihm nach Ägypten geschickten Briefe EA 146 - 155 gehören inhaltlich jedenfalls in die Spätzeit der in EA berichteten Ereignisse.[68] In ihnen wird die Not dargelegt, in die Tyros durch die feindlichen Unternehmungen Sidons geraten sei; denn durch die Einnahme von Uzu sei Tyros von der Versorgung mit Wasser, Holz und anderen notwendigen Materialien abgeschnitten worden. Im Pap. Anastasi I 21, 1 wird ebenfalls auf die Bedeutung von Uzu für die Versorgung von Tyros verwiesen; Wasser wurde von dort mit Booten auf die Insel gebracht (vgl. zuletzt Helck, Beziehungen 329). Eine zögernde (EA 92) sowie feindliche (EA 114) Haltung von Tyros gegenüber Ribaddi von Gubla/Byblos dürfte dem Verhalten der übrigen Seestädte (wie Sidon und Beruta) entsprochen haben; offenbar war das von den Ägyptern begünstigte Gubla ein lästiger Konkurrent im Seehandel. Unter den bislang veröffentlichten Texten aus Ugarit wären einige Belege im alphabetischen Material zu notieren (ṣr).[69] Es wird dadurch ein wirtschaftlicher Austausch zwischen beiden Hafenplätzen belegt: RS 15.04 = PRU II Nr. 110 wird in Z. 4 ein Gewand aus Tyros erwähnt, und RS 18.31 = PRU V Nr. 59, ein wohl in die Zeit des Ḫammurapi von Ugarit zu datierender Text, stellt einen Brief des Königs von Tyros (mlk.ṣr) an seinen in Ugarit regierenden "Bruder" dar (bzw. die ugaritische Übersetzung dieses Schreibens). Gemeldet wird die Havarie eines nach Ägypten segelnden ugaritischen Schiffes in der Nähe von Tyros.[70] RS 18.40 = PRU V Nr. 63, ebenfalls in die späte Zeit Ugarits zu datieren, scheint aus Tyros nach Ugarit geschickt worden zu sein (vgl. GS II 400 f.) und wurde dort übersetzt. "Tyrer" treten in ugaritischen Texten noch mehrfach auf.[71] In den ägyptischen topographischen Listen ist Tyros bei Sethos I., Ramses II.(?) sowie Ramses III. bezeugt.[72] Als noch unveröffentlicht sind Stelen des Sethos I. und Ramses II. aus Tyros notiert worden.[73] Ein Fürst von Tyros erscheint im "Grenztagebuch" bzw. "Postregister eines Grenzbeamten" (Pap. Anastasi III Rs. 6, 1 ff.) aus der Zeit des Merneptah; er trägt den PN b'lt-rmg.[74] In einem literarischen Papyrus (Pap. Anastasi I, s. dazu ANET 475 ff. und Helck, Beziehungen 328 ff.) wird einem gewissen Amenope vorgeworfen, er kenne nicht einmal Byblos und Tyros. In der Erzählung des Wenamon wird Tyros als eine Station auf seinem Weg nach Gubla/Byblos erwähnt.[75] Nach diesen - zumeist wenig aussagekräftigen - Zeugnissen zu urteilen, hat Tyros ebenso wie Sidon auch in der späten Bronzezeit unter eigenen Fürsten gestanden, die die ägyptische Oberhoheit anerkannten. Von Tiglatpilesar I. ist die Stadt während seines Syrienzuges nicht berührt worden, was wohl nicht zuletzt der Insellage der Stadt zu verdanken ist, die auch späteren Eroberern lange Widerstand entgegenzusetzen vermochte. Die Tyros auf dem Festland etwa gegenüber liegende Stadt, Uzu ('ṯ), später Palaityros, wird zusammen mit Tyros des öfteren in den EA-Texten genannt (s. O. Weber, EA S. 1247). K. Galling, ZDPV 69 (1953) 91 ff. und 70 (1954) 98 hat als Stätte des alten Uzu/Ušū den Tell Rešēdīje bei Rās el-'Ain angesprochen, worin ihm auch M. Noth, ZDPV 71 (1955) 31 gefolgt ist. Der Ort spielte jedenfalls für die Versorgung von Tyros eine grosse Rolle, vgl. Pap. Anastasi I 21, 1. Ihr Verlust an Sidon wird in EA-Briefen (EA 148 - 150) beklagt. In den Ortslisten der Ägypter taucht Uzu/'ṯ ('u-šu) neben Tyros bei Sethos I. auf.[76]

Damit wären die Orte genannt, die aus der Fülle des GN-Materials des 2. Jahrtausends sicher oder mit einiger Wahrscheinlichkeit an der syrischen Mittelmeerküste bzw. in der schmalen Küstenebene lokalisiert werden können. Sie haben teilweise auch die anschliessende Landschaftszone Syriens beherrscht oder wenigstens beeinflusst, auf die im nächsten Kapitel eingegangen werden soll.

Anmerkungen

1 Dazu s. Woolley, FK 172 ff. und ders., Journal of Hellenic Studies 58 (1938) 1 ff. und 133 ff.

2 W.F. Albright, BASOR 63 (1936) 25 liest A!-⟨la⟩-al-ḫi, was aber jetzt durch einen noch unveröfftl.Ugarit-Beleg (RS.21.208, vgl. unten Anm. 4) widerlegt werden dürfte.- Zur Lokalisierung von Zalḫi vgl. die nur wenig südlichere Ansetzung bei Gardiner, Onomastica I 133+ (Karte) sowie die von Helck, Beziehungen 171 Anm. 113. W. Helck identifiziert dieses Zalḫi mit dem ṯrḫ (sí-l-ḫa) einer Ortsliste des Thutmosis III. (Simons, Lists I 342) und lokalisiert es östlich von Ugarit am Orontes (vgl. GS II 237 f. Anm. 95). E. Edel, ZDPV 69 (1953) 150 ff. bevorzugt eine Lage im S von Niḭa; vgl. zu ṯrh noch unten Kapitel 3.- Entgegen E. Edel, ZDPV 69 (1953) 150 hat Helck, Beziehungen 157, den bei Amenophis II. in Zusammenhang mit seinem Feldzug des 7. Regierungsjahres erwähnten Ort ṯrḫ (Urk. IV 1303, 1312) mit Zalḫi gleichgesetzt. Mit einer Lokalisierung von Zalḫi im Gebirgsland im NO Ugarits und noch westlich des Orontes würde das etwa übereinstimmen, doch ist Sicherheit auch hier nicht zu erlangen.

3 AT 5:9, 154:13, 161:Rs.13?, 180:3 (JCS 8, 11), 181:8 (JCS 8, 11), 395:2. In AT 66:2 und 67:4 lies wohl besser statt eines GN LÚ SAL^{TUM} KI.

4 Eine nördliche Lokalisierung wird wohl auch durch einen noch unveröfftl. Text aus Ugarit gestützt, RS 21.208:8′ = demnächst PRU VI 20 (freundl. Mitteilung von J. Nougayrol).- Vgl. zu Zalḫi = KUR Zilḫuš noch M.B. Rowton, JNES 26 (1967) 270; ebenda wird vorgeschlagen, auch in dem "Buchsbaumland" bei Ḭaḫdunlim von Māri das Gebiet von Zalḫi zu sehen; vgl. dazu unten.

5 Vgl. auch M.C. Astour, JNES 22 (1963) 229 (Nr.67), der ägyptisches ḫmrr bei Thutmosis III. vergleichen möchte.

6 F.M. Abel, Géographie II 3 lokalisiert an dieser Stelle das in den Ächtungstexten (Helck, Beziehungen 53) und in den EA-Briefen

genannte Land I̯ar(i)muta; vgl. GS II 262 Anm. 44. Diese Lage erscheint als zu weit nördlich (s. auch Dussaud, Topographie 511: bei Simyra). Das I̯armuti in einem Text Sargons von Akkad wird jetzt - entgegen J.R. Kupper, RA 43 (1949) 85 f. - von J. Bottéro (CAH I/17, 9 f.) mit dem I̯arimuta der EA-Texte identifiziert und an der Libanonküste gesucht. Die durch die EA-Belege erwiesene Erreichbarkeit von I̯arimuta von Gubla/Byblos aus auf dem Seeweg (EA S. 1153 f., vgl. Helck, Beziehungen 266 Anm. 48) sowie die politische Situation der EA-Zeit (vgl. insbesondere die Aktionen des Aziru, die die Seefahrt von Gubla nach Ugarit behinderten, s. EA 126) lassen es besser im südlichen Teil der Libanonküste suchen. Zu einer Lage in Kana'an s. Gardiner, Onomastica I 181* sowie Helck, Beziehungen 266 f. Anm. 48 (mit weiterer Literatur). Das in Josua 10:3.23 und 12:11 erwähnte Jarmuth ist mit I̯arimuta der EA-Texte gewiss identisch, vgl. auch W.F. Albright, JEA 6 (1920) 92.

7 In RS 20.01:16 = Ugaritica V Nr.95 wird statt Gi$_5$-bá-la der wohl gleiche GN Gi$_5$-$^{d}{}_2$ba'ala^{la} ! geschrieben.

8 Vgl. die Erwähnung der Salinen von Atallig (eqil ṭ[ābti]^{MEŠ} ša ^{URU}A-tal-lik) in RS 19.81 = PRU IV 291 (Zeit des Tudḫalii̯a IV.) als Teil des Bereiches von Ugarit; s. ferner RS 15.109+:38.41.44 = PRU III 102 ff. (Zeit des Niqmepa) sowie RS 12.34+:35 = PRU III 192 ff. und RS 17.150+:15 = Ugaritica V Nr. 12 (ferner RS 19.42:17, unveröfftl., = demnächst PRU VI Nr. 79 [freundl.Mitteilung von J. Nougayrol]). Als atlg(y) erscheint der Ort öfters in den alphabetischen Urkunden Ugarits, s. PRU II Nr. 10, PRU V Nr. 40, 48, 56, 74, 75, 107; Herdner, Corpus Nr. 68, 71, 95.

9 E. Forrer, Memoirs of the American Philosophical Society 13 (1939) 114 ff.; vgl. Schaeffer, Stratigraphie Comparée 40 ff.

10 RS 18.01:4 = PRU IV 230; RS 17.123:2.9.18 = PRU IV 230 f.; RS 19.81:11 = PRU IV 291.

11 P.J. Riis, AAS 8/9 (1959) - 15 (1965), vgl. Schaeffer, Stratigraphie 43 f. und J. Nougayrol, Syria 38 (1961) 215 sowie GS II 8 f. Anm. 3. Unter den spätbronzezeitlichen Funden ist vor allem eine ugaritische Tontafel von Interesse; ein Skarabäus-Fragment des Amenophis III. deutet auf Kontakte mit Ägypten während der beginnenden EA-Zeit. Der aus Boğazköy belegte Ort Šukzii̯a (vgl. noch Bo 2112/c +,Kol. II 8: ^{LÚ}AGRIG ^{URU}Šu-uk-zi-i̯a = KBo XVI 68) ist mit dem syrischen Suksi offenbar nicht identisch; vgl. E. von

Schuler, Die Kaškäer (Berlin 1965) 23 Anm. 53 mit Literatur.

12 Als Beleg zu notieren auch unveröfftl. RS 19.78 = PRU VI Nr. 52, der einen Bewohner von Armana (= Ḫarmana?) nennt (freundl. Mitteilung von J. Nougayrol).

13 Vgl. M. Blanckenhorn, Handbuch der Regionalen Geologie, V.4 (Heidelberg 1914) 112.

14 Nach EA S. 1202 (vgl. ebenda S. 1606) Verschreibung für Ardata?

15 Porter-Moss, Bibliographie VII 393. Vgl. ebenda zu Funden aus dem gegenüberliegenden ʿAmrīt.

16 Zum Beleg im Pap. Bologna 1086 (ʾrd) mit Erwähnung eines Sklavenkaufs aus diesem Ort vgl. Helck, Beziehungen 310.- E. Edel, BBB 25 (1966) 23 erwägt für den GN [....]ʾ-d in der Ortsliste C_N des Amenophis III. eine Ergänzung zum GN Arụad; das Fehlen des GN Arụad in den ägyptischen Ortslisten ist sonst gewiss auf die geographische Position des Ortes zurückzuführen, was ein Erscheinen in der Liste des Amenophis III. zweifelhaft macht. Die bei Gardiner, Onomastica I 130+ endgültig abgelehnte Gleichsetzung des als hethitischer Bündner bei Qadeš erwähnten Ortes bzw. Landes, jetzt allgemein Arzaụa gelesen, mit Arụad wird von P. Montet, Kêmi 16 (1962) 76 noch übernommen.

17 = demnächst PRU VI Nr. 79 (freundl. Mitteilung von J. Nougayrol).

18 Vgl. GS II 436.- Belege: KAH II 68 Vs. 21.22.23, KAH II 71:12, AfO 18, 350 Z. 27, ferner AKA I S. 128 ff. IV 2.

19 Die dichte Bevölkerung von Arados wird auch von Strabo (XVI 2, 13 f.) beschrieben. Zum heutigen Arụad/Ruād s. J. Weulersse, Le pays des Alaouites (Tours 1940) 173 ff.

20 H. Frost, AAS 14 (1964) 67 ff. und 16 (1966) 13 ff.

21 M.C. Astour, JNES 22 (1963) 229 Nr. 69 vergleicht das als hethitischer Ort bei Idrimi genannte Damarutreʾi, was aber kaum übernommen werden kann. Zu ägyptischen Zeugnissen aus ʿAmrīt s. Porter-Moss, Bibliography VII 393.

22 R.J. Braidwood, Syria 21 (1940) 183 ff. und dazu Schaeffer, Stratigraphie 44 ff.

23 Von O. Weber, EA S. 1141 war Sumra, 25 Minuten nördlich der Mündung des Nahr el-Kebīr, vorgeschlagen worden; Dussaud, Topographie 118: Bei Manṭar 15 km im S von Arụad; R.J. Braidwood, Syria 21 (1940) 218 ff. (vgl. Gardiner, Onomastica I 187+ Anm. 1): Tell Simirijān. Ausgrabungen der syrischen Altertümerverwaltung auf dem Tell Kazel am Nahr el-Abraš (vgl. F.M. Abel, Géographie II

3 f.) haben bislang keine sichere Identifizierung mit Ṣumur gestattet; s. M. Dunand - A. Bounni - N. Saliby, AAS 7 (1957) 3 ff. und AAS 14 (1964) 3 ff. Cl.F.-A. Schaeffer, Ugaritica V S. 682, hält die Gleichung Tell Kazel = Ṣumur für gesichert. Vgl. zum Problem noch M. Noth, ZDPV 60 (1937) 229 ff. und 72 (1956) 82; Helck, Beziehungen 314 mit Anm. 97 sowie GS II 32 Anm. 11.

24 Vgl. schon M. Noth, ZDPV 60 (1937) 229 ff.

25 Dazu schon O. Weber, EA S. 1138 ff.; Belege s. EA S. 1580 (Index).

26 P. Montet, Kêmi 16 (1962) 76 ff.; Helck, Beziehungen 261 und 314. Eine Gleichsetzung mit der Stadt des Merneptah in 'rm in Pap. Anastasi III Rs. 5, 5 (so Helck, Beziehungen 314) ist mit E. Edel, BBB 25 (1966) 28 f. wohl abzulehnen.

27 AfO 18, 344 f. Z. 18 ff.; Helck, Beziehungen 314, stützt sich bei der Berechnung der Wegstrecke, die Tiglatpilesar I. auf Arụad-Schiffen zurücklegte, auf einen Ansatz E. Honigmanns (Pauly-Wissowa, Realenzyklopädie, 2. Reihe Band VIII (1932) 1582 ff.) mit 32 km; das würde dann zu einer Ansetzung Sumurs etwas zu weit südlich führen. Anders E. Weidner, AfO 18 (1957/58) 346 (= 20 km); Zusammenstellung späterer Belege s. bei P. Boudou, Or 36-38 (1929) 172 f.

28 Dazu M. Blanckenhorn, a.a.O. 110 f.

29 Posener, Princes et pays 93 (Nr. E 61): "Stämme von ʿ;qt'", d.h. wohl Stämme der Umgebung dieser Stadt; vgl. den Beleg in den älteren Texten bei Sethe, Ächtung 56 Nr. f 12, ferner Posener, Princes et pays 90 Nr. 54. S. dazu Helck, Beziehungen 51, entgegen A. Alt, ZDPV 64 (1941) 29 Anm. 1.- M.B. Rowton, XVe RAI (Liège 1967) 118 erwägt, in Irqatum die eponyme Gottheit eines Stammes zu sehen, die dann auch der Stadt den Namen gegeben habe.

30 Sethe, Ächtung 52 Nr. 9 und Posener, Princes et pays 90 Nr. E 54. Vgl. Helck, Beziehungen 51 und 60.

31 Vgl. schon H. Clauss, ZDPV 30 (1907) 32; O. Weber, EA S. 1143; ferner s. GS II 232 Anm. 13.- Zum Tell ʿArqā s. auch W.F. Albright, JPOS 8 (1928) 245. In dem RS 20.33 = Ugaritica V Nr. 20 erwähnten Ḫalpa möchte Cl.F.-A. Schaeffer, Ugaritica V S. 681 ff., das heutige Ḥalbā sehen, nicht Ḫalap/Aleppo.

32 Vgl. schon O. Weber, EA S. 1141 f., vgl. GS II 77 Anm. 2 mit weiterer Literatur.- Von A. Alt, BBLAK 68 (1950) 116 ff. und K. Galling, ZDPV 70 (1954) 100 wurde die Hafenstadt von Tripoli, el-

Mīnā, mit Ullaza identifiziert.

33 EA S. 1581 (Index), vgl. EA S. 1141 f. - Das in einer Inschrift des Narāmsīn von Akkad erwähnte Ulisum (AfO 20, 1963, b 5 Kol. II 13) wird von C.J. Gadd und J. Bottéro (CAH I/17, 15 sowie CAH I/19, 28) unter Vorbehalt mit dem Ullaza der EA-Texte gleichgesetzt. Bislang beruht das jedoch nur auf dem lautlichen Anklingen des GN, da der historische Kontext Narāmsīns Aktionen im weiter nördlichen Syrien lokalisiert.

34 Zur Situation vgl. Helck, Beziehungen 140. Zu einer - unsicheren - Ergänzung des GN in der Ortsliste des Thutmosis III. (Simons, Lists I 175) s. E. Edel, BBB 25 (1966) 31 f.

35 E. Edel, BBB 25 (1966) 31 f. Ebenda wird auf eine Schreibung 'rt't' für Ardata in Soleb-Listen desselben Herrschers verwiesen.

36 Ugaritica V Nr. 20: ^{URU}Ar-dá-at^{KI}; vgl. dazu GS II 213 f. und jetzt ausführlich Cl.F.-A. Schaeffer, Ugaritica V S. 640 ff., besonders 663 f.

37 Die Schreibung des GN ermöglicht auch eine Lesung Arašir, s. O. Weber, EA S. 1163.

38 Vgl. O. Weber, EA S. 1201; Dussaud, Topographie 117 Anm. 4 und S. 511; Helck, Beziehungen 192 f. Anm. 16.- Abel, Géographie II 4, betrachtete Ḫaḫlija als Vorläufer des späteren Tripoli selbst.

39 Simons, Lists XXIII 18-20 = Jirku, Listen XIII 18-20: Ortsliste des Ramses II. vom Hypostylensaal in Karnak, vgl. Helck, Beziehungen 221. Für 'kt s. noch Jirku, Listen XIX 7. Zum Beleg in einer Liste des Ramses III. (Jirku, Listen XXII 98) s. Simons, Lists XXVII 98 und zu XXIII 18 (S. 158). Vgl. Wreszinski, Atlas II 54-56 und Helck, Beziehungen 222 f.

40 Wreszinski, Atlas II 54 - 56 und dazu Helck, Beziehungen 222 f.

41 Dazu Helck, Beziehungen 202 und vgl. ders. S. 251 zum GN ka-r-ma-ja-m in einer Ortsliste des Ramses III.

42 M. Noth, ZDPV 64 (1941) 53 und Helck, Beziehungen 221 mit Verweis auf E. Honigmann, ZDPV 47 (1924) 5 Nr. 229 a.

43 Zur geographischen Bezeichnung Kanaʿan und den Belegstellen in ausserbiblischen und biblischen Texten s. jetzt R. de Vaux, JAOS 88 (1968) 23 ff.

44 Vgl. schon H. Clauss, ZDPV 30 (1907) 8 f. und O. Weber, EA S. 1156 sowie zuletzt Helck, Beziehungen 177. Für ein nicht mit Ambi identisches Ammija ist der Tell Amjun im S von Tripoli vorge-

schlagen worden, s. Dussaud, Topographie 117 Anm. 1 und Smith, Idrimi 72 f.

45 EA 71, 72, 73, 74, 75, 76, 81, 88, vgl. 95; zur Situation GS II 253 f.

46 Dussaud, Topographie 117 Anm. 2 und zuletzt Helck, Beziehungen 177 und 192 Anm. 16, vgl. auch M. Noth, ZDPV 71 (1955) 57.

47 So Helck, Beziehungen 127 (Thutmosis III.; Simons, Lists I 48 = Jirku, Listen I 48) entgegen Abel, Géographie I 350 ff. (= Karmel) und M. Noth, ZDPV 64 (1941) 62 Anm. 4 (= Rās en-Nāqūra). Dasselbe Kap (?, zweifelnd M. Noth, a.a.O.) erscheint bei Ramses II. (Simons, Lists XXIII 1 = Jirku, Listen XIII 1) und - wohl von Ramses II. übernommen (s. Helck, Beziehungen 251) bei Ramses III. (Simons, Lists XXVII 108 = Jirku, Listen XXII 108).

48 ^{URU}Šal-l[u?], also mit unsicherer Lesung des GN; vgl. dazu J.A. Knudtzon, EA S. 509 Anm. g.- Abel, Géographie II 4: Südlich von Rās eš-Šakka, wohl heute Sal'ata. Mit dem in AT $^{+}$56:1 bezeugten ^{URU}Šallun^{KI} gewiss nicht identisch.

49 Vgl. schon E. Dhorme, Revue Biblique NS 5 (1908) 509 f. und O. Weber, EA S. 1165.

50 Schon so O. Weber, EA S. 1166. Der Ansatz von Abel, Géographie II 4 = NW von Tell 'Arqā ist wohl zu weit nördlich.

51 Zum GN s. M. Noth, WO 1 (1948) 21 ff.

52 So schon M. Noth, ZDPV 71 (1955) 30 f. Einen bequemeren Durchgang zum syrischen Binnenland bot allerdings die Senke von Ḥoms, und bei Reisen nach dem mittleren und nördlichen Syrien dürfte auch von Beruta aus zunächst der Küstenweg und dann die Einsenkung zwischen Libanon und Nusairier-Gebirge benutzt worden sein.

53 EA S. 1572 (Index), vgl. den knappen historischen Überblick bei O. Weber, EA S 1183 und zuletzt Helck, Beziehungen 311.

54 Zur nicht ganz klaren Situation siehe schon EA S. 1182 f. O. Weber: Die Einschiffung sei vorgeblich zur Unterstützung von Ṣumur, d.h. im Sinne des Pharao erfolgt.

55 Dafür Helck, Beziehungen 178 und 259; anders (= vielleicht der König von Tyros) W.F. Albright, JNES 5 (1946) 10 mit Anm. 4 sowie Campbell, Chronology 92 mit Anm. 59.

56 Der in den alphabetischen Texten erwähnte Ort b'r ist als innerhalb des Bereiches Ugarits liegend für eine Gleichung mit Beruta auszuscheiden, s. M.L. Heltzer, VDI 1/1965, 200 mit Anm. 19. Das b'rt in RS 18.24:3 = PRU V Nr. 101, wohl auch RS 16.191:15 = PRU

II Nr. 6, wäre gleichfalls als Ort innerhalb des Königtums Ugarit anzusetzen, ferner ^{URU}Bi-i-ri, ^{URU}PÚ$^{(MEŠ)}$ in syllabischen Texten.

57 Dazu E. Edel, Geschichte und Altes Testament (Tübingen 1953) 63 sowie Helck, Beziehungen 311.

58 M. Blanckenhorn, Handbuch der Regionalen Geologie, V.4 (Heidelberg 1914) 95. Die natürlichen Bedingungen haben dagegen dem Hafen von Beirut später einen Aufschwung verliehen.

59 Belege s. EA S. 1582 (Index), vgl. dazu O. Weber, EA S. 1162 f. Kurzer historischer Überblick bei Helck, Beziehungen 311. Zu den archäologischen Untersuchungen, die - wohl wegen der neuzeitlichen Überbauung - bisher kaum etwas für das 2. Jahrtausend erbracht haben, s. zuletzt die Übersicht bei K.-H. Bernhardt, Die Umwelt des Alten Testaments, I (Berlin 1967) 211 f.

60 Zur Frage, ob Amenophis III. oder Thutmosis IV. gemeint ist, s. die in GS II 188 zu EA 85 genannte Literatur.

61 Neben einer Erwähnung der Göttin von Sidon ('ilt.ṣdynm) in der Keret-Legende (RS 344 = AO 17.190 = Herdner, Corpus Nr. 14) soll Sidon auch - wie einem Hinweis J. Nougayrols entnommen werden kann - in RS 19.182:4' = demnächst PRU VI Nr. 81 belegt sein; der GN ist jedoch ergänzt.

62 Vgl. Helck, Beziehungen 311 und 329 sowie zuletzt E. Edel, in: K. Galling, Textbuch zur Geschichte Israels (Tübingen ^{2}1968) 41 ff., zur Stelle S. 44.

63 M. Blanckenhorn, a.a.O. 94. Die gegenüberliegende Küstenebene kann als Hinterland von Tyros und Basis seiner Ernährung betrachtet werden.

64 Vgl. den Überblick bei Helck, Beziehungen 312 und K.-H. Bernhardt, a.a.O. 212 f. sowie die Dissertation von M.J. Katzenstein, The History of Tyre from the Beginning of the Second Millenium until the Rise of the Assyrian Empire (Jerusalem 1965)[nicht zugänglich; vgl. Keilschriftbibliographie Nr. 28:722]. Die unter der Leitung von M. Chehab durchgeführten Ausgrabungen sind infolge der sehr umfangreichen Überreste aus antiker Zeit bislang kaum in ältere Schichten vorgedrungen. Zu erwarten wären auch hier Tontafelfunde vor allem aus der EA-Zeit.

65 Posener, Princes et pays 82 Nr. E 35: s̱-u-r-u-ja, vom PN des Regenten nur noch erhalten: [...]-r_2-u, s. dazu Helck, Beziehungen 58. Zu dr in einer Ortsliste des Amenophis III. s. K.A. Kitchen,

Or NS 34 (1965) 1 ff., der es mit Tyros identifizieren möchte; dagegen E. Edel, BBB 25 (1966) 18 zu Nr.6, der ḏr mit dem ḏj;m der Ächtungstexte (Posener, Princes et pays Nr. E 19) gleichsetzt.

66 EA S. 1580 (Index) sowie O. Weber, EA S. 1164 und 1178 f.

67 So Helck, Beziehungen 312. Nach Campbell, Chronology 92 mit Anm. 59, könnte Ịapaḫaddi, der in EA oft erwähnt wird und ein Prozessgegner des Ribaddi war (EA S. 1562 [Index] und O. Weber, EA S. 1168 f.) zwischen den EA 89 zufolge gestürzten König und Abimilki einzuschieben sein. Vgl. zur Frage der Zuordnung des Ịapaḫaddi die in GS II 233 Anm. 26 genannte Literatur.

68 Dazu O. Weber, EA S. 1245 und W.F. Albright, JEA 23 (1937) 190 ff. sowie die in GS II 239 Anm. 102 notierte Literatur.

69 Einem freundl. Hinweis von J. Nougayrol kann ich einen Beleg für Tyros in RS 19.42:6 = demnächst PRU VI Nr. 79 entnehmen.

70 Vgl. Cl.F.-A. Schaeffer, Ugaritica IV 41 f., vgl. GS II 400.

71 PRU V Nr. 63, 73, 106; Herdner, Corpus Nr. 14 (Keret) Z. 198 und 201 ('aṯrt.srm).

72 Simons, Lists XIII - XVI = Jirku, Listen VIII, IX, XII, vgl. dazu Helck, Beziehungen 202; Simons, Lists XX 14 und XXI 6 (?, GN ergänzt); Simons, Lists XXVII 121 = Jirku, Listen XXII 121, vgl. dazu Helck, Beziehungen 252.

73 M. Chehab, in: 25. Orientalistenkongress Moskau 1960, I (Moskau 1962) 368, vgl. J. Leclant, Or NS 30 (1961) 394.

74 R.A. Caminos, Late-Egyptian Miscellanies (London 1954) 108 ff. sowie zuletzt E. Edel bei K. Galling, Textbuch zur Geschichte Israels (Tübingen ²1968) 37 ff. mit weiterer Literatur.

75 Vgl. J.A. Wilson, ANET 26 sowie zuletzt E. Edel bei K. Galling, a.a.O. 43.

76 Vgl. Helck, Beziehungen 202. Nach Simons, Lists XX 15 und XXI 7, dort zu ergänzen.

3. Kapitel

DIE KÜSTENGEBIRGE

Als weitere Landschaftszone Syriens lassen sich die Küstengebirge abgrenzen,[1] die sich in unterschiedlicher Höhe parallel zur Küste, also in einer Nord-Süd-Richtung erstrecken. Sie erreichen im Libanon mit mehr als 3000 m ihre grösste Höhe, während das Nusairiergebirge (Ǧebel el-ʿAnṣērīje) nur noch Gipfelhöhen zwischen 1000 und 1500 m erreicht und nach N zu immer mehr in ein Hügelland übergeht. Jenseits des Orontes-Unterlaufs steigt das Küstengebirge dann im Ǧebel Arsūz und im Amanus noch einmal zu grösseren Höhen an. Von W her allmählich aufsteigend, fallen die Küstengebirge nach O zu gewöhnlich ziemlich steil ab, eine Situation, die den Küstenbezirk begünstigte: Die durch das Gebirge am Weiterziehen ins Binnenland gehinderten Wolken regnen sich an der Küste ab, und die dort im Jahresmittel 900 mm erreichende Regenmenge wirkte auf einen grösseren Bereich ein als das bei einem schroffen Herantreten der Gebirge an die Küste der Fall gewesen wäre. In Verbindung mit günstigen Bodenverhältnissen hatte das für die landwirtschaftliche Nutzung des westlichen Gebirgshanges sowie für die Besiedlung positive Konsequenzen. Der Reichtum an natürlichen Schätzen, vor allem am wichtigen Rohstoff Holz, lieferte den Küstenplätzen für Haus- und Schiffsbau sowie für den Export ein reiches Material; erst durch den langwährenden Raubbau und den Viehverbiss ist der Waldbestand des Libanon auf die wenigen noch heute sichtbaren Reste zusammengeschmolzen.[2] Durch die zahlreichen Flussläufe, die sich zuweilen tief in den Westabhang der Gebirge eingegraben haben, wurden natürliche Zugangswege zum Innern des Gebirgslandes geschaffen; und auch sonst setzte das sanftere Ansteigen der Berge dem Verkehr nicht so viele Schwierigkeiten entgegen. Die Gebirge besassen für die politische Entwicklung der Küstenorte auch insofern Bedeutung, als sie ihnen als Barriere gegenüber Expansionstendenzen aus dem Binnenlande dienen konnten und eine weitgehende Eigenentwicklung begünstigten. Andererseits aber haben sie - wenigstens der Libanon - zugleich eine weiter ins Binnenland greifende Ausdehnung des Bereiches der Küstenorte behindert. Günstiger gestalteten sich in dieser Hinsicht die Verhältnisse im Norden des Nusairiergebirges, wo das Hügelland an der Küste einer Ausweitung der politischen Macht Ugarits weiter in das Binnenland hinein keine Schranke entgegensetzte. Eine Rolle haben die beiden ausgeprägten Zäsuren in der Kette der Küstengebirge gespielt: Einmal die Mündung des Orontes im N, die durch die ʿAmq-Ebene den Zugang zu den Weiten um Aleppo vermittelte, zum anderen die mittelsyrische Senke von Ḥoms zwischen Nusairiergebirge und Libanon / Antilibanon, die den bequemsten, heute von einer Eisenbahnlinie genutzten Zugang von der Küste nach Mittelsyrien und über Tadmir / Palmyra bis nach Mesopotamien vermittelte. Ganz im S wäre schliesslich noch der Durchbruch des Leontes (Nahr el-Litani) in der Nähe von Tyros zu notieren. Wurden aber in den beiden Flussdurchbrüchen die Wege durch die Gebirge stark eingeengt und bei höherem Wasserstand auch unpassierbar, so gab die Senke von Ḥoms dem Handelsverkehr - und auch den militärischen Unternehmungen - einen breiteren Raum. Im folgenden sei wiederum im N begonnen, um die einzelnen Abschnitte der Küstengebirge hinsichtlich ihrer Besiedlung im 2. Jahrtausend im Überblick darzustellen:

Ganz im N liegt der Amanus einschliesslich des Ğebel Arsūz, der

Nordsyrien gegen Kilikien und SO-Kleinasien hin abgrenzt, ohne dem Verkehr ein ernstes Hindernis in den Weg zu legen.[3] In den Quellen auch des 2. Jahrtausends wird der Amanus (Amana, Ḫamana/i/u) oft genannt (vgl. E. Honigmann, RLA I 92);[4] er taucht in einer auf altbabylonische Traditionen zurückgehenden Litanei als typisches Zederngebirge auf (E. Reiner, JNES 15, 1956, 132 f. Z. 5). Auch sonst wird der Holzreichtum des Gebirges öfter hervorgehoben,[5] und in der Gründungsinschrift des Jaḫdunlim von Māri, in der das Abschlagen von Buchsbaum, Zeder, Zypresse und Sandelholz(?) im Gebirge der Küste erwähnt wird, dürfen wir wohl gleichfalls den Amanus sehen.[6] In dem erwähnten litaneiartigen Text JNES 15, 132 ff., erscheint ein Adilur-Gebirge (Adalur), das als Heimat der Zypresse bezeichnet ist (Z. 10). Es wurde aufgrund späterer assyrischer Zeugnisse nahe dem Mittelmeer gesucht und mit dem Amanus verbunden (Rās el-Chanzīr am Ǧebel Arsūz).[7] Die Hethiter haben nach dem Bericht der Ḫattuši-li-Bilingue KBo X 1 - 3 (GS I 147) am Adalur-Gebirge die Truppen von Ḫalap geschlagen, die dem verbündeten Ḫaššu zu Hilfe kamen. In Anbetracht der Lokalisierung von Ḫaššu[8] ist eine Lage des Adalur-Gebirges unmittelbar am Meer kaum wahrscheinlich zu machen;[9] eine Nähe zum Amanus dürfte andererseits aufrechtzuerhalten sein, und vielleicht kann der Beleg in KBo XV 44, der dieses Gebirge in der Abfolge Amanus - Atallur (Adalur) - Aštata - Kinza (Qadeš) nennt, als ein Hinweis darauf gewertet werden, dass das Adalur-Gebirge im O bzw. SO des Amanus zu suchen ist (vgl. schon GS II 152), vielleicht beim Kurd-Dagh oder in seiner Nähe. Südlich des unteren, in SW-Richtung fliessenden Orontes erhebt sich zunächst ein ziemlich ebenes, 450 - 470 m hohes Massif, der Ǧebel el-Kuṣeir, der dann etwa beim Nahr el-Abjād in das eigentliche Nusairiergebirge übergeht.[10] Nach SW schliesst sich zunächst der Ǧebel Schahsin (1090 m) an, dann folgt der steil am Meer aufragende Gebirgsstock des Ǧebel el-

ʼAqra, keilinschriftlich Ḫaz(z)i, in ugaritischen alphabetischen Texten ṣpn (Ṣaphon), im griechisch-römischen Altertum Kasios /Casius.[11] Der Berg, der eine Höhe von fast 1800 m erreicht,[12] ist sowohl vom Binnenlande als auch vom Meer her weithin sichtbar und mag auch den Seefahrern des 2. Jahrtausends als Orientierungszeichen gedient haben. Vor allem aber spielte er in der religiösen Vorstellungswelt nicht nur des nahegelegenen Ugarit, sondern auch der Hethiter eine Rolle. Es sei daher etwas ausführlicher auf dieses Gebirge eingegangen. Der bisher früheste Beleg, der sicher datierbar ist, findet sich in der Autobiographie des Idrimi von Alalaḫ. Nach Z. 33 dieses Textes landete Idrimi nach seinem Exil an der nordsyrischen Küste "angesichts des Ḫazi-Berges" (pa-an ḪUR.SAG Ḫa-zi).[13] Im hethitischen, ḫurritischen und akkadischen Material aus Boğazköy erscheint Ḫazzi als eine Berggottheit, die im hethitisch-ḫurritischen Mythos eine Rolle spielte,[14] in einer ganzen Reihe von Ritualen, Götter- und Opferlisten sowie Festbeschreibungen auftritt[15] sowie als göttlicher Zeuge unter den Eidgottheiten der Staatsverträge angerufen wird.[16] Meistens tritt Ḫazzi zusammen mit dem ebenfalls vergöttlichten Gebirge Namni/Nanni auf (s. dazu unten), und wir dürfen die beiden Berggottheiten, auf denen stehend in Yazilikaya der Wettergott abgebildet ist (Nr. 42), wohl als Nanni und Ḫazzi deuten.[17] Die inschriftlichen Belege weisen Ḫazzi deutlich dem ḫurritischen Kreis zu, wobei in KUB XX 65 Z. 9 (vgl. zur Stelle H. Th. Bossert, Asia [Istanbul 1946] 169) Namni und Ḫazzi neben dem Wagen, dem Speer, dem Gerät und den Wolken des Wettergottes genannt werden; das lässt an den "Wolkenreiter" Baʻal und seinen im ugaritischen Mythos überlieferten Kampf gegen den Meeresgott denken.[18] Vielleicht darf man annehmen, dass Nanni und Hazzi ebenso wie die beiden Stiere Šeri und Ḫurri, mit denen sie oft zusammen erwähnt werden, in eine Verbindung mit den Unternehmungen des Ḫattušili I.

in Nordsyrien zu bringen sind: Möglicherweise hat anschliessend an die Überführung nordsyrisch-ḫurritischer Kulte nach Ḫatti auch die Verehrung von Ḫazzi und Nanni ihren Anfang genommen.[19] Die kultische Verehrung des Ḫazzi/ṣpn als Sitz des Wettergottes dürfte auch in Ugarit, von wo aus der Berg gut sichtbar ist, eine längere Tradition haben.[20] Eine Stadt Ḫalpi wird - zur Unterscheidung von anderen Orten dieses anscheinend häufigen Namens - als Ḫalpi ḫuršān Ḫazi (ḫlb.ṣpn) bezeichnet und darf wohl in der Nähe dieses Berges, aber auf ugaritischem Territorium lokalisiert werden.[21] Was den Berg Namni/Nanni betrifft, der gewöhnlich zusammen mit dem Ḫazzi in den hethitischen Texten erscheint (s. oben), so gilt seine Lokalisierung allgemein noch als unsicher.[22] Es wäre zunächst zu berücksichtigen, dass beide Berge ziemlich nahe beieinander gelegen haben dürften, da sie im inschriftlichen Material aus Boğazköy ziemlich eng miteinander vergesellschaftet sowie auch als gemeinsam tragende Berggötter in Yazilikaya bildlich wiedergegeben sind.[23] In Frage kämen dann - da der Amanus auch in den hethitischen Texten mit einem eigenen Namen erscheint - entweder der Ğebel Schahsin (1090 m) oder der dicht beim Hauptgipfel des Ğebel el-ʿAqra etwas südlich gelegene Berg mit 1030 m Höhe, der bei Strabo (XVI 2, 8) als Anticasius erscheint. Während erster etwas zu weit entfernt liegend erscheint, käme der letzterwähnte Gipfel vielleicht als Nanni in Betracht. Er ist von O her ebenfalls als ein hoher und das umliegende Land beherrschender Berg zu erkennen, andererseits von S her, also aus der Richtung von Ugarit, nicht als eigene Erhebung beeindruckend oder gar wahrnehmbar, da er vom Hauptgipfel überragt wird. Es mag sein, dass er aus diesem Grunde in der ugaritischen Religion und Mythologier keine Rolle spielte. Als Fixpunkt einer Grenzregelung konnte er dagegen von Interesse sein, und in RS 17.340:6′ = PRU IV 51, der Grenzregelung zwischen Ugarit und dem nördlichen Nachbarn, Mukiš, wird ein Berg Nana (ḫuršān Na-na-a) zwischen den Orten Ḫalpi und Šalma genannt. In der Bestätigung dieser Grenzregelung durch Muršili II. wird in RS 17.62 = PRU IV 65 ff. der Nana-Berg ausgelassen (Z. 23′), doch geht aus diesem Text hervor, dass er von 42 Markierungspunkten der Grenze Ugarit - Mukiš , die von O nach W verlaufen und bei Ḫimulli "inmitten des Meeres" (wohl Pigeon-Insel, s. oben S. 5) enden, an 36. Stelle steht. Das bedeutet, das der Berg Nana = Namni/Nanni in Meeresnähe zu suchen wäre (vgl. schon J. Nougayrol, PRU IV 13). Die Gleichsetzung des Nana-Berges mit dem Namni/Nanni der hethitischen Texte, die sich allerdings noch nicht sichern lässt, würde gleichfalls auf eine Lokalisierung an der Stelle des Anticasius deuten. Schliesslich sei noch auf KUB XIX 12 verwiesen, ein zu den "Taten des Šuppiluliuma" gehörendes Fragment; s. H.G. Güterbock, JCS 10 (1956) 61 f. Fragment 8. Es erwähnt Kämpfe des Grossvaters und Vaters des Muršili II. am Nanni-Berg, wobei als Gegner des Šuppiluliuma "Stammestruppen" (ERÍN.MEŠ ZU-TE-E) erwähnt werden (s. dazu H.G. Güterbock, a.a.O. 62 Anm. c). Wenn auch die Einordnung des Fragmentes in den Gesamtzusammenhang der "Taten Šuppiluliumas" schwierig ist, so könnte doch vielleicht vermutet werden, dass sich die Kämpfe beim Berge Nanni unter Tudḫaliia (II. bzw. I.) und Šuppiluliuma abspielten; "Grossvater" kann hier auch im Sinne von "Ahn" o.ä. verstanden werden. Für Šuppiluliuma wäre vielleicht an seinen "einjährigen" Feldzug zu denken, während dessen er sich auch in Alalaḫ, also unweit des Ǧebel el-ʻAqra, aufgehalten hat (s. dazu unten), und von hier aus vielleicht Truppen der Hethiter weiter nach SW vorgestossen sind. Inwieweit die aus Māri bekannte Gottheit ^{D}Nan(n)i[24] damit in einen Zusammenhang zu stellen ist, bleibt unklar.

Das Land südlich des Ǧebel el-ʻAqra bis zum Nusairiergebirge hin, das im Ǧebel Darǧūs dort seine grösste Höhe (um 1500 m?) erreicht, dehnt sich als welliges Land um den (nördlichen) Nahr el-Kebīr, das auch noch von weiteren Flüssen bewässert wird und in eine breite Küstenebene übergeht.[25] Der Boden ist für eine landwirtschaftliche Nutzung gut geeignet, der Grundwasserspiegel liegt relativ hoch. Strabo (XVI 2, 9) hat dieses Hinterland von Latakia als eine "weinreiche Gegend" bezeichnet, als die es auch aufgrund des Grabungsbefundes von Ugarit angesprochen werden kann. Wie es scheint, war dieser Bereich auch im 2. Jahrtausend recht dicht besiedelt (s. dazu sofort). Im SO schliesst sich das Nusairiergebirge (Bargylus Mons) an, das wohl dem Su-e in assyrischen Texten und dem š()-wa im ägypt. Pap. Anastasi I(s. dazu Helck, Beziehungen 329) entspricht. Für den Bereich zwischen dem Ğebel el-ʻAqra, dem mittleren Nusairiergebirge, der Küste und dem Orontes stehen uns aus Ugarit eine grosse Zahl von Ortsnamen zur Verfügung, zu denen noch einige aus Alalaḫ sowie aus ägyptischen Quellen treten. Es handelt sich dabei um ungefähr 350 GN,[26] die grossenteils in dem eben umgrenzten Bereich zu lokalisieren sein dürften. Zu ihnen werden auch die Orte gehört haben, die an der Stelle der archäologisch untersuchten Plätze von Qalʻat Siriani und Ruʼesset al-Amir (Westufer des nördl. Nahr el-Kebīr) gelegen haben.[27] Die grosse Zahl der überlieferten Siedlungsnamen ist durchaus nicht ungewöhnlich hoch, da sie teilweise wohl nur kleine Anwesen bezeichnet haben dürften. Interessant ist ein Vergleich mit den Ergebnissen einer Untersuchung, die M. Hartmann im Jahre 1891 über das Liwa Latakia veröffentlichte, das ungefähr dem Gebiet von Ugarit zu seiner grössten Ausdehnung, also einschliesslich Siịannu und Ušnatu, entsprochen haben könnte.[28] Demnach waren damals in der Ḳaḍa Latakia und Ḳaḍa Ğeble rund 1000 Namen von Orten feststellbar, wobei aber ein beträchtlicher Teil der Ortschaften weniger als 10 Häuser zählte und auch Anwesen von nur einem Haus durch einen GN bezeichnet sind.[29] Aus dieser Vielzahl von Orten, die einmal im Gebiet des Königtums Ugarit gelegen haben, ist nur eine geringe Anzahl etwas genauer zu lokalisieren (vgl. oben zu den Küstenorten): Dazu gehören einmal jene, die als Grenzpunkte gegenüber dem nördlichen Nachbarn Mukiš erwähnt sind, zum anderen die, die nach der Lostrennung von Sijannu als Orte genannt werden, die im Grenzbereich zwischen Ugarit und Sijannu gelegen haben. Für weitere Orte ist durch den Kontext eine Küstenlage oder Lage im bergigen Hinterland anzunehmen, ohne dass eine genauere Position zu ermitteln ist. Lautliches Anklingen moderner Ortsnamen an solche der keilinschriftlichen oder hieroglyphisch-ägyptischen Überlieferung allein reicht ohne einen entsprechenden Hinweis des Kontextes nicht aus, um einigermassen wahrscheinliche Lokalisierungen vorzuschlagen. Für die Grenzziehung Šuppiluliumas, die offenbar nur die Nordgrenze (gegenüber Mukiš) betraf (s. dazu GS II 353 f.), kann hier auf die Untersuchung von J. Nougayrol, PRU IV 11 ff., verwiesen werden. Er gelangte zu dem Ergebnis, dass etwa eine Linie Idlib - Ruǧ - Ǧisr eš-Šoghr - Bdāma - Urdu(?) - Badrusieh angenommen werden kann. Ob der Bereich Ugarits allerdings tatsächlich über den Orontes (bei Ǧisr eš-Šoghr) hinaus nach O gereicht hat, muss noch zweifelhaft bleiben. Für das in der Grenzziehung erwähnte Gebirge Birzi(ḫe) hat M.C. Astour, JNES 22 (1963) 236 Nr.139, Qal'at Berze, byzantin. Borze, 3 km östl.(!) des Orontes vorgeschlagen; für Zazaḫaruḫa vergleicht er den aus Alalaḫ belegten GN Suḫaruḫa, für Ịarqani zieht er das assyr. Ịaraqu-Gebirge in Erwägung, vgl. heute Kefr Aruq im Ǧebel Bariša.[30] Seine Gleichsetzung von Paništai (= Paništā in Syria 10 Taf. 75 Nr.1) mit Banaš/Baniš 8 km im NO von Idlib[31] erscheint im Hinblick auf die Nennung des GN in der Grenzregelung unweit des Nana-Berges und dem "im Meer" gelegenen Ḫimulli wenig wahrscheinlich. Eine Lage in der Nähe des Grenzbereiches Ugarit - Mukiš wird durch RS 20.03 = Ugaritica V Nr. 26 bestätigt. Für den

GN Zimmari ist wohl das Zimarra in neuassyr. Inschriften heranzuziehen, s. Boudou, Or 36 - 38 (1929) 198. Auch die übrigen GN der Grenzziehung, für die eine Position zwischen Orontes und Mittelmeer sicher sein dürfte, entziehen sich einer genaueren Lokalisierung. Die Ansetzung von Nana = Anticasius (s. oben) würde in den Grenzverlauf gut passen, vgl. J. Nougayrol, PRU IV 15. Ein Šalma ist auch aus Boğazköy belegt,[32] doch scheint es sich hier um einen anderen Ort dieses Namens zu handeln? Die Vergleichung des Ašamti(ḫe)-Gebirges mit dem in einer Ortsliste des Thutmosis III. (Simons, Lists I Nr. 227) erwähnten 'šmb ('á-ša-m-b) durch M.C. Astour, JNES 22 (1963) 229 Nr. 71, ist sehr problematisch. Für das Matrani-Gebirge vgl. vielleicht das aus Alalaḫ bekannte Matrii̯anni? [33] Der Ort Kanzata ist - entgegen M.C. Astour, a.a.O. 237 Nr. 143 - mit dem knṯ't in Ortslisten des Amenophis III. und Thutmosis III. (Simons, Lists I 93 a) wohl nicht identisch, s. E. Edel, BBB 25 (1966) 15 f. Dagegen ist Mirar gewiss mit dem in Alalaḫ VII öfter genannten Murar[34] gleichzusetzen, vgl. auch A. Goetze, JCS 13 (1959) 36. Der Ort kam nach AT +456 (JCS 12, 126 f.) an I̯arimlim von Alalaḫ (s. dazu GS I 152 f.); er erscheint auch in der grossen Ortsliste des Thutmosis III. (Simons, Lists I 177), vgl. Helck, Beziehungen 144 sowie M.C. Astour, a.a.O. 225 Nr. 29. Für I̯atba vgl. vielleicht Alalaḫ I̯atḫab/pa (AT 140:3, 284:3 = JCS 13, 50, 341:4). Napšati wird von M.C. Astour, a.a.O. 237 Nr. 149 mit dem Lapsitania in Unqi (Luckenbill, ARAB I § 821) gleichgesetzt. Baqat ist in RS 11.790:12′ (PRU III 189) unter den "Orten des Gebirges" notiert und erscheint als bq(t) noch mehrfach in den alphabetischen Texten (s. PRU V Nr. 40, 42, 118 u.ö.). Die Lage von Gulbata in der Nähe des Nana-Berges wird auch durch RS 11.830 (PRU III 190) bestätigt, wo als der nächstfolgende Ort Ḫalpi ḫuršān Ḫazi (s. oben) belegt ist; vgl. noch RS 15.20 = PRU III 191 sowie die Belege für glbt(y) in PRU II Nr.

180, 181, PRU V Nr. 41 und 58. Im nördlichen Teil des Territoriums von Ugarit könnten, wenn auch nähere Angaben nicht zu machen sind, die Orte Maraba (mrb)[35] und Apsuna[36] zu suchen sein. Eine Reihe weiterer Orte wird durch eine Erwähnung in Zusammenhang mit der Abtrennung Siḭannus von Ugarit (RS 17.335+, PRU IV 71 ff.) weiter nach S gerückt und wird etwa im Hinterland von Gibala/Ǧeble anzusetzen sein, vgl. schon J. Nougayrol, PRU IV 15 ff. In die Nähe von Šuksi/Tell Sukās gehören wohl die Siedlungen Galba und Mulukku, vgl. RS 16.170 = PRU IV 78 (vgl. PRU III 91). Der aus Ugarit oft bezeugte Ort Ari (ar) scheint in der Nähe von Siḭannu gelegen zu haben, vgl. vor allem RS 18.01 (PRU IV 230) und RS 17.143 (PRU IV 217).[37] Das Gebiet von Siḭannu selbst, das bis zur Loslösung von Ugarit zur Zeit des Niqmepa von Ugarit und Muršili II. von Ḫatti der Oberhoheit der ugaritischen Könige unterstand,[38] dürfte etwa in der Höhe der Küstenorte Gibala und Šuksi begonnen haben und einschliesslich des (zugehörigen?) Ušnatu (s. oben S. 7) maximal bis etwa in die Gegend etwas nördlich von Tartūs gereicht haben, vgl. GS II 355 und 367 f. Das Zentrum von Siḭannu lag offenbar nicht an der Küste, sondern mehr im Gebirgsland. Die Texte RS 19.41 und 19.46 (vgl. vorläufig Cl.F.-A. Schaeffer, Ugaritica IV 131 und 140) lassen einige Orte erkennen, die wohl an der Küste lagen und zu Siḭannu gehörten; weitere Orte sind im Gebirge zu suchen, doch fehlt es bislang an sicheren Hinweisen.

Mit Siḭannu (und Ušnatu?) sind wir bereits weit in das Nusairiergebirge gelangt; damit wird der Bereich verlassen, der in den Texten von Ugarit auch topographischen Niederschlag gefunden hat. Das Nusairiergebirge, noch zu Beginn unseres Jahrhunderts als "Syriens romantischster, unsicherster und unbekanntester Winkel" bezeichnet (s. E. Banse, Die Türkei, 338), ist vor allem in seiner südlichen Hälfte offenbar bevorzugter Aufenthaltsort der ḫāpiru-Leute gewesen, s. dazu GS II 247 ff. Im Pap. Anastasi I 19, 2 ff. wird eine recht anschauliche Beschreibung dieses von Macchie bedeckten, mit Wacholder, Eichen und Tannen bestandenen Gebirges gegeben.[39] Die Bewohner der südlichsten Teile des Gebirges dürften von der Nähe des wichtigen Durchgangsweges, der Senke von Ḥoms, profitiert haben, wurden andererseits dadurch auch von militärischen Ereignissen mehr berührt als die übrigen Gebirgsabschnitte. Einige Ortsnamen, die im südlichen Nusairiergebirge lokalisiert werden könnten, tauchen daher auch in ägyptischen Texten seit Thutmosis III. auf, wie rgb (rú-ga-bá) in der Liste I 126 (s. dazu Helck, Beziehungen 142), wohl nahe Tunip gelegen (s. zu diesem GS II 75 ff.), sowie vielleicht auch das in EA-Texten erwähnte Šeḫlal unweit der Eleutheros-Ebene (EA 62; +371 [Or NS 16, 8 f.]; Simsons, Lists I 337).[40] Zu notieren wären in diesem Zusammenhang wohl die von Amenophis II. genannten Orte mnḏt (m()-n-ṣut) und ḥṯr' (h-ši-ri-'a),[41] falls sie tatsächlich auf dem Rückweg von Ugarit (?, 'kt, vgl. dazu GS II 336) zum Bereich von Qadeš geplündert worden sind. Zum GN ṯrḫ = Zalḫi? s. oben S. 22 Anm. 2; bei Amenophis II. wird als westlich davon gelegen šȝrm genannt, s. dazu E. Edel, ZDPV 69 (1953) 150 ff. Das strategisch günstige Gebiet um den Krak de Chevaliers wird auch im 2. Jahrtausend zur Anlegung von Ortschaften oder Festungen gereizt haben, zumal auch für eine landwirtschaftliche Nutzung des Bodens Voraussetzungen vorhanden sind. Hier können wir wohl die in den ägyptischen Ortslisten des Ramses II. und III. (Simons, Lists XXIII und XXVII) erwähnten Orte krk (ka-r-ka), etwa Krak de Chevaliers,[42] s'bt (śa-'á-bi-ta)[43] und j'qbr (ja-'a-qa-b-ru), vielleicht Meqa'bera 8 km NO von Qal'at el-Ḥoṣn,[44] ansetzen. Am SO-Rand des Nusairiergebirges lag vielleicht Dapur (dpr), von Helck (Beziehungen 219) an der Stelle des Tell Tuban 25 km WNW Ḥoms gesucht.[45]

Durch die Senke von Ḥoms und die Buqē'a, eine fruchtbare Talebene,[46] ist das Nusairiergebirge vom Libanon getrennt, dem höchsten Teil der Küstengebirge, der in den Texten des 2. Jahrtausends oft erscheint und durch seinen Reichtum an Holz immer wieder Händler und Heere angezogen hat.[47] In diesem 170 km langen Gebirge, das im O steil zum Grabeneinbruch der Biqā' abfällt, im W dagegen sanfter zur Küste des Mittelmeeres hinabreicht - ein Umstand, der die Nutzung und den Abtransport des Libanonholzes durch die Küstenbewohner begünstigte - lassen sich bisher nur wenige Orte lokalisieren.[48] Sie liegen zudem alle westlich des Hauptkammes im Hinterland der Seestädte, was aus dem oben erwähnten Profil des Gebirges leicht erklärbar ist. Sieht man von dem Ort Kuaṣbat, bezeugt in EA 69 und 70 bei nicht gesicherter Lesung des GN (vgl. O. Weber, EA S. 1154), sowie dem ebenda genannten Magdalim einmal ab, die beide wohl im Hinterland von Gubla/Byblos zu suchen sind,[49] so sind alle übrigen Gebirgsorte des Libanon bisher nur aus ägyptischen Quellen überliefert. Der Grund dafür ist wohl im ägyptischen Bestreben zu sehen, die Positionen im syrischen Küstengebiet, insbesondere im Libanon, auszubauen. Dabei mussten die Ägypter eher in Kontakt zu den am W-Hang des Libanon gelegenen Orten kommen als die Mächte des Binnenlandes. Insbesondere der Bereich im Hinterlande von Batruna / Batrūn und Tripoli gewann dabei an Bedeutung, da die Küste nördlich von Gubla/Byblos während der EA-Zeit an die Hethiter (Amurru als hethitisches Vasallenfürstentum) verloren ging und Sethos I. sowie Ramses II. versuchten, verlorenes Terrain zurückzugewinnen und möglichst bis zur ökonomisch und strategisch wichtigen Senke von Ḥoms vorzustossen. So finden sich die hier anzusetzenden GN fast ausnahmslos in topographischen Listen des Ramses II., für den die militärische Aktivität in diesem Teil des Libanon auch ausserhalb der Ortslisten bezeugt wird. Ein streng geographisches Ordnungsprinzip ist in diesen Ortslisten - wie auch in den anderen - nicht zu sichern, wenn auch anzunehmen ist, dass bei der Zusammenstellung der GN wenigstens ungefähr von ihrer territorialen Zusammengehörigkeit ausgegangen wurde. M. Noth, ZDPV 64 (1941) 52 ff.,[50] hat die Angaben der Listen des Ramses II. untersucht und eine Reihe von Gleichsetzungen vorgeschlagen bzw. unterstützt (vgl. ders., ZDPV 71, 1955, 55 ff.): Im Hinterland von Batruna zunächst krp (ka-ra-pu-[..]) = Ǧerabta 8 km SO Batrūn, qn (qa-na) = Ruškune 5 km SO Ǧerabta; weiter im NO dann mtr (mut-i-ir, mú-ta-r), das auch in den Ächtungstexten erscheint (Sethe, Ächtung 53 Nr. e 26; Fürst: man-ð-m) sowie bei Ramses II. (Wreszinski, Atlas II 71, II 54-56). Es wird mit Mutarīje 17 km O Batrūn identifiziert (s. auch Helck, Beziehungen 52 und 222). Etwa 13 km NO Batrūn könnte nach M. Noth (a.a.O. 53) das šmšn (š()-m()-na) an der Stelle des modernen Bšemsīn gelegen haben, weiter nördlich, etwa 5 km O Enfe, qrḥ (qa-l-ḫi) = el- Qalhat. Der Ansatz von qrpn (qu-rú(Var.+ṯ)-pá-na) bei Ghalbun 9 km SSO Batrūn (M. Noth, a.a.O. 53) wird von Helck (Beziehungen 221) angezweifelt. Weiter im Innern des Libanon, in der Nähe des heutigen Bšerre, könnten ḥdst (ḥa-di-śa-ta) = Ḥaǧīt (vgl. noch A. Kuschke, ZDPV 74, 1958, 112) und stn (śa-tu-na) = Šātīn 13 km SW Bšerre (vgl. noch Wreszinski, Atlas II 67)[51] zu suchen sein. In das Hinterland östlich von Tripoli führen wohl 'ṯr ('á-ši-r<>) = vielleicht Izal 15 km OSO Tripoli, und nahe der Küstenebene 'rdn ('á-r-du-na) = Arde unweit von Ardata (M. Noth, a.a.O. 60 Anm. 3) sowie ḫrṯ (ḫi-la-šá) = Chaldīje 4 km S Arde. In der Nähe dieser nur unter Vorbehalt zu lokalisierenden Orte könnten auch noch weitere GN anzusetzen sein, die neben ihnen in Ortslisten des Ramses II. erscheinen. Für den Libanon zwischen der Höhe von Gubla/Byblos und dem Durchbruch des Litani/Leontes fehlen bislang GN, die dort lokalisiert werden könnten. Hingewiesen sei hier auf die bronzezeitlichen Nekropolen, vgl. den Überblick bei Schaeffer, Stratigraphie Comparée 72 ff. Insgesamt gesehen scheint der Libanon nur dünn besiedelt gewesen zu sein, bot dagegen durch seinen von grösseren Bäumen durchsetzten Buschwald und zwischenliegenden Weiden sowohl halbnomadischen Viehzüchtern als auch den räuberischen ḫāpiru-Leuten Raum und Unterschlupf, die von hier aus auch in das Geschehen im Küstenbereich eingriffen.[52]

Anmerkungen

1 Vgl. dazu auch Abel, Géographie I 355 ff. ; M. Blanckenhorn, Handbuch der Regionalen Geologie, V.4 (Heidelberg 1914) 95 ff. und 111 ff.; E. Banse, Die Türkei. Eine moderne Geographie (Berlin - Braunschweig - Hamburg 1915) 317 ff.

2 Zum Waldbestand des Libanon im Altertum s. H. Mayer, Botanische Zeitschrift NF 11 (1967) 53 ff., vgl. ferner M.B. Rowton, Festschrift B. Landsberger (Chicago 1965) 375 ff. mit weiterer Literatur, sowie ders., JNES 26 (1967) 261 ff.

3 Dazu und zur Geologie s. M. Blanckenhorn, a.a.O. 132 ff.

4 Vgl. den knappen Überblick bei E. Honigmann, RLA I 92; zum Amanus in den sogenannten Berglisten aus Boğazköy s. H. Otten, ZA NF 25 (1969) 247 ff.; ein Ugarit-Beleg dürfte sich in RS 16.402: 16 = PRU II Nr. 12 (ġr.amn) finden.

5 Zum Holz des Amanus s. B. Alkim, Anadolu Arastirmalari 2 (1965) 13 ff. sowie ders., JEOL 18 (1964) 345 ff.

6 Kol. II 14 ff. der Gründungsurkunde, s. G. Dossin, Syria 32 (1955) 1 ff. ; vgl. dazu A. Malamat, Festschrift B. Landsberger (Chicago 1965) 368 sowie M.B. Rowton, JNES 26 (1967) 269.

7 E. Honigmann, RLA I 310 und dazu ferner A. Goetze, JCS 16 (1962) 28 und P. Hulin, Iraq 25 (1963) 59 f.

8 GS I 269 sowie - eine Lage östlich des Euphrat erwägend - H.G. Güterbock, JCS 18 (1964) 4 f.- Unter der Beute, die aus Ḫaššu nach Ḫatti abtransportiert wird, befindet sich auch der vergöttlichte Adalur/Atallur.

9 Vgl. schon H.G. Güterbock, JCS 18 (1964) 4 Anm. 53 mit Hinweis auf K. Balkan, Letter of King Anum-hirbi of Mama to King Warshama of Kanish (Ankara 1957) 37, der allerdings eine kaum haltbare

Lokalisierung südlich der Mündung des Orontes vorschlägt. Vgl. ferner Leemans, Foreign Trade 8; H. Otten, MDOG 91 (1958) 82 Anm. 23 und zuletzt M.B. Rowton, JNES 26 (1967) 270.

10 Zu den einzelnen Gebirgsmassiven s. die Karte bei J. Weulersse, Le Pays des Alaouites (Tours 1940) Fig. 5. Zum Ǧebel el-Kuṣeir vgl. noch das schematische Profil bei M. Blanckenhorn, a.a.O. 114 f. Fig. 11.

11 Damit scheint der alte GN Ḫazzi wieder aufgenommen worden zu sein, s. dazu J. Friedrich, Or NS 12 (1943) 4.- Zur Lokalisierung s. vor allem A. Goetze, BASOR 79 (1940) 32 ff.; vgl. jetzt noch J. Nougayrol, Ugaritica V S. 50 f. mit Literatur.- Zu Silberlagern im Ǧebel el-ʿAqra s. R.J. Forbes, Metallurgy in Antiquity (Leiden 1950) 187.

12 Die Höhenangaben schwanken zwischen 1729 (Guide bleu 1966) und 1800 Metern.- Zur geologischen Struktur s. M. Blanckenhorn, a.a. O. 124 f.

13 Smith, Idrimi Z. 33; dazu W.F. Albright, BASOR 118 (1950) 17 Anm. 24.

14 Vgl. dazu E. von Schuler, Wörterbuch der Mythologie I 171 f.- Belege in KUB XXXVI 33 (genannt neben Ištar/Ḫebat), KUB XXVII 38 (Lit. s. bei Laroche, Cat. 381_1), KUB XXXIII 113 I 10 (Ullikummi, s. zur Stelle H.G. Güterbock, JCS 6, 1952, 12 f.), KUB XXXIII 108 II 20 (Ištar und der Berg Pišaiša, vgl. J. Friedrich, JKF 2, 1952, 147 ff.).

15 Vor allem KBo VIII 86 und 88, nach Kolophon KBo VIII 86 Rs. 3 f. Ritual für Ḫazzi; s. auch unv. Bo 318 Rs. VI 3 (Kolophon). Ferner: KBo II 18 Vs. 20, VBoT 89 IV 9 (analog zu IBoT I 7 + 1781/c +1817/c), KUB XXVII 1 I 73, KBo XI 5 I 25, KBo XV 61 Z. 4, KBo XV 66 III 10ʹ (vgl. 65 III [9ʹ]), IBoT II 27 Z. 3 (s. Laroche, Cat. 403), KUB XL 103 I 6, KUB XL 97 IV 21ʹ(und Dupl. XXVII 48 IV 21), KBo XIV 129 Rs. 3. Zu den Berglisten mit den Ḫazzi-Belegen vgl. H. Otten, ZA NF 25 (1969) 252. Aus den zahlreichen Belegen in noch unveröfftl. Texten aus Boǧazköy sei hier nur auf 259/i (ein Fest auf dem Ḫazzi) und Bo 567 (Orakel) verwiesen. In letzterem Text erscheint Ḫa-zi in Zusammenhang mit einer Reise der grossköniglichen Familie.

16 KBo I 4 IV 10 (Tette-Vertrag), KUB XXI 1 IV 8 (Alakšandu-Vertrag), KBo I 3 Rs. 12 (Mattiu̯aza-Šuppiluliuma-Vertrag), KBo I 1 Rs. 41 = I 2 Rs. 17 (Šuppiluliuma-Mattiu̯aza-Vertrag), KUB XXI 37 Vs. 54

(Text der Zeit Ḫattušilis III.).

17 Zuletzt E. von Schuler, Wörterbuch der Mythologie I 171.

18 Vgl. J. Friedrich, JKF 2 (1952) 148 f. und schon H.G. Güterbock, Kumarbi (Zürich-New York 1946) 122.

19 Für den Wettergott von Ḫalab/p s. JCS 19 (1965) 90.

20 Vgl. M.H. Pope, Wörterbuch der Mythologie I 256 ff., s. RS 16.238:18 (PRU III 108), RS 17.429:2′(PRU IV 227), RS 16.276:[21] (PRU III 70), RS 16.144:12 (PRU III 76), RS 16.157:27 (PRU III 84), RS 20.24:4.14 (Ugaritica V Nr. 18), RS 26.142:19′.22′(Ugaritica V Nr. 170), RS 17.243:Rs. 3 (vgl. Ugaritica V S. 47). Belege finden sich ferner in Texten hethitischer Könige betreffend Ugarit: RS 17.340:Rs. 21′(PRU IV 52), RS 17.237:Rs. 15′(PRU IV 65), RS 17.79+374:56′(PRU IV 99), RS 18.06+17.365:7′(PRU IV 137). Vgl. die ugaritischen Belege für ṣpn in Herdner, Corpus Nr. 1, 3, 4 u.ö.

21 RS 11.830:13 (PRU III 190), RS 11.716:50 (Herdner, Corpus Nr. 71). Nicht = Aleppo, wie M.H. Pope, a.a.O. 256. Vgl. zuletzt Cl.F.-A. Schaeffer, Ugaritica V S. 684.

22 Vgl. zuletzt E. von Schuler, Wörterbuch der Mythologie I 171, der allerdings in Erwägung ziehen möchte, in Nanni den Amanus zu sehen. Der Amanus ist allerdings auch in hethitischen Texten mit einem eigenen Namen belegt und besitzt zudem eine ganze Reihe von Gipfeln, während die Überlieferung eher an einen einzelnen Berg denken lässt.

23 Unter Hinweis darauf wird jetzt auch von H. Otten, ZA NF 25 (1969) 252 die von H.Th. Bossert (Or NS 23, 1954, 135 f.) geäusserte Vermutung abgelehnt, in Nanni den Erçiyas Dagh zu sehen.

24 G. Dossin, Studia Mariana (1950) 44 Z. 14; ARM VII 43:2 (s. dazu J. Bottéro, ARM VII S. 194 f.).

25 M. Blanckenhorn, Handbuch der Regionalen Geologie, V.4 (Heidelberg 1914) 123 f. sowie E. Banse, a.a.O. 340.

26 Dank der Mitteilung der ugaritischen Ortsnamen für das geographische Repertorium durch J. Nougayrol können hier bereits die aus PRU VI belegten GN berücksichtigt werden. Nicht eingerechnet sind die GN, die sicher ausserhalb des Bereiches von Ugarit (einschliesslich Siḫannu) zu lokalisieren sind.

27 J.-C. Courtois, Syria 40 (1963) 261 ff.

28 ZDPV 14 (1891) 151 ff., s. insbesondere die Ortslisten S. 193 ff.

29 Es wäre - wenigstens in diesem Zusammenhang - wenig sinnvoll, die-

se Vielzahl moderner Ortsnamen mit den aus Ugarit überlieferten GN zu vergleichen, um dadurch Anhaltspunkte für Lokalisierungen zu gewinnen; es handelt sich um einen relativ begrenzten Bereich, zudem sind viele Belege aus Ugarit singulär oder stehen in einem wenig aufschlussreichen Kontext.

30 Vgl. schon Dussaud, Topographie 238 f. Anders J. Nougayrol, PRU IV 15, der unter Verweis auf K. Elliger, Festschrift O. Eissfeldt (Halle 1947) 83 Anm. 44 und J. Lewy, Or NS 21 (1952) 399 Anm. 2 die Gleichung Ṭaraqu = Ǧebel el-Kuseir übernimmt und Ṭarqani damit identifiziert.

31 R. Dussaud, Syria 10 (1929) 303; Ch. Virolleaud, La légende phénicienne de Danel (Paris 1936) 53; M.C. Astour, JNES 22 (1963) 237 Nr. 150.

32 HT 2 (Dupl. KBo II 31) nennt Sängerinnen verschiedener Orte (s. Laroche, Cat. 157), darunter eine ganze Anzahl von solchen des Bezirkes Šalma (s. HT 2 II 18 f.); vgl. KBo II 31 Rs. 6 und HT 2 I 28 sowie die Personenliste HT 4 Z. 8. Erwähnt wird der GN auch in KBo XIV 142 IV 1′ (Opfer für Tešub von Ḫalap und seinen Götterkreis, vgl. ebenda III 10 und 23). Bleibt die Identifizierung mit dem aus der Grenzziehung Ugarit - Mukiš bekannten Šalma noch fraglich, so erscheint es dagegen berechtigt, das RS 20. 03:21 = Ugaritica V Nr. 26 erwähnte Šalmiia damit zu identifizieren, das durch den Beleg ebenfalls in den Grenzbereich Mukiš - Ugarit gewiesen wird. M.C. Astour, JNES 22 (1963) 230 Nr. 74 setzt das bei Thutmosis III. (Simons, Lists I 234) erwähnte śrmrt (śa-ra-m-r-ta, vgl. Helck, Beziehungen 145) dem in Ugarit-Texten bezeugten Šalma/Šalmiia gleich; das rt sei zur Unterscheidung von einem anderen Ort dieses Namens zugefügt worden.

33 So J. Nougayrol, PRU IV S. 255. Im Index AT nicht verzeichnet.

34 AT +120:5, +261:12 = JCS 8, 20, +269:47, +320:2, +321:3 = JCS 8, 26, +322:3, +456:38 = JCS 12, 126 f.

35 Häufig in RS erwähnt, vgl. PRU III S. 266 (Index), PRU IV S. 255 (Index) sowie mrb(y) in PRU V Nr. 33, 40, 58 u.ö., ferner Herdner, Corpus Nr. 68, 71 u.ö., Ugaritica V Nr. 17. Vgl. auch AT +269:13 und dazu A. Goetze, JCS 13 (1959) 37.

36 Dazu GS II 413 Anm. 83, ferner jetzt Ugaritica V Nr. 12 (RS 17. 150+:20, Wirtschaftstext). Wahrscheinlich dürfen wir das in AT 181:21 (JCS 8, 21) genannte ^{URU}Ap-zu-na damit gleichsetzen. Das ägyptische 'bštn ('á-b-ša-ta-na) in der Liste des Thutmosis III.

(Simons, Lists I 345) möchte M.C. Astour, a.a.O. 235 Nr. 125, mit dem Apsuna aus RS gleichsetzen; das dürfte allerdings schon aus lautlichen Gründen kaum möglich sein. In JNES 27 (1968) 175 wird Apsuna von M.C. Astour aufgrund einer Gleichsetzung mit dem 'pš der Zakir-Inschrift (vgl. H. Donner- W. Röllig, Kanaanäische und aramäische Inschriften II, Wiesbaden[2]1968, Nr. 202 S. 210: wohl = Afis) an der Stelle von Afis 16 km O Idlib lokalisiert.

37 Vgl. noch PRU IV 137 f. und 239, ferner PRU III 48, 192.

38 Zu Sijannu und seiner Dynastie s. M. Liverani, Storia 150 ff., vgl. jetzt noch dazu Ugaritica V Nr. 25 (RS 20.174 A).

39 Dazu zuletzt Helck, Beziehungen 329. Zum heutigen Nusairiergebirge (Ğebel el-'Ansērīje) vor allem M. Blanckenhorn, a.a.O. 111 ff. sowie J. Weulersse, Le pays des Alaouites (Tours 1940).

40 Vgl. Helck, Beziehungen 148 und 193 Anm. 18, ferner schon O. Weber, EA S. 1142 f.- H. Clauss, ZDPV 30 (1907) 58 schloss sich einer Lokalisierung beim heutigen Šellāla östlich Batrūn im Tal des Nahr el-Ğōze an, doch scheint das zu weit südlich angesetzt zu sein. Dussaud, Topographie 508: Šiḥan.

41 E. Edel, ZDPV 69 (1953) 153; Helck, Beziehungen 157.

42 Simons, Lists XXIII 10, vgl. XXVII 99. Dazu M. Noth, ZDPV 64 (1941) 63 und Helck, Beziehungen 221.

43 Simons, Lists XXIII 5, vgl. XXVII 106; Darstellung in Karnak: Wreszinski, Atlas II 54-56, vgl. Helck, Beziehungen 220 und 223 und Dussaud, Topographie 93.

44 Simons, Lists XXIII 9, vgl. XXVII 104. Dazu M. Noth, ZDPV 64 (1941) 63 Anm. 6 und Helck, Beziehungen 220.

45 Dazu schon M. Noth, ZDPV 64 (1941) 72 f. sowie GS II 76. Nach M. Noth, ZDPV 71 (1955) 59 wäre dagegen eine Lage bei Btābūra anzunehmen.

46 Dazu M. Blanckenhorn, a.a.O. 111 sowie zu Ansiedlungen in dieser Gegend M. Noth, ZDPV 64 (1941) 63.

47 Vgl. den knappen Überblick bei H. Klengel, Altertum 13 (1967) 67 ff.; zur ägyptischen Beschreibung des Libanon und seiner Vegetation s. Helck, Beziehungen 334 ff., zum Holzexport ebenda 395 ff.

48 Zur Frage der Besiedlung des Libanon-Gebirges in antiker Zeit s. M. Noth, ZDPV 72 (1956) 76 ff.

49 Abel, Géographie II 5, möchte Kuaṣbat vielleicht im modernen Qaṣṣuba wiederfinden; Dussaud, Topographie 117, sucht es im Lande Amurru. K. Galling, ZDPV 70 (1954) 100, schlägt für eine Lo-

kalisierung Kisba (Kuzba) 4 km östlich Amjūn vor; zweifelnd dazu M. Noth, ZDPV 71 (1955) 58, der den Ort näher an Gubla heranrücken möchte.

50 Vgl. dazu zuletzt Helck, Beziehungen 219 ff. mit Angabe weiterer Literatur.

51 M. Noth konnte im Jahre 1955 Scherben spätbronzezeitlicher und eisenzeitlicher Keramik auflesen, vgl. ZDPV 72 (1956) 75 f.

52 Dazu GS II 247 ff.; M.B. Rowton, Festschrift B. Landsberger (Chicago 1965) 375 ff. - Strabo (XVI 2, 18) notiert bei der Biqā' das Bergland der Ituräer und Araber, die er als Raubgesindel bezeichnet. Sie würden die Bewohner der Ebenen, die Ackerbauern seien, plagen.

4. Kapitel

DIE GRABENZONE

Östlich der Küstengebirge kann eine weitere Landschaftszone Syriens abgegrenzt werden, charakterisiert durch eine Folge von Senken, Flusstälern und Grabeneinbrüchen; sie sei im folgenden kurz als die "Grabenzone" bezeichnet. Es handelt sich dabei - wenn wir von N nach S fortschreiten - zunächst um die grabenartige Talebene östlich des Amanus-Gebirges, deren südlicher Teil vom Kara Ṣu entwässert wird. Es schliesst sich die breite Niederung el- Amq an, in der sich ein See (Amik gölü, el-Baḥra) befindet und deren Sümpfe von Kara Ṣu und ʿAfrīn gespeist werden. Der Orontes, der die Niederung durchfliesst, biegt hier scharf nach SW um, um sich durch die Küstengebirge einen Weg zum Meer zu bahnen. Weiter nach S zu, den Orontes aufwärts gehend, folgt die Grabensenke der Ghāb-Ebene. Den Oberlauf des Orontes aufwärts gelangt man schliesslich in die Biqāʿ, die nach S vom Leontes/Nahr el-Litani entwässert wird. Dieser Fluss bricht etwas nördlich von Tyros durch das Gebirge und erreicht das Meer. Diese Grabenzone hat, soweit sie nicht von Sümpfen bedeckt oder durch die Erosion der Flüsse stark eingeengt war, historisch eine wichtige Rolle gespielt. Hinsichtlich ihrer Besiedlung stehen dabei zwei Bereiche im Vordergrund: Im N die ʿAmq-Ebene, im S die Biqāʿ.

Die Niederung el-ʿAmq war ebenso wie das untere Orontestal in geologischer Zeit von Meeresbuchten bedeckt; nach dem Rückzug des

Meeres wurde die ʿAmq-Ebene ein Süsswassersee, der Tone, Sande und Mergel ablagerte und allmählich immer mehr zusammenschrumpfte, bis nur noch ein flacher See ("See von Antiochia" , Amik gölü) blieb.[1] Der Durchbruch des Orontes durch die Küstenberge verschaffte diesem Bereich eine auch vom Verkehr zu nutzende Verbindung zum Mittelmeer. Die Orte Alalaḫ sowie später Antiochia/Antakya haben davon profitiert, und während des orientalischen Altertums hat an der Mündung des Orontes der Hafenplatz an der Stelle von al-Mina (s. oben S. 4 f.) existiert. Die Anschwemmung durch den Fluss hat später dann die Brauchbarkeit dieses Hafenplatzes beeinträchtigt. Zur Zeit Strabos (XVI 2, 7) wurde allerdings der Orontes noch bis hin nach Antiochia mit Schiffen befahren, wobei für diese Strecke ein Tag benötigt wurde. Die gute Bewässerung der ʿAmq-Ebene sowie die Fruchtbarkeit des Bodens boten der Landwirtschaft und einer Besiedelung günstige Bedingungen, die bereits in vorgeschichtlicher Zeit genutzt wurden.[2] Insgesamt konnten etwa 200 Ruinenhügel gezählt werden, die ein Zeugnis für die Bedeutung dieses Bereiches in der syrischen Siedlungsgeschichte darstellen.[3] Dass hier auch während des 2. Jahrtausends zahlreiche Ortschaften gelegen haben, ist insbesondere aufgrund der Texte aus den Archiven von Alalaḫ (Tell Açana, Tell Atšāneh) nachzuweisen.[4] Von den mehr als 250 Ortsnamen, die in den von D.J. Wiseman publizierten Texten überliefert werden, scheint eine ganze Anzahl im Gebiet der ʿAmq-Ebene und der Unterläufe von Kara Su und ʿAfrīn gelegen zu haben; weiterhin verteilen sie sich auf die Ebenen um Aleppo bis hin zum Euphrat, auf das Gebiet im S des Orontesunterlaufes - sich hier mit dem GN-Material aus Ugarit überschneidend - sowie auf Bereiche östlich des Orontes. Eine Reihe von Ortsnamen aus Alalaḫ lässt sich, wenn auch nicht beweiskräftig, mit GN der topographischen Liste I des Thutmosis III. gleichsetzen.[5] Für eine Lokalisierung ergeben sich allerdings kaum brauchbare Hinweise.

Neben dem Vergleich mit assyrischen, gelegentlich auch antiken Ortsnamen, die geographisch besser bestimmbar sind, verbleibt im wesentlichen die Methode des Absuchens eines durch den Kontext angezeigten Bereiches nach lautlich anklingenden modernen Ortsnamen. Je weiter dieser Bereich ist, desto mehr muss das Ergebnis mit Zurückhaltung betrachtet werden.

Während des 2. Jahrtausends wurden die ʿAmq-Ebene sowie der im SW an das Meer grenzende Bereich häufig als Mukiš bezeichnet; Hauptort war das bereits erwähnte Alalaḫ (s. GS I 203 ff.). Durch die Grabungen und die Textfunde in Tell Açana/Tell Aṭšāneh ist Alalaḫ bislang der einzige GN, dessen exakte Lokalisierung in der ʿAmq-Ebene eindeutig gesichert ist. Alle weiteren Lokalisierungen, wie sie vor allem von M.C. Astour (JNES 22, 1963, 220 ff.) vorgenommen wurden, bleiben problematisch. Als Beispiel sei hier nur auf das in AT 163, 180 und 185 bezeugte Marmaru verwiesen, das mit dem mrmr (mu-r-mù-ra) in ägyptischen topographischen Listen gleichgesetzt werden kann.[6] M.C. Astour, a.a.O. 231 Nr. 90, möchte den Ort bei dem modernen Mirmiran auf dem Nordufer des Orontes, 17 km NO Antakya, lokalisieren, also ganz in der Nähe von Alalaḫ. Ist die Identifikation des ägyptischen GN mit dem aus AT belegten berechtigt, so würde durch die Thutmosis-Liste eher eine Lage in der Umgebung von Karkemiš wahrscheinlich gemacht, wenn wir voraussetzen, dass in ihr von ungefähr geographischen Gesichtspunkten ausgegangen wurde. Hier müsste auch das in KBo I 1 erwähnte Murmurik gelegen haben (Murik bei Chan Šeiḫūn ist wohl ein zu weit südlicher Ansatz), das nebst anderen Orten dem Piįaššili zugewiesen wurde (Rs. 17, s. Weidner, PDK 23); vgl. A. Goetze, JCS 7 (1953) 60 Anm. 60, vgl. noch GS II 297 Anm. 59. Der Ort erscheint dann noch einmal in den "Taten des Šuppiluliuma", Fragment 28 (KBo V 6 und Dupl.), s. H.G. Güterbock, JCS 10 (1956) 90 ff. Auch hier dürfte eine Lage in Euphratnähe der bei Alalaḫ vorzuziehen sein. Die Erwähnung in dem Fragment KUB XXVI 85 II 5 und 16 ergibt nichts für eine Positionsbestimmung. Erscheint also die Gleichung Marmaru = Mirmiran als möglich, so wären die Aussagen für die Lage von Murmurik/Murmuriga für eine Lokalisierung von Marmaru auszuscheiden.

Der nur in AT 131:7 erwähnte Ort Maštabi wird von M.C. Astour, a.a.O. 237 Nr. 146) mit modernem Maṣṭaba am ʻAfrīn, 11 km O des Sees von Antiochia angesetzt, was gut möglich wäre. Auch das alte Atmu, belegt AT 341:11, könnte mit dem modernen Aṭma nahe dem ʻAfrīn, 37 km SW von ʻAzaz, identisch sein (M.C. Astour, a.a.O. 236 Nr. 136). Bei Ḫaziluḫe (AT 161:14, 207:1, 303:1) ist weder die Gleichsetzung mit dem bei Thutmosis III. erwähnten ḫṯrḏ (ḫa-ši-la-gu), s. Simons, Lists I 168, noch die Lokalisierung zwischen Ḥazre 3 km W Turmanin oder etwas östlich des Orontes zu sichern.[7] Das AT 161:6 erwähnte Uriš, vgl. das Urešše in AT 146:18, wird von M.C. Astour (a.a.O. 238 Nr. 157) unter Vorbehalt mit dem mittelalterlichen Ursan bei Antiochia gleichgesetzt; eine Identifizierung mit Uršu dürfte nicht in Frage kommen (vgl. GS I 266 Anm. 26). Die versuchsweise Lokalisierung von Kuparie (AT 220:18) bei modernem Kefaraja 23 km OSO von Maʻaret en-Noʻman (M.C. Astour, a.a.O. 237 Nr. 145) könnte wegen der abgelegenen Position in Zweifel gezogen werden. Kulante (AT 160: 5, 185:8) ist wohl das klt (kú-l$_2$-la-tu) bei Thutmosis III. (Simons, Lists I 163)[8] und wird, wenn es mit dem Kunulua der assyr. Texte zu identifizieren ist, mit E. Forrer an der Stelle des von R.J. Braidwood untersuchten Çatal Hüyük am ʻAfrīn anzusetzen sein.[9] Für Šarrakuḫe (AT 180:16.35, s. JCS 8, 11), wohl ägypt. šrkš (ša-ra-kú-ša, s. Simons, Lists 143)[10], stellt M.C. Astour (a.a.O. 224 Nr. 16) modernes Salqija oder Salqin zur Wahl, geht aber dabei von einer ebenfalls sehr unsicheren Gleichung mit Zalakkia in AT aus. Das in AT oft erwähnte Uniga[11] ist wohl mit dem ʼnwq (ʼn-nù-qa) bei Thutmosis III. (Simons, Lists I 148) identisch, vgl. auch Helck, Beziehungen 143. Es wird mit assyr. Unniqa (Luckenbill, ARAB I § 821) in Unqi in Verbindung zu bringen sein und dementsprechend von M.C. Astour (a.a.O. 224 Nr. 18) mit modernem Ǧisr-Murad-Paša nahe dem Kara Ṣu identifiziert. In der Nähe davon hat vielleicht Zalḫar bzw. Zaliḫaḫari (AT 204:5, s. JCS 8, 14; 66:3) gelegen, das M.C. Astour (a.a.O. 238 Nr. 159) mit 'Ain-Sallur am Gölbaš-See vergleichen möchte. Die Ansetzung von Amaršagi (AT 179:7, 197:41, 400:6 [JCS 8, 29], 442 a:1), belegt auch bei Thutmosis III. (Simons, Lists 156) und Ramses III. (Simons, Lists XXVII 62, XXVIII 118) als 'mršk,[12] beim modernen Marso im W des unteren Orontes oder Marsowa W Killiz (M.C. Astour, a.a.O. 224 f. Nr. 25) ist unwahrscheinlich, vgl. schon GS II 65 Anm. 6. Auf die Nennung weiterer GN, die etwa im Bereich der 'Amq-Ebene lokalisiert werden könnten (bzw. wurden), sei hier verzichtet. Die Problematik dieser topographischen Fragen dürfte bereits aus dem erwähnten Material hervorgehen.

Von der 'Amq-Ebene nach S den Orontes[13] aufwärts gehend gelangt man zunächst in ein enges Flusstal zwischen dem Nusairiergebirge und dem Ǧebel el-'Alā. Der Orontes hat sein Bett tief eingegraben, wodurch das Tal für den Verkehr weniger gut geeignet ist. Erst nach Ǧisr eš-Šoghr beginnt sich das Flusstal wieder auszuweiten, und an dieser Stelle hat beim heutigen Qarqūr das alte Qarqar gelegen, das vor allem aus Quellen des 1. Jahrtausends bekannt ist.[14] Für das 2. Jahrtausend könnte der Boğazköy-Text unveröfftl. 341/e mit dem Beleg für ^{URU}Qar-qar in zerstörtem Kontext wenigstens die Existenz dieses Ortes nachweisen.[15] Weiter nach S zu erstreckt sich am Orontes die Grabensenke des Ghāb bis etwa in die Gegend von Qal'at Seǧar. Es ist das eine etwa 14 km breite, teilweise noch sumpfige Ebene, die von den Gebirgshängen im W und den Hügeln im O durch eine Reihe von Quellbächen zusätzlich mit Wasser versorgt wird.[16] Im 2.

Jahrtausend gehörte ein Teil dieser Ebene wohl zeitweilig zum Lande Nija (s. GS II 58 ff.), dessen Hauptort wir wahrscheinlich auf dem östlichen Talrand bei dem heutigen Qal'at el-Mudīq, dem antiken Apamea zu suchen haben.[17] Das zu Apamea gehörende Ghāb-Gebiet wird bei Strabo (XVI 2, 10) als ein Bereich mit einem See, mit Sümpfen, aber auch mit "unermesslich grossen Weiden" für Kühe und Pferde beschrieben, als ein "weites und gesegnetes Gebiet", in dem es eine ganze Reihe von Siedlungen gebe. Seleukos Nikator habe dort ebenso wie seine Nachfolger die 500 Kriegselefanten gehalten sowie einen Grossteil seines Heeres stationiert. Diese Notiz lässt einen Vergleich zu den für die ägyptischen Könige Thutmosis I. und Thutmosis III. überlieferten Elefantenjagden im Lande Nija ziehen (s. GS II 66 ff.). Ob das Ghāb im 2. Jahrtausend besiedelt war, ist nicht festzustellen. Es konnten bisher auch keine Ruinenhügel entdeckt werden, die auf eine altorientalische, insbesondere eine bronzezeitliche Besiedlung deuten könnten; vgl. A. Kuschke, ZDPV 74 (1958) 30. Wahrscheinlich haben sich aber an seinem Rande eine Anzahl wenigstens periodisch bewohnter Plätze befunden.[18] Eine Lokalisierung von GN des 2. Jahrtausends im Ghāb-Gebiet selbst ist bislang nicht möglich. Bei Qal'at Seğar, dem antiken Larissa, verengt sich das Orontestal wieder zwischen einem Tafelland und bietet dem Verkehr keinen Raum; dieser verlief vielmehr auf den Höhen östlich des Orontes. Qal'at Seğar können wir, wie schon O. Weber (EA S. 1116 f.) gesehen hat, mit dem Ort Zinzar des 2. Jahrtausends gleichsetzen, ägypt. ṯndr , byzantin. Sizara. Für einen knappen historischen Überblick vgl. Helck, Beziehungen 309. Zinzar muss um die Mitte des 2. Jahrtausends ein vor allem strategisch bedeutsamer Punkt gewesen sein. Thutmosis III. hat hier gekämpft (Urk. IV 891, vgl. 760), und Amenophis II. führt Zinzar in einer Ortsliste (Simons, Lists VI 15: šḏr !) neben Nija und Tunip auf.[19] In EA 53:42 erscheint Zinzar als ein dem ägyptischen König treu ergebener Ort, was aber nicht unbedingt auf eine Zugehörigkeit Zinzars zur ägyptischen Sphäre Syriens deuten muss. Vielmehr scheint Zinzar zur mitannischen Einflusszone gehört zu haben, bezog aber eine Stellung gegen die vordringenden Hethiter - so jedenfalls nach Aussage des ʿAmārna-Textes. In den hethitischen Berichten über die syrischen Unternehmungen des Šuppiluliuma von Ḫatti wird Zinzar nicht erwähnt - vielleicht wurde der Ort vom Hethiterheer auch nicht berührt. Belegt ist Zinzar dagegen aus hethitischen Evokationen (KUB XV 34 I 53, zu ergänzen in KBo II 9 I 1 f. und KBo II 36 Vs. 10), was immerhin ebenfalls für eine gewisse Bedeutung des Ortes spricht. Aus Ugarit ist Zinzar bislang nur einmal bezeugt: In RS 18.02:3 (PRU IV 201) erscheint ein Priester der Ištar von Zinzari (zum Siegel s. Ugaritica III 147 f.) mit dem ḫurritischen PN Kiliʾa, doch hat der Ort offenbar nicht zum Bereich Ugarits gehört (s. GS II 398). Ob der in RS 19.68:33 ff. (PRU IV 286) erwähnte Zisaruʾa als König von Zinzar anzusprechen ist (so J. Nougayrol, PRU IV 282), muss sehr zweifelhaft bleiben; vgl. Liverani, Storia 35 Anm. 34 sowie GS II 349. Anderenfalls wäre anzunehmen, dass Zinzar zur Zeit des Textes, d.h. der Regierungszeit von Niqmadu II. von Ugarit, unter einem eigenen Fürsten gestanden hat, dessen Bereich an Ugarit und Amurru grenzte und gegen den beide Nachbarfürstentümer ein Bündnis eingingen. Ein "König" von Zinzar ist jedenfalls in EA 53:42 belegt.-Unweit von Zinzar könnte das bei Thutmosis III. (Simons, Lists I 349) erwähnte mrq (mu-ri-qa) gelegen haben; nach W.F. Albright (Vocalization 29) wäre es an der Stelle von Tell Muriq anzusetzen.[20] Für das in derselben Ortsliste (Simons, Lists I 346) genannte ʾmhr (ʾá-m()-hu-r) erwägt W. Helck (Beziehungen 148) eine Lage beim heutigen Tell Amurin NW des Tell Muriq; mit dem ʾmt gelangen wir dann nach Abel, Géographie II 6, zum heutigen Hama, doch ist diese Gleichsetzung noch nicht zu sichern. Aus dem 2. Jahrtausend wäre 'mt dann jedoch nur aus den ägyptischen Ortslisten bekannt, da unter den keilinschriftlich überlieferten GN bisher keiner als alter Name von Ḥama bestimmt werden konnte.[21] Hinzuweisen wäre jedoch auf die dänischen Ausgrabungen in Ḥama, die in den Jahren 1931 - 1938 durchgeführt wurden und auch für das 2. Jahrtausend eine Besiedlung des Platzes nachgewiesen haben.[22] Unweit von Ḥama, auf dem westlichen Ufer des Orontes, wird von E. Edel (ZDPV 69, 1953, 147) sowie W. Helck (Beziehungen 127 und 155 f.) der in einer Liste des Thutmosis III. (Simons, Lists I 51) sowie in Annalenberichten des Amenophis II. (Urk. IV 1310 = Helck, Urkunden 34) erwähnte Ort šmš'tm (š-m-šù-'()-tu-m + Var.) angesetzt, und zwar eine Tagesreise von Qatna/el-Mišrife entfernt.[23] Weiter den Fluss aufwärts, vorbei an Ḥoms, dessen bronzezeitlicher Name nicht bekannt ist, gelangen wir nach Kinza/Qadeš an der Stelle des Tell Nebi Mend, s. dazu GS II 139 ff. Es verdankte seine Rolle nicht zuletzt der günstigen Position in der wichtigen Ost-West-Verbindung, der Senke von Ḥoms, sowie dem Nordausgang der Biqā'. Dass das Gebiet um Qadeš im Altertum gut besiedelt war, bezeugen die zahlreichen Tells im SW von Ḥoms.[24] Kann für das bei Ramses II. (Simons, Lists XXIII 6) erwähnte kṯ' (ka-šì-'i$_4$) ein in der Nähe des Sees von Ḥoms gelegenes Kezz vorgeschlagen werden,[25] so bleiben für andere GN die Ansätze vollkommen offen. Für die meisten ist lediglich die Angabe "unweit von Qadeš" zu machen, wie etwa für qṯ'šr bzw. qšṯ'šr, erwähnt bei Ramses II. und Ramses III.,[26] 'nḫrt ('á-nu-ḫar-tu) bei Thutmosis III.,[27] jšp'r (ja-š()-p-'()-l⟨a⟩) bei Thutmosis III.[28] und jnq (ja-n-qa) bei Amenophis II.[29]

Etwa in der Senke von Ḥoms bzw. am nördlichen Eingang zur Biqā' könnten aufgrund einer Notiz im Pap. Anastasi I 22, 3 f. die Orte tmnt, kwrmlln und 'ḏj (ta-min-ta$_6$, ka-wi-ra-m()-l-lú-na, 'a-ga-ja) gelegen haben, vgl. Helck, Beziehungen 330 f. und ANET 477. Ersterer Ort (tmnt) ist in KBo I 15+19 Vs. 28 keilinschriftlich als Taminta belegt,[30] der zweitgenannte (kwrmlln) dagegen bei Ramses II. als kwr (ka-wi-il), s. Simons, Lists XIX 8.[31] Nicht weit von Qadeš entfernt wird das im Ramses-Brief KBo I 15+19 Vs. 31 zusammen mit Qadeš in unvollständigem Kontext erwähnte Land Ḫarēta zu suchen sein, s. E. Edel, ZA NF 15 (1950) 207 f. Einige der vorgenannten GN werden durch die Notiz im Pap. Anastasi I 22, 3 ebenso wie Qadeš selbst in einen Zusammenhang mit dem Lande Taḫši (tḫśj) gebracht, das in ägyptischen Texten und Ortslisten mehrfach erscheint sowie auch in zwei Texten aus ʼAmārna (EA 189, 197) genannt wird, die die Vokalisierung sichern. Wir dürfen Taḫši mit ziemlicher Sicherheit im nördlichen Ausgang der Biqāʼ suchen.[32] Es handelt sich dabei jedoch um eine Landschaftsbezeichnung, nicht um den Namen einer politischen Einheit. Offenbar erfolgte die Benennung nur aus ägyptischer Sicht, während aus hethitischen Texten der GN bisher nicht überliefert ist. Vielmehr wird dort auch die nördliche Biqāʼ mit unter dem GN Amka (s. dazu unten) einbegriffen. Dass Taḫši ein recht dicht besiedelter Bereich war,[33] bezeugt die Inschrift des Min-mśw, die die Plünderung von 30 Ortschaften in Taḫši durch Truppen des Thutmosis III. erwähnt (Urk. IV 1442 = Helck, Urkunden 99). Militärische Aktionen des Thutmosis III. in Taḫši werden auch durch die Inschrift des Amenemhab (Urk. IV 893) bezeugt; vgl. zur Situation Helck, Beziehungen 151. Dabei wird ein Ort mrj(?)w notiert, der in Taḫši gelegen haben muss. Amenophis II. hat nach Aussage der Amada-Stele in Taḫši "sieben" Fürsten von Taḫši besiegt und erschlagen (Urk. IV 1297 = Helck, Urkunden 31), was gleichfalls auf eine politische Aufgliederung von Taḫši weist.[34] Neben den bei Simons, Lists S. 220 (Index) notierten Belegen in topographischen Listen wäre nunmehr noch auf die Erwähnung in einer Ortsliste des Amenophis III. zu verweisen, s. Liste B_N rechts Nr. 1 bei E. Edel, BBB 25 (1966)

11, vgl. K.A. Kitchen, Or NS 34 (1965) 3 und 6. In EA 189:9 ff. wird durch Aitagama von Kinza/Qadeš dem ägyptischen König mitgeteilt, dass Birịaụaza alle Städte des Pharao in Taḫši und Ube (s. dazu unten) den ḫāpiru-Leuten übergeben habe, während in EA 197: [1]9 Birịaụaza selbst meldet, dass zwei andere Fürsten ihn zu töten versuchten, um ihn nicht nach Taḫši gelangen zu lassen. Taḫši gehörte jedenfalls, wie die Belege deutlich machen dürften, zur ägyptischen Einflusszone Syriens, und zwar wohl bereits seit der Zeit des Thutmosis III. und seines Nachfolgers Amenophis II. Seine Nähe zu Ube (nördlich Damaskus) wird durch die EA-Texte angedeutet und damit eine Lage südlich von Qadeš und im NW von Ube gestützt; vgl. auch E. Edel, ZA NF 16 (1952) 257. In Verbindung mit Qadeš ist Taḫši, falls die Ergänzung des GN tḫ[ś] durch E. Edel, a.a.O. 256 f. berechtigt ist, im Pap. Ch. Beatty 3 Taf. 9 Rs. 3, 2 gebracht; es erschiene dort dann als Ziel eines Unternehmens des Ramses II. in dessen 5. Regierungsjahr.

Mit der Nennung von Taḫši befinden wir uns bereits am nördlichen Eingang jener "gesegneten und allseitig fruchtbaren Landschaft "(s. Strabo XVI 2, 16 f.), die den Talboden eines etwa 120 km langen Grabeneinbruchs darstellt, der sich zwischen Libanon und Antilibanon bzw. Hermon hinzieht. 8 bis 14 km breit und mit einer Durchschnittshöhe von 900 m über dem Meere, die an der Wasserscheide von Orontes (Nahr el-Assi) und Leontes (Nahr el-Litani) fast 1100 m Höhe erreicht, senkt sie sich mit einem Höhenunterschied von 1500 bis 2200 m zwischen die Gebirge ein. Schwere rotbraune Erde über Geröllablagerungen macht diese Hochtalebene, die Biqā', zu einem wasserreichen, ebenen und fruchtbaren Anbaugebiet; zugleich bietet sie dem Nord-Süd-Verkehr gute Möglichkeiten.[35] In den Keilschrifttexten wird dieses Land bzw. ein Teil davon als Amki/Amka bezeichnet; es hat in der Geschichte des 2. Jahrtausends eine nicht unwesentliche Rolle gespielt.[36] Aus ägyptischer Sicht scheint sich die Biqā' weniger als eine Einheit dargestellt zu haben, und Amka ist als Name dieses Landes bzw. eines Teils davon in ägyptischen Inschriften bisher nicht bezeugt. Wie es scheint, wurde der nördliche Teil der Biqā' dem Lande Taḫši zugerechnet (s. oben), während mit dem Süden, im wesentlichen dem Litani-Tal, vielleicht der in den Ächtungstexten (Posener, Princes et pays 75 Nr. E 20) erwähnte GN bq'tm (b-q-'-tum) zu verbinden ist, als dessen Fürst ein sm;hr (š()m()r-h-r_2) erscheint.[37] Auf eine dichte Besiedlung des Landes im Altertum weisen die vielen Tells[38] sowie auch die insbesondere aus dem 2. Jahrtausend stammenden zahlreichen GN, die in der Biqā' zu lokalisieren sind, vor allem im Bereich um und südlich Baalbek. Dass Amki während der 2. Hälfte des 2. Jahrtausends eine politische Einheit dargestellt hat (so Y. Aharoni, IEJ 3, 1953, 153), dürfte kaum zutreffen.[39] Die bislang frühesten Belege für das Land Amki/Amka stammen aus einer Zeit, in der dieser Bereich in Zusammenhang mit dem Vordringen der Hethiter nach Mittelsyrien und den damit verbundenen Unternehmungen der syrischen Fürsten Aitagama von Kinza/Qadeš und Aziru von Amurru die Blicke auf sich lenkte: aus der 'Amārna-Periode.[40] Der in EA 170 gemeldete hethitische Übergriff auf ägyptisches Territorium = Amka hat später, zur Zeit der hethitischen Belagerung von Karkemiš, eine Wiederholung erfahren.[41] Wahrscheinlich dürfen wir auch den Beleg in KBo VIII 38 Rs. 7 damit in eine Verbindung bringen (s. GS II 83 und 240 Anm. 110). Nach den aus der 'Amārna-Zeit stammenden oder auf sie bezogenen Belegen fehlen weitere Nachrichten über das Land Amka und sein Schicksal in der ausgehenden späten Bronzezeit. Man darf aber aus der allgemeinen politischen Entwicklung schliessen, dass Amka auch nach der Schlacht bei Qadeš (in deren Zusammenhang nur Taḫši genannt wird) im wesentlichen innerhalb der ägyptischen Zone Syriens verblieb.

Von den GN, die in der Biqā' südlich des Landes Taḫši lokalisiert werden können, sei zunächst šbtn (š()-b-tu-na) genannt, das in Zusammenhang mit der Schlacht von Qadeš erwähnt wird. Hier befand sich südlich von Qadeš eine Furt im Orontes, durch die der Fluss überquert werden konnte.[42] Wir dürfen diesen Ort an der Stelle oder wenigstens in der Nähe von Ribla suchen. Weiter den Orontes aufwärts in die Biqā' hinein führt der GN hrnm (+ Varianten), erwähnt schon in der grossen Ortsliste des Thutmosis III. (Simons, Lists I 81) und später notiert in Zusammenhang mit der Qadeš-Schlacht. Er taucht schliesslich in einer Liste des Ramses III. auf (Simons, Lists XXVII 70, vgl. XXIX 8) sowie im Pap. Anastasi I 22, 3 f.[43] Als Lokalisierung wäre das heutige Hermel vorzuschlagen. Weiter im Süden liegt rb' (ra-bi̯-wi, rú-b-ja usw.), das bereits in den Ächtungstexten auftritt, und zwar als Sitz des Fürsten 'prw (Posener, Princes et pays 80 f. Nr. E 31, vgl. Helck, Beziehungen 58). Bei Thutmosis III. erscheint es in der grossen Ortsliste (Simons, Lists I 82), bei Amenophis II. in Verbindung mit dessen Feldzug des 7. Jahres; Amenophis hat demnach in rbjw in einem Walde eine Jagd veranstaltet (Urk. IV 1304 = Helck, Urkunden 37).[44] Zusammen mit Qadeš wird es bei Ramses II. in Verbindung mit der Schlacht bezeugt.[45] Für das in den Ächtungstexten genannte kn' (Posener, Princes et pays 68 Nr. E 7) hat W.F. Albright, BASOR 83 (1941) 33, an das klassische Conna (Rās Baalbek) am Westhang des Antilibanon gedacht; A. Kuschke, ZDPV 74 (1958) 90 zieht dagegen den Tell ed-Ǧisr bei Ǧubb Ǧenīn in Erwägung, was von Helck, Beziehungen 54, in Zweifel gezogen wird. In EA 53 und 54 sowie in der Ortsliste des Thutmosis III. (Simons, Lists I 10) taucht ein Ort Lapana (rbn) auf, der schon von J.A.Knudtzon und O. Weber (EA S. 1111) mit 'Ain Lebwe / Libo gleichgesetzt worden ist.[46] Doch sind dagegen Zweifel angemeldet worden,[47] wobei eine Lokalisierung östlich des Antilibanon, also ausserhalb der Biqā', vorgeschlagen wird. Da die Verbindung mit Ruḫizzi (s. unten) für eine Lagebestimmung Lapanas östlich des Antilibanon nicht ausreicht, zudem in EA 53:56 ff. nicht ausgesagt wird (entgegen A.Kuschke und W. Helck), dass Arzaḫiḫa von Ruḫizzi und Teuḫatti von Lapana Fürsten im Lande Ube seien, sondern sie sich dort nur - und sogar widerrechtlich - aufgehalten hätten, ist hinsichtlich der Lokalisierung Lapanas keine Sicherheit zu erlangen. Einem Übergang von der Biqā' nach dem Lande Ube östlich des Antilibanon stellt sich kein ernsthaftes Hindernis entgegen. Einer Lagebestimmung in der Biqā' sei hier daher, wenn auch unter Vorbehalt, der Vorzug gegeben.[48] In der Nähe von Baalbek sind wohl mehrere weitere Orte anzusetzen; für Baalbek selbst haben jüngste Grabungen im Bereich des Jupiter-Tempels Zeugnisse einer bronzezeitlichen Besiedlung ergeben.[49] Mit dem Ort 'pq ('á-pá-qa) könnten wir uns beim heutigen Naḥle 6 km NO Baalbek befinden;[50] als Belege wären Listen des Ramses II. zu benennen (Simons, Lists XXIII 30, vgl. die Kopie XXVII 80). Als jnm bei Ramses II. (Simons, Lists XXIII 28, vgl. XXVII 78) wird sowohl von M. Noth als nunmehr auch A. Kuschke das 10 km NO Baalbek gelegene Junīn angesehen.[51] Unweit Baalbeks werden die Orte zu suchen sein, als deren Regenten die Absender der EA-Briefe 174 (Bieri von Ḫašabu), 175 (Ildaja von Ḫazi), 176 (nicht erhalten) und +363 = RA 19, 94 f. (Abdiriša von Ešazi) ausgewiesen sind; vgl. GS II 145 f. Ḫazi, das auch in EA 185:3.43 und 186:44?.62 erscheint (Absender ein [Ma]jarzana von Ḫazi) und das mit dem ḫṯj (ḫa-ši-ja) der Thutmosis III.-Liste (Simons, Lists I 3) gleichgesetzt werden kann (s. zuletzt Helck, Beziehungen 128), darf wohl an der Stelle des Tell Hizzīn 10 km SW Baalbek lokalisiert werden; hier wurde zudem das Fragment einer Statue des Sebekhotep IV. aus dem ägyptischen Mittleren Reich entdeckt.[52] In EA 175 beklagt sich Il(?)daja von Ḫazi über eine Bedrohung durch Aitagama von Qadeš, während EA 185 zufolge die ḫāpiru-

Leute Orte, die im Bereich von Ḫazi lagen, einnahmen: Maḫzibti (Z. 17), Giluni (Z. 22.25), Magdali (Z. 29.34),[53] Ušte (Z. 37)[54] sowie Paḫmi (Z. 48). Die ḫāpiru-Leute sollen in Einvernehmen mit einem gewissen Amanḫatbi/pe von Tušulti (EA 185 und 186) gestanden haben; Tušulti dürfte mit dem ägyptischen GN tšrt (tu_4-šú-l-tí) in der Liste des Thutmosis III. (Simons, Lists I 56) identisch sein und ebenfalls nahe Ḫazi gesucht werden.[55] In der Liste des Thutmosis III. (Simons, Lists I 55) erscheint Tušulti neben Ḫašabu (ḫšb / ḫa-š()-bu), was mit dem Beleg in EA 174 übereinstimmt. Ḫašabu wurde von Amenophis II. auf seinem Feldzug des Jahres 7 unterworfen (Urk. IV 1304 = Helck, Urkunden 37); vgl. zur Situation Helck, Beziehungen 158. Die Gleichsetzung mit dem Tell Ḥašbe / Ḥešbe 16 km WSW Baalbek dürfte als ziemlich sicher betrachtet werden.[56] Der Brief EA +363 = F. Thureau-Dangin, RA 19 (1922) 94 f., stammt von Abdiriša von Ešazi, einem Ort, der mit Ḫazi und Ḫašabu in Verbindung gebracht ist und nicht weit von diesen Orten gesucht werden darf. Bereits E. Honigmann (RLA II 476) hat diesen GN mit dem Enišaṣi in EA 187:12 identifiziert, womit für Ešazi / Enišaṣi ein Fürst Šatiia bezeugt wäre, der wohl vor Abdiriša regierte.[57] Wir gelangen mit diesen GN bereits nahe an den Litani heran,[58] der die Biqā' nach S hin entwässert. Auf der linken Seite des Flusses könnte der bei Ramses II. (Simons, Lists XXIII 29, vgl. XXVII 79) genannte Ort drbn (du-ra-bi-na) gelegen haben, der beim heutigen Tarbul lokalisiert wird.[59] Mit dem modernen 'Ain ed-Ǧarr 20 km NNO von Kamid el-Loz wird von W.F. Albright - T.O. Lambdin, JSS 2 (1957) 122, das in der Liste Simons, Lists XXIII 3 (vgl. XXVII 110) bei Ramses II. erwähnte ʿngr ('en-na-ga-r) verglichen, vgl. dazu Helck, Beziehungen 220. Die daneben notierten GN könnten allerdings eine weiter südliche Ansetzung befürworten. In EA 179 wird mehrfach Tubiḫi genannt, das mit dem dbḫw (d-b-ḫú) bei Thutmosis III. (Simons, Lists I 6) sowie dem im

Pap. Anastasi I 19, 1 erwähnten Ort identisch ist. Wir dürfen es vielleicht mit Helck, Beziehungen 195 Anm. 75 im N oder NW von Kumidi (s. unten) suchen.[60] In EA 177:2 erscheint ein Ort Guddašuna/ Gadašuna (zur Schreibung s. J.A. Knudtzon bei O. Weber, EA S. 1278) als Sitz des Absenders Ḫamiuta; mit dem GN darf wohl das ktšn (ki-ta-šú-na) bei Thutmosis III. (Simons, Lists I 4) identifiziert werden, das dort nach Ḫazi genannt ist. Für eine Lokalisierung ergeben sich keine sicheren Anhaltspunkte, doch kann es vielleicht nahe dem Oberlauf des Litani zu suchen sein. A. Kuschke, ZDPV 74 (1958) 92 und 106, setzt es auf dem Tell von Ǧedīṯe bei Štōra an, vgl. die Karte bei Helck, Beziehungen 191.[61] Eine Position in diesem Teil der Biqāʿ kann auch für das ʿnj (ʿ-n-ja) der Ächtungstexte (Posener, Princes et pays 70 Nr. E 10)[62] vermutet werden, das von A. Kuschke bei Ana am Ǧebel Beruk in der Biqāʿ angesetzt wird.[63] Mit dem Ort Kumidi gelangen wir dann wieder zu einem in seiner Ansetzung sicheren Punkt; es ist das heutige Kamid el-Loz nördlich des Hermon in der Biqāʿ, wo vor einigen Jahren Ausgrabungen begonnen haben.[64] Der Ort erscheint mehrfach in den EA-Briefen[65] und war der Sitz eines ägyptischen rābiṣu-Beamten (s. EA 116:75 u.ö.); EA 198 könnte dagegen auch einen lokalen Fürsten annehmen lassen.[66] In einer Ortsliste des Thutmosis III. (Simons, Lists I 8) wird kmt (kú-mi-tí) ebenfalls erwähnt, vgl. zuletzt Helck, Beziehungen 128. W. Helck hält es nicht für ausgeschlossen, dass die "Ramses-Stadt im Tannental", die in Zusammenhang mit dem ägyptischen Vormarsch im Jahr 5 des Ramses II. genannt wird, mit Kumidi gleichzusetzen ist (Beziehungen 208 mit weiterer Literatur). Mit ttjn (tu-ta-ja-na) bei Thutmosis III. (Simons, Lists I 9), könnten wir, wenn wir einem Vorschlag M. Noths (ZDPV 61, 1938, 56) folgen, zum Tell Doṯan im SW von Ǧenīn gelangen. Das bei Ramses II. überlieferte mšktšnr (m()-š()-ka-ta-ša-n-r), s. Simons, Lists XXIII 26 und vgl. XXVII 76, ist vielleicht beim heutigen Kefr Meške im oberen Wādi et-Tēm zu suchen.[67] Sehr unsicher ist die Lage von ʹnšw (ʹn-š()-wi), bezeugt bei Thutmosis III. (Simons, Lists I 5), das aber vielleicht richtig in der südlichen Biqāʹ angesetzt wird.[68] Schliesslich sei - bereits südlich der eigentlichen Biqāʹ - der nahe dem Litani gelegene Ort tpn (tỉ-pu-nu) notiert, der ausserhalb der grossen Ortsliste des Thutmosis III. (Simons, Lists I 98) nun auch in einer Liste des Amenophis III. (C_N Nr. 14) bezeugt ist, s. E. Edel, BBB 25 (1966) 24. Die Ansetzung beim heutigen Tell Dibbin durch W.F. Albright[69] erscheint möglich, aber unsicher.[70]

Anmerkungen

1 Dazu M. Blanckenhorn, Handbuch der Regionalen Geologie, V.4 (Heidelberg 1914) 127 und vor allem E. Banse, Die Türkei. Eine moderne Geographie (Berlin-Braunschweig-Hamburg 1915) 333.

2 Vgl. dazu R.J. and L.S. Braidwood, Excavation in the Plain of Antioch, I (= OIP 61, 1960).

3 R.J. Braidwood, Mounds in the Plain of Antioch: An Archaeological Survey (= OIP 48, 1937); vgl. Woolley, FK 1 sowie M.S. Drower, CAH I/17 (1968) 20 ff.

4 Zum bronzezeitlichen Material aus Tell Ǧudeide vgl. Schaeffer, Stratigraphie Comparée 107 f.

5 Dazu vor allem W.F. Albright - T.O. Lambdin, JSS 2 (1957) 119 ff. und M.C. Astour, JNES 22 (1963) 220 ff. Mit etwas Zurückhaltung dazu Helck, Beziehungen 142 ff.

6 Thutmosis III.; Simons, Lists I 272, vgl. Helck, Beziehungen 146 sowie schon W.F. Albright, Vocalization VIII A:21, ferner W.F. Albright - T.O. Lambdin, JSS 2 (1957) 122 und M.C. Astour, JNES 22 (1963) 231 Nr. 90. Ferner s. die Listen des Ramses III. (Simons, Lists XXVII 47 und XXVIII 99, vgl. Helck, Beziehungen 250.

7 Vgl. Helck, Beziehungen 144; M.C. Astour, a.a.O. 225 Nr. 35 mit früherer Literatur.

8 Vgl. W.F. Albright - T.O. Lambdin, JSS 2 (1957) 120 und Helck,

Beziehungen 143.

9 E. Forrer, Provinzeinteilung 56 ff. - K. Elliger, Festschrift O. Eissfeldt (Halle 1947) 71, schliesst sich trotz der von I. J. Gelb (AJSL 51, 1935, 190) erhobenen Einwände der von R. Dussaud (Topographie 240) vertretenen Identifikation von Kunulua mit dem Tell Kuna'na am'Afrīn an, gelangt also in einen ähnlichen Bereich wie E. Forrer. Damit ist jedoch noch nicht die Lage von Kulante gesichert, da hier vom Lautlichen her eine Gleichsetzung mit Kunulua nicht gestützt wird, vgl. M.C. Astour, a.a.O. 225 Nr. 31. Die Gleichsetzung von Kullani(a) mit Kunulua wäre gleichfalls noch zu beweisen.

10 W.F. Albright - T.O. Lambdin, JSS 2 (1957) 121 und Helck, Beziehungen 143.

11 AT +45:3 f., 107:9, 147:17, 185:29, 196:19, 220:8, 223:34, 329:5, 290:17, 300:1.9.24, 301:3.16, 342:14, 343:19 (JCS 8, 30), 422:10.

12 Vgl. W.F. Albright - T.O. Lambdin, JSS 2 (1957) 120.

13 Der Flussname führt eine alte Bezeichnung weiter, vgl. das 'rnṯ bei Amenophis II. (Urk. IV 1447) sowie das Arantu der assyr. Inschriften, vgl. Boudou, Or 36-38 (1929) 18.

14 Boudou, a.a.O. 144 sowie zur Lokalisierung M. Noth, ZDPV 71 (1955) 39 und 72 (1956) 81. Bei seinem Besuch im Jahre 1955 konnte M.Noth auf den beiden Ruinenhügeln von Qarqūr auch bronzezeitliche Scherben auflesen.

15 Das qrqrm der ägyptischen Ächtungstexte ist wohl kaum mit Qarqar gleichzusetzen, vgl. Helck, Beziehungen 61.

16 Dazu s. die Karte bei J. Weulersse, Le pays des Alaouites (Tours 1940) 37 Fig. 20; zum Ghāb vgl. M. Blanckenhorn, a.a.O. 115 ff.

17 Beschreibung der Lage s. bei M. Noth, ZDPV 73 (1957) 50 f.

18 Vgl. vielleicht die modernere Verhältnisse wiedergebende Karte bei J. Weulersse, a.a.O. 37.

19 Zum angeblichen Beleg des GN in einer Liste des Amenophis III. s. E. Edel, BBB 25 (1966) 12.

20 Vgl. Helck, Beziehungen 148 sowie - zweifelnd - M.C. Astour, a. a.O. 235 Nr. 127. Zu notieren wäre vielleicht noch das heutige Muriq etwas südlich von Chan Šeiḫūn, das an einem grösseren Tell gelegen ist.

21 Thutmosis III.: Simons, Lists I 122; Amenophis III.: A_N Nr. 13 = E. Edel, BBB 25 (1966) 5; Ramses III.: Simons, Lists XXVII 120.- Helck, Beziehungen 142 und 252 lässt die Lokalisierung offen, e-

benso E. Edel, BBB 25 (1966) 5. Die Gleichsetzung des GN mit dem aus Alalaḫ bezeugten Ama'e durch M.C. Astour, JNES 22 (1963) 222 wird von E. Edel, a.a.O., gewiss mit Recht abgelehnt. Für eine Lage von 'mt an der Stelle von Ḥama oder unweit davon könnte die in der Liste A_N gebotene Abfolge der GN sprechen.

22 Zu den Ergebnissen s. vor allem H. Ingholt, Rapport préliminaire sur sept campagnes de fouilles à Hama en Syrie, 1932-38 (København 1940); E. Fugmann, Hama. L'architecture des périodes préhellénistiques (København 1958); Schaeffer, Stratigraphie Comparée 108 ff. sowie den Überblick bei K.-H. Bernhardt, Die Umwelt des Alten Testaments (Berlin 1967) Bd.I 215 f. - Zu den ägyptischen Funden aus Ḥama, die aus der Zeit von Thutmosis I. und Thutmosis III. stammen, vgl. die Übersicht bei Porter-Moss, Bibliography VII 392.

23 Anders S. Yeivin, BiOr 23 (1966) 25, der - wie bereits frühere Gelehrte - den Ort im Hinblick auf die Position des GN in der Thutmosis-Liste in Galiläa sucht.

24 Vgl. dazu A. Jirku, ZDMG NF 11 (1933) 174 ff. und A. Kuschke, ZDPV 71 (1955) 104 ff.

25 M. Noth, ZDPV 64 (1941) 61 f.; ders., ZDPV 73 (1957) 49 f. (Kezz el-Achir); Helck, Beziehungen 220.

26 Simons, Lists XXIII 8; Wreszinski, Atlas II 54-56; Simons, Lists XXVII 103; vgl. Helck, Beziehungen 220 und 222.

27 Simons, Lists I 52, dazu Helck, Beziehungen 127 mit Literatur.

28 Simons, Lists I 78, dazu Helck, Beziehungen 131 mit Literatur.

29 Bericht über den Feldzug des 7. Regierungsjahres, s. dazu Helck, Beziehungen 157, vgl. E. Edel, ZDPV 69 (1953) 153.

30 Brief des Ramses II. betreffend die Schlacht bei Qadeš, s. E. Edel, ZA NF 15 (1950) 208 f. und zum Ort ebenda 205; vgl. Helck, Beziehungen 214 und 237 Anm. 37.

31 Vgl. Helck, Beziehungen 219 f. zur Lokalisierung durch M. Noth, ZDPV 64 (1941) 57, an der Stelle von Gūl 3 km W Bṭabūra.

32 Für diese Lage vgl. zuletzt Helck, Beziehungen 275 f. sowie E. Edel, BBB 25 (1966) 11; s. auch Gardiner, Onomastica I 150+ ff. und ebenda Karte S. 133+.

33 Zu den Ruinenhügeln auch in der nördlichen Biqā' s. A. Jirku, ZDMG NF 11 (1933) 174 ff.

34 In verallgemeinerter Form erscheint der GN in Urk. IV 1344 = Helck, Urkunden 50, einem Brief des Amenophis II., in dem die

Leute von Taḫši herabgesetzt werden; vgl. Helck, Beziehungen 292 Anm. 59, ferner E. Edel, ZA NF 16 (1952) 257.

35 Dazu M. Blanckenhorn, Handbuch der Regionalen Geologie, V.4 (Heidelberg 1914) 101 f. sowie die Beschreibung bei A. Kuschke, ZDPV 70 (1954) 104 ff. mit weiterer Literatur, ferner M. Noth, ZDPV 72 (1956) 64 ff.

36 Vgl. schon H. Clauss, ZDPV 30 (1907) 7f. und O. Weber, EA S. 1112 f., zuletzt zusammenfassend Y. Aharoni, IEJ 3 (1953) 153 ff. und Helck, Beziehungen 276.

37 Helck, Beziehungen 56 und schon A. Kuschke, ZDPV 74 (1958) 86.

38 A. Kuschke, ZDPV 70 (1954) 104 ff., 71 (1955) 97 ff. und 74 (1958) 81 ff.; vgl. die in ZDPV 70 als Taf. 6 beigegebene Karte.

39 Der zudem noch nicht sichere Beleg in einem Ugarit-Text, RS 17. 242 C+:2 = PRU IV 219, der einen König Addudajānu von A[m]qi(?) nennt, kann auch bei einer richtigen Ergänzung des GN nur éinen Herrscher in Amqi/Amka meinen, nicht dén König.

40 Belege: EA 53:58, 170:16, 173:2, 174:9, 175:8, 176:8, +363:8, vgl. GS II 145 f. sowie ebenda S. 162 ff. und 264 ff. zur Situation.

41 "Taten des Šuppiluliuma" Fragment 28 = KBo V 6, s. H.G. Güterbock, JCS 10 (1956) 90 ff. und ebenda Index S. 124. In einem Gebet des Muršili II. (KUB XIV 8 Vs. 19) wird dieser Übergriff als Sünde der Hethiter empfunden, s. A. Götze, KAF 1 (1930) 208 f.

42 Helck, Beziehungen 209 f. mit weiterer Literatur. Die Gleichsetzung mit Ribla ist noch nicht gesichert.

43 Helck, Beziehungen 131 und 210, vgl. schon W.F. Albright, BASOR 130 (1953) 26 f. sowie W.F. Albright - T.O. Lambdin, JSS 2 (1957) 122; E. Edel, ZA NF 16 (1952) 255; zum Pap. Anastasi Helck, Beziehungen 330 f.

44 E. Edel, ZDPV 69 (1953) 130 und 153 f. sowie Helck, Beziehungen 158.

45 E. Edel, ZA NF 16 (1952) 258 (dort auch zum Lokalisierungsvorschlag Lebwe); Helck, Beziehungen 212. E. Edel, ZDPV 69 (1953) 154 verweist noch auf das Lab'u bei Tiglatpilesar III. (Luckenbill, ARAB I § 821), wo der Ort neben Hamath/Ḫama erscheint, vgl. auch ZDPV 61 (1938) 131.

46 Für Lebwe auch Abel, Géographie II 7 und K. Galling, ZDPV 70 (1954) 99.

47 A. Kuschke, ZDPV 74 (1958) 103 und Helck, Beziehungen 128. Gegen

eine Gleichung mit Lebwe könnte vielleicht der Umstand sprechen, dass in der Thutmosis-Liste I als Nr. 82 rb' und als Nr. 10 rbn (wohl = Lapana) erscheinen.

48 Dafür auch Y. Aharoni, IEJ 3 (1953) 159 Karte.

49 Vgl. vorläufig den Hinweis bei R. Hachmann - A. Kuschke, Bericht über die Ergebnisse der Ausgrabungen in Kamid el-Loz (Libanon) in den Jahren 1963 und 1964 (Bonn 1966) 9 und 27.

50 So A. Kuschke, ZDPV 74 (1958) 109 entgegen M. Noth, ZDPV 64 (1941) 66 und W.F. Albright, BASOR 130 (1953) 26 f. Anm. 7, die an Afqa 30 km N Tarbul im Libanon denken möchten.

51 M. Noth, ZDPV 64 (1941) 65: = Junīn 10 km NO Baalbek; A. Kuschke, ZDPV 74 (1958) 108: = Jammūne 20 km NW Baalbek. Vgl. zu beiden Ansätzen Helck, Beziehungen 221. Die Rekonstruktion des Feldzugsverlaufs widerspricht nach Ansicht W. Helcks beiden Vorschlägen, doch möchte auch er den Ort in der Biqā' suchen. A. Kuschke hat nach einer Erkundung beider Stätten im Jahre 1960 der Ansetzung bei Junīn aufgrund des Oberflächenbefundes zugestimmt, s. ZDPV 77 (1961) 34 f.

52 A. Kuschke, ZDPV 74 (1958) 99. Über die Sondagen von M. Chehab im Jahre 1949 s. im Bulletin du Musée de Beyrouth 9 (1952) 109, vgl. K. Galling, ZDPV 69 (1953) 88 ff. und - zur ägyptischen Inschrift - P. Montet, Kêmi 13 (1954) 76.- A. Kuschke ist geneigt, den in den Ächtungstexten erscheinenden Ort ḫsswm (Posener, Princes et pays 96 Nr. F 6), einem Hinweis K. Gallings (ZDPV 69, 90) folgend, an dieser Stelle anzusetzen. Mit Recht weist A. Kuschke darauf hin, dass die Bedenken K. Gallings durch die Lokalisierung anderer GN der Ächtungstexte in der Biqā' hinfällig geworden sind. Eine andere Lokalisierung setzt Ḥazi beim modernen 'Azze am Litani an, s. schon H. Clauss, ZDPV 30 (1907) 27 und Abel, Géographie II 7 f.; unentschieden Helck, Beziehungen 195 Anm. 67.

53 Nach Abel, Géographie II 7 vielleicht Meğdel 'Anğarr, vgl. schon H. Clauss, a.a.O. 41. Der GN ist wohl identisch mit ägypt. mktr (m()-k-ta$_2$-l) bei Ramses II. (Simons, Lists XXIII 32, vgl. die Kopie bei Ramses III. in Simons, Lists XXVII 82), vgl. auch W.F. Albright - T.O. Lambdin, JSS 2 (1957) 123. Dieses wird von A. Kuschke (ZDPV 74, 1958, 110) auf dem Tell von Meğlūn bei Baalbek gesucht.

54 Nach Abel, Géographie II 8 = 'Ašit in der südlichen Biqā'?

55 Vgl. A. Kuschke, ZDPV 74 (1958) 100 und Helck, Beziehungen 128

und 191 (Karte). Abel, Géographie II 8 lokalisiert Tušulti bei Zehalté südlich Ǧezzīn, was aber zu weit südlich sein dürfte.

56 A. Kuschke, ZDPV 70 (1954) 120 Anm. 59; M. Noth, ZDPV 72 (1956) 66 f.; A. Kuschke, ZDPV 74 (1958) 99; vgl. auch E. Edel, ZDPV 69 (1953) 155 Anm. 61 a sowie Helck, Beziehungen 128 und 191. Zu anderen Lokalisierungen s. Abel, Géographie II 8 und E. Edel, a. a.O. 154 f.

57 Vgl. auch Helck, Beziehungen 195 Anm. 68 sowie A. Kuschke, ZDPV 74 (1958) 99 f.- Abel, Géographie II 7, lokalisiert den Ort bei Ǧusīje südlich Ribla, Kuschke (a.a.O.) erwägt Tell Ghasie oder Ain Šerīf.

58 Wohl der in Pap. Anastasi I bezeugte n/la-ši-na, s. Helck, Beziehungen 329.

59 M. Noth, ZDPV 64 (1941) 65; A. Kuschke, ZDPV 74 (1958) 109 f.(= Tell Delhamīje bei Tarbul) und Helck, Beziehungen 221.

60 Vgl. Helck, Beziehungen 128 und 328 f. mit Ablehnung der Lokalisierung im Antilibanon durch M. Noth, ZDPV 61 (1938) 56. Abel, Géographie II 7 schlägt Ṭaijibe in der Biqā' vor.

61 Die Lokalisierung bei Abel, Géographie II 8, bei Ǧezzīn ist wohl etwas zu weit südlich, wenn man die oben übernommene Lage von Ḫazi berücksichtigt.

62 Posener, Princes et pays 70 weist darauf hin, dass wohl 'nj in der Liste I 86 des Thutmosis III. zu vergleichen wäre.

63 ZDPV 74 (1958) 90, vgl. Helck, Beziehungen 54. Eine Identität mit dem in der Thutmosis-Liste I 86 erwähnten 'nj (s. oben Anm. 62) erscheint nach dem GN möglich. A. Kuschke, a.a.O. 105, lokalisiert es beim et-Tell nahe 'Ana in der südlichen Biqā', doch ist diese Ansetzung sehr unsicher; vgl. dazu Helck, Beziehungen 131. Es wäre eher an eine Position etwas weiter im N zu denken.

64 R. Hachmann - A. Kuschke, Bericht über die Ergebnisse der Ausgrabungen in Kamid el-Loz (Libanon) in den Jahren 1963 und 1964 (Bonn 1966). Zur Lokalisierung an dieser Stelle s. schon O. Weber, EA S. 1214 f.

65 EA 116:75, 129:85, 132:49, 197:38, 198:5.

66 Dazu A. Kuschke, ZDPV 74 (1958) 101 f. und Helck, Beziehungen 258.

67 M. Noth, ZDPV 64 (1941) 64 f.; A. Kuschke, ZDPV 74 (1958) 88 (= Tell ez-Zeitūn, Vorgänger von Kefr Meške); Helck, Beziehungen 221.

68 Abel, Géographie II 8: Šuwēja 2 km O Ḥāṣbēja; M. Noth, ZDPV 63

(1940) 232: Quelle ʿen-Qānije bei Šuwēja; zweifelnd dazu A. Kuschke, ZDPV 74 (1958) 106 Anm. 158 sowie Helck, Beziehungen 128.

69 AASOR 6 (1924) 19 Anm. 15; vgl. dazu A. Jirku, Listen 15 Anm. 5 und ZDMG NF 11 (1933) 188.

70 Zweifelhaft ist, ob śkw (śú-ka-wa) mit A. Kuschke, ZDPV 74 (1958) 107 bei Ḏakwe anzusetzen ist. Die Nennung bei Thutmosis III. (Simons, Lists I 204) zusammen mit GN, die mit solchen aus Alalaḫ zusammenzubringen sind (vgl. Helck, Beziehungen 145 und M.C. Astour, JNES 22 (1963) 228 Nr. 57), könnte eher auf eine Lage nördlich der Biqāʿ weisen. Zu einem Ort TI-enni (EA 260:14) etwa in der Biqāʿ s. jetzt P. Artzi, JNES 27 (1968) 168.

5. Kapitel

DAS ÖSTLICHE HOCHLAND

Im folgenden soll unter dem Begriff "östliches Hochland" jener weite Bereich im Osten der Grabenzone verstanden werden, der selbst wiederum in mehrere landschaftlich unterschiedene Zonen aufgegliedert werden kann: Zunächst die Gebirge unmittelbar östlich der Grabenzone, die nach S zu ansteigen und im Hermon ihre grösste Höhe erreichen. Sodann die fruchtbaren Ebenen um Haleb/Aleppo und Homs mit einem unterschiedlich breiten Übergangssaum zur syrischen Wüstensteppe hin. Ferner das Land am Euphrat, das bereits nach Mesopotamien überleitet, sowie die Wüstensteppe selbst. Schliesslich wären südlich der Palmyraketten die Oase von Damaskus und die Hochflächen des Haurān sowie der Bereich des Ǧebel ed-Drūz in die Betrachtung einzubeziehen. Dabei ist eine sichere Grenzlinie zwischen den Einzellandschaften oft nicht zu fixieren, ebenso wie im S der Übergang nach Palästina hin nicht immer klar abgrenzbar ist; vielleicht kann hier der Abfall der Hochebene des Haurān südlich des heutigen Der'ā als Grenze angesetzt werden. Es sei im folgenden wiederum ein Überblick über die Besiedelung dieses Bereiches gegeben, wobei GN, für deren Lokalisierung sich Anhaltspunkte dem Quellenmaterial des 2. Jahrtausends entnehmen lassen, notiert werden sollen. Dass hierbei in vielen Fällen Sicherheit nicht zu erreichen ist und auch weite Räume aufgrund des Fehlens von inschriftlichen Zeugnissen kaum ins Blickfeld treten, liegt auf der Hand. Für das Gebiet zwischen der ʼAmq-Ebene und dem Euphrat stammt das Quellenmaterial in erster Linie aus Alalaḫ, für die weiter südlichen Bereiche vor allem aus el-ʼAmārna; hinzuzuziehen sind auch hier wieder die ägyptischen topographischen Listen.

a) Das Gebirgsland östlich der Grabenzone.

Es handelt sich hierbei im wesentlichen um das Hügelland des Kurd Dagh östlich des Kara Ṣu, um die Berge im O der ʼAmq-Ebene (Ǧebel Barakāt), um das Bergland östlich des Orontes (Ǧebel el- ʼAlā, Ǧebel Bariša und Ǧebel Waslei, Ǧebel Šeiḫ Sābūʼ, Ǧebel iz-Zāwije, Ǧebel el-ʼAʼla), um den Antilibanon und den Ǧebel Qalamūn sowie den Hermon (Ǧebel eš-Šeiḫ). Als Gebirge besitzen vor allem die beiden letztgenannten Bereiche Bedeutung: Der Antilibanon, ein etwa 1300 bis 1500 m hohes Plateau mit Gipfeln über 2500 m Höhe, trennt die fruchtbare Biqāʼ von den östlichen trockenen Gebieten; das Gebirge selbst verfügt aber mit der fruchtbaren Ebene von Zebadāni über ein landwirtschaftliches Zentrum, das durch das Tal des Barada mit der Oase von Damaskus verbunden ist. Hier führt auch heute der Weg von der Biqāʼ am Lauf des Wādi Jahfufēḥ aufwärts durch das Becken von Zebadāni und dann den dort entspringenden Barada abwärts bis nach Damaskus; er wird jetzt von einer Bahnlinie genutzt, die allerdings durch die kürzere Autostrasse Damaskus - Beirut ihre Bedeutung fast völlig verloren hat. Der Hermon erreicht mit dem Ǧebel eš-Šeiḫ eine Höhe von 2760 m und besitzt damit die höchste Erhebung Syriens östlich der Grabenzone. Diese Gebirgszüge jenseits des Grabens, vor allem die südlichen, führen eine weitere Verringerung der durchschnittlichen jährlichen Regenmenge herbei; diese sinkt zunächst unter 400 mm ab und geht dann nach O zu immer weiter zurück.[1] Dem Handelsverkehr setzten die Gebirgszüge im wesentlichen kaum ein ernsthaftes Hindernis entgegen, und die Enge oder Versumpfung eines

Teils der Grabenzone trugen dazu bei, den Verkehr gerade durch das östliche Gebirgs- und Hügelland oder daran entlang zu leiten. Sichere Lokalisierungen von Orten des 2. Jahrtausends sind in dieser Zone Syriens kaum vorzunehmen. An Vorschlägen seien im folgenden notiert:

Ganz im N das aus den Alalaḫ-Texten bekannte Alaḫari,[2] das wir vielleicht mit dem klassischen Aliaria gleichsetzen dürfen, s. M.C. Astour, JNES 22 (1963) 236 Nr. 131. Bei rrtj (rú-r-t-ja), erwähnt bei Thutmosis III. (Simons, Lists I 142, vgl. Helck, Beziehungen 143), möchte M.C. Astour (a.a.O. 223 Nr. 15) an den Ǧebel Lailun = Ǧebel Barakāt denken, was aber kaum gestützt werden kann.[3] Zu dem ebenfalls bei Thutmosis III. notierten kmr⟨w⟩ (ka-m-ru), s. Simons, Lists 261, das mit dem kmrm in einer Liste des Amenophis III. (B_N) zu vergleichen ist (s. E. Edel, BBB 25, 1966, 18 Nr. 7), s. zuletzt M.C. Astour, JNES 27 (1968) 172 f., der es bei Kimār im Ǧebel Sim-ʿān östlich des ʿAfrīn sucht. Vielleicht befinden wir uns hier in oder bei dem Lande Amaʾu der Autobiographie des Idrimi,[4] gleichzusetzen mit dem ägypt. ʿmw.[5] E. Edel, ZDPV 69 (1953) 159 f., hält es für möglich, dass ʿmw das Ziel eines (vierten) Feldzuges des Amenophis II. gewesen ist, s. die Inschrift vom Grab eines gewissen Qenamon (Urk. IV 1393 = Helck, Urkunden 75). Es ist jedoch anzunehmen, dass ʿmw (= Amaʾu ?) hier nur als Herkunftsbezeichnung des Wagens, auf dem sich die Inschrift befindet, zu verstehen ist (vgl. auch E. Edel, a.a.O. 160 Anm. 1) und daraus keine militärische Unternehmung des Amenophis II. abzuleiten ist. Letztere Ansicht wird auch von W. Helck (Beziehungen 280) geteilt, der in ʿmw nur die Herkunftsbezeichnung des Materials sieht. Nach M.C. Astour, JNES 22 (1963) 237 Nr. 144 soll sich in diesem Bereich der Ort Kiki (AT 223:11) befunden haben, etwa = modernem Kuku 18 km S von Īmmae/Amaʾe . Im Ǧebel Barīša wird ebenda 230 Nr. 85 das in AT +78:5 sowie AT +41:5, +53:1

und +368:3 bezeugte Kunu'e/Kunuue gesucht, und zwar beim modernen Kefr Kuneije.[6] Mit dem GN Birašena, in AT mehrfach genannt,[7] könnten wir in den Ǧebel Bariša zum heutigen Bariša 25 km NNW Idlib gelangen, s. M.C. Astour, a.a.O. 236 Nr. 138. Bei Deir-Seta, 19 km N Idlib, soll nach M.C. Astour, a.a.O. 224 Nr. 24 das bei Thutmosis III. (Simons, Lists I 155) erwähnte śtḫbg (śa-ta-ḫ-b-g) gelegen haben; Helck, Beziehungen 143, lässt die Frage mit Recht offen. Das Tai(a)me einiger Alalaḫ-Texte (AT 146:27, 162:6, 163:15, 231:1) ist vielleicht mit assyr. Tu'imme (Luckenbill, ARAB I § 772) zu identifizieren, das möglicherweise modernes Ta'ūm 10 km NO Idlib ist.[8] Im Bereich um Idlib könnte das Land Barga gesucht werden;[9] es erscheint in einer Reihe von ägyptischen Ortslisten, beginnend mit Amenophis III.,[10] im EA-Brief EA 57:3[11] sowie in hethitischen Texten: In KBo III 3 und Dupl. (s. Or NS 32, 1963, 32 ff.), einem Text des Muršili II. von Ḫatti, wird in Kol. I 1 - II 38 eine Barga betreffende Angelegenheit behandelt. In ihrem Ergebnis wird die Einsetzung eines gewissen Abiradda zum König in Barga notiert und dessen Sohn Irtešub als Nachfolger fixiert. Als ein eigenes Fürstentum ist Barga auch durch EA 57 ausgewiesen, doch ist der PN des Herrschers dort nicht erhalten. Unsicher ist der Beleg KUB XIX 4 = H.G. Güterbock, JCS 10 (1956) 107 ("Taten des Šuppiluliuma"); die Lesung des GN ist nicht zu sichern, und der PN des Königs(?) von Barga(?) könnte auf -]zi ausgelautet haben. Ebenfalls nur fragmentarisch überliefert ist der Brief eines Königs von Barga an den Präfekten von Ugarit, RS 15.19 = PRU III 13, vgl. dazu Or NS 32, 46. Durch KBo III 3 wird als eine zeitweilig zu Barga gehörende Stadt Iiaruuatta erwähnt,[12] deren Position nicht näher zu bestimmen ist, die aber wohl mehr am Rande Bargas gelegen haben dürfte.[13] Auch eine Lokalisierung von Barga ist nicht präziser anzugeben, doch scheint sicher, dass es unweit von Nuḫašše lag; EA 57 nennt Barga zusammen mit Qatna und Tunip. In der

Liste des Amenophis III. (A_N) erscheint es zwischen Nuḫašše und Tunip. Am besten weist noch eine Inschrift des Salmanassar III. (III R 7-8 Kol. II 87 f.) auf die Lage von Barga (als Stadt!): Im 6. Regierungsjahr hat der assyrische König auf dem Wege von Ḫalman (= Aleppo) nach Qarqar (= Qarqūr) am Orontes auch u.a. die Stadt Barga geplündert, s. Luckenbill, ARAB I § 610. Eine Reliefdarstellung von Balawāt ist durch die Beischrift als auf dieses Ereignis bezogen ausgewiesen (Luckenbill, ARAB I § 614). Eine Lokalisierung beim heutigen Barkum 25 km SW von Aleppo (K. Elliger, Festschrift O. Eissfeldt, Halle 1947, 81 ff.) ist daher nicht auszuschliessen. Eine Ansetzung östlich des mittleren Orontes-Laufes und im NO von Apamea ist wohl angängig. Weiter im S könnte der in einem mythologischen Text aus Ugarit erwähnte (Herdner, Corpus Nr. 6) Ort ṯrmn gelegen haben, wenn er tatsächlich mit R. Dussaud, Syria 16 (1935) 228 (vgl. M.C. Astour, a.a.O. 222 Nr. 5) an der Stelle des modernen Sermin 9 km OSO Idlib anzusetzen ist. Der Beleg selbst gibt über die Lage keine Auskunft. Fraglich erscheint, ob das in Alalaḫ erwähnte Jatḫaba (AT 140B, 284: 3, 341:4, 352:2), das bei Thutmosis III. (Simons, Lists I 147) als jtḫb (ja-ta-ḫa-b) erscheint,[14] mit dem Jatba gleichzusetzen ist, das in Zusammenhang mit der Grenzziehung zwischen den Bereichen von Mukiš und Ugarit genannt ist (s.oben S. 38). Vergleichbar wäre das assyr. Jadabi (Luckenbill, ARAB I § 821), das von Dussaud, Topographie 238, mit modernem Idlib identifiziert wird.[15] Im S von Idlib könnte nach einem Vorschlag von Dussaud, Topographie 239, das als Königsstadt des Irḫuleni von Hamath erwähnte Aštamaku zu suchen sein (Luckenbill, ARAB I § 614), das von ihm mit Stuma(k) 7 km S Idlib geglichen wird. M.C. Astour, a.a.O. 236 Nr. 135, verweist auf das in AT bezeugte Aštakamu,[16] doch ist eine Gleichsetzung schon aus lautlichen Gründen unsicher. Mit dem bei Thutmosis III. (Simons, Lists I 322) notierten tnnr (ti_6-n-nu-ra) gelangen wir wahrscheinlich nach Tennarije 20 km NNO von Ğisr eš-Šoghr, 3 km östlich des Orontes.[17] Fraglich ist die Identifikation von 'rpnḫ ('á-ri-p-n-ḫa), genannt bei Thutmosis III. (Simons, Lists I 318), mit Haferha 13 km NO Tennarije,[18] ebenso die Gleichung des in AT oft belegten[19] Ortes Suḫaruṷa mit dem aus Ugarit bekannten[20] Zazaḫaruṷa (s. oben S. 37) an der Grenze zwischen Ugarit und Mukiš und seine Lokalisierung bei dem heutigen Sahirin zwischen Rīḥā und Qarqūr, vgl. M.C. Astour, a. a.O. 237 Nr. 152. In der Nähe von Rīḥā, und zwar 28 km östlich davon, würden wir uns mit einer Gleichsetzung von 'nrk ('i_4-l_2-la-ka) bei Thutmosis III. (Simons, Lists I 283) befinden (so nach M.C. Astour, a.a.O. 231 Nr. 95). Das in AT 185:7 belegte Unnuba könnte- ebenfalls nach M.C. Astour, a.a.O. 238 Nr. 156 - wohl das moderne Inib 18 km SW von Rīḥā sein. Das in der Lesung des GN allerdings noch nicht gesicherte Mušmuš (AT 343:8) wird ebenda 237 Nr. 148 bei modernem Mušmušan oder Mišmešan 7 km NNO von Ğisr eš-Šoghr gesucht.[21] Der in der Liste Simons, Lists I 134, erscheinende Ort 'r ('á-ra) kann wohl mit dem GN Ara(e) in Texten aus Alalaḫ verglichen werden (AT +271:19[JCS 8, 22], 290:3.11, ferner 68:8. Vgl. Arra in AT +253: 16[JCS 8, 18]).[22] Als Lage ist von W.F. Albright, Vocalization 33 Nr. 4, Ara bei Ḥama vorgeschlagen worden, während Helck, Beziehungen 143, an Tell Ar im NO von Apamea/Qal'at el-Mudīq denkt. In letzterer Richtung geht auch der Lokalisierungsvorschlag von M.C. Astour (a.a.O. 223 Nr. 9), der den Ort an der Stelle des modernen Ma'aret en-No'mān sucht (vgl. Dussaud, Topographie 188 und 238). Letzteren modernen Ort möchte W. Helck (Beziehungen 143) eher für eine Gleichung mit dem nnrmnḏ (n-nu-ra-m()-n-na-s̱()) in Anspruch nehmen, der in der grossen Ortsliste des Thutmosis III. (Simons, Lists I 158) überliefert wird.[23] Im Taradi von AT +55:11 vermutet M.C. Astour, a.a.O. 237 Nr. 155, das moderne Tarutin et-Tuğğar 26 km W von Ma'aret en-No'mān. Das trn (ta-r-nu) bei Thutmosis III. (Simons,

Lists I 260)[24] wird ebenda 230 Nr. 86 modernem Tiren 9 km O Qarqūr oder Ternija 15 km ONO Rīḥā gleichgesetzt. Im heutigen Chan Šeiḫūn 40 km NNW Hama an der Autostrasse nach Ḥaleb/Aleppo haben Sondagen von Comte du Mesnil du Buisson (s. Syria 13, 1932, 171 ff.) auf dem grossen Tell auch spätbronzezeitliche Schichten festgestellt. Nach A. Kuschke, ZDPV 74 (1958) 105 ist es wohl mit dem 'šḫn bei Thutmosis III. (Simons, Lists I 58) zu identifizieren und dann auch dem assyr. Ašḫani gleichzusetzen, das Dussaud, Topographie 238, an dieser Stelle lokalisierte. Die Südlage der in der Liste vorher genannten GN lässt die Gleichung mit Ašḫani/Chan Šeiḫūn allerdings noch sehr unsicher erscheinen. Auf dem Tell ʿAs 4 1/2 km W Chan Šeiḫūn haben ebenfalls unter Comte du Mesnil du Buisson Sondagen stattgefunden, die bronzezeitliches Material erbrachten, ferner auch auf einigen weiteren Tells dieser Gegend, die sich durch eine Vielzahl von Ruinenhügeln auszeichnet und als ein Siedlungsschwerpunkt auch während der Bronzezeit angesprochen werden kann. Sie würde eine umfassendere archäologische Forschung verdienen.[25]

Im SW von Chan Šeiḫūn ist vielleicht Zulabi anzusetzen, erwähnt in einer ganzen Reihe von Texten aus Boğazköy sowie als ḏrb bei Thutmosis III. (Simons, Lists I 130); als Lage wird das moderne Ṣalaba 10 km OSO Nija/Apamea anzunehmen sein.[26] Vgl. den knappen historischen Überblick bei Helck, Beziehungen 142. Ist die Gleichung ḏrb = Zulabi berechtigt (entgegen M.C. Astour, a.a.O. 223 Anm. 14), so würde sich für diesen Platz eine gewisse geschichtliche Bedeutung ableiten lassen:[27] Nach KUB XXI 38, einem Briefentwurf der hethitischen Königin Puduḫepa (s. dazu GS II 219 f.), werden Vs. 13 Prinzessinnen von Babylon, Zulabi und Assur erwähnt; dass es zu dieser Zeit einen LUGAL von Zulabi gab, wird auch durch KUB XXI 39 Z. 8′ (s. GS II 215) bestätigt, vgl. noch KUB III 56 Rs. 5 und KUB XXI 35 Z. 7. Der Zusammenhang mit Amurru und Nija könnte die Lokalisierung bei Ṣalaba befürworten. KUB XXI 36, nach W. Helck, JCS 17 (1963) 96 die Antwort auf KUB XXI 38 darstellend, zitiert aus diesem Brief und nennt dabei nochmals die Königstochter von Zulabi (Vs. 9). Dem Brief KUB III 56 zufolge hat der ägyptische König dem Herrscher von Zulabi/Zulapa Gold und Silber zugeschickt. Zu ergänzen ist der GN Zulapa/Zulabi, wie schon E. Forrer (RLA I 260) gesehen hat, auch in KUB III 37 Vs. 11; vgl. dazu E. Edel, Geschichte und Altes Testament (Tübingen 1953) 38 f., der annehmen möchte, dass eine Prinzessin aus Zulabi im Harem des ägyptischen Königs lebte. Diese Belege machen für Zulabi, jedenfalls für das der hethitischen Texte, eine hohe Rangstellung deutlich, und lassen zugleich Zweifel aufkommen, ob tatsächlich der mittelsyrische Ort gemeint ist.

Für den Bereich des Antilibanon und des Qalamūn-Gebirges sind nur wenige Orte des 2. Jahrtausends bislang wahrscheinlich zu machen. So zunächst das Gebiet von Ruḫizzi, das als rgḏ (rú-g(i)-ṯ(i)) bei Thutmosis III. belegt ist (Simons, Lists I 79);[28] es darf wohl im N von Damaskus und etwas östlich des Antilibanon gesucht werden, vgl. Helck, Beziehungen 191 (Karte) und 131 sowie GS II 155 Anm. 12. Der Ort erscheint zunächst in einer Liste des Amenophis III. (B_N Rs. 2, s. E. Edel, BBB 25, 1966, 15), sodann in mehreren ʿAmārna-Briefen (EA 53, 54, 56, 191, vgl. dazu O. Weber, EA S. 1111 f.). Fürst von Ruḫizzi war zu dieser Zeit ein gewisser Arzaḫiia (s. EA 53, 54, 191, 192, 197), der auch in zwei Schreiben als Absender erscheint (EA 191, 192), in denen er dem ägyptischen König seine Treue zusichert. In EA 197:26 ff. wird dagegen Klage geführt, dass Arzaḫiia nach Qadeš gezogen sei und gemeinsam mit Kriegern des Aziru von Amurru den Ort Šaddu - den wir wohl ebenfalls beim Antilibanon oder Qalamūn-Gebirge suchen dürfen - eingenommen habe. Auch gegen Ube soll er vorgegangen sein, also in südlicher Richtung. Nach EA 53 und 54 erscheint Arzaḫiia von Ruḫizzi zusammen mit dem Fürsten von Lapana (s. oben S. 60 f.) als Bundesgenosse des Aitagama von Kinza/Qadeš und Parteigänger der Hethiter, vgl. EA 56:26. Ruḫizzi gehörte zur ʿAmārna-Zeit jedenfalls zur ägyptischen Sphäre Syriens; über seine spätere Rolle ist nichts mehr überliefert. Dass die Ebene von Zebadāni[29] besiedelt war, ist anzunehmen. A. Kuschke, ZDPV 74 (1958) 107 schlägt für den GN mtj bei Thutmosis III. (Simons, Lists I 218), vgl. mu-ta-ja bei Helck, Beziehungen 145, das heutige Madāja am Ostrand der Ebene vor, wobei als weitere Belege des GN noch die bei E. Edel, BBB 25 (1966) 25 und 80 erwähnten Stellen kommen könnten. Die Gleichsetzung mit dem Mudue in AT 185:13(?) und AT 343:23 durch M.C. Astour, JNES 22 (1963) 229 Nr. 66, erscheint im Hinblick auf die im Kontext genannten GN nicht ausgeschlossen, würde aber dann der Lokalisierung von A. Kuschke widersprechen, da das Gebiet von Zebadāni gewiss ausserhalb des geographischen Horizontes der Alalaḫ-Texte gelegen hat. Im südlichen Antilibanon wäre vielleicht der bei Thutmosis III. erwähnte Ort ʾbr (ʾu-bi-l) zu lokalisieren (Simons, Lists I 15), etwa bei dem antiken Abila an der Stelle des modernen Abil es-Sūq am Barada.[30] Die Gleichung von ʾtr (ʾá-ta-rú) der Liste des Thutmosis III. (Simons, Lists I 14) durch Abel, Geógraphie II 8, mit heutigem ʿAdra ONO Damaskus wird von M. Noth, ZDPV 63 (1940) 232 aus lautlichen Gründen abgelehnt, obgleich die Gleichsetzung mit der Position des GN in der Ortsliste übereinstimmen könnte.

Das Hermon-Gebirge schliesslich erscheint öfters in den Quellen des 2. Jahrtausends; wie es scheint, war es im orientalischen Altertum teilweise von Wald (zB. Zedern) bedeckt.[31] Orte im direkten Hermon-Bereich sind nicht zu ermitteln und werden aufgrund der natürlichen Gegebenheiten auch kaum zu erwarten sein; hinsichtlich der Siedlungen an der Westseite des Hermon-Gebirges s. oben bei der Biqāʿ.

b) Die nördlichen Ebenen bis zum Euphrat.

Im folgenden Abschnitt soll ein weiter Bereich behandelt werden, der sich als ebenes oder welliges Land bis zum mittleren Euphrat erstreckt und dort scharf zur Flussebene abbricht. Das natürliche Zentrum des nordsyrischen Tafellandes liegt bei Haleb/Aleppo. Es wird im NO vom Sagūr durchflossen, bei Ḥaleb vom Quwēq/Qweiq, der in einem Salzsumpf (el-Maṭch) endet. Diese Senke sowie die ebenfalls abflusslose Niederung des Sees von Ǧebbūl und der Ǧebel el-Ḥaṣṣ bilden etwa die südliche Begrenzung der Ebenen von Ḥaleb/Aleppo, die im N in das Bergland bei Kilis/Killiz und Aintāb/Gaziantep übergehen.[32] Mit einem durchschnittlichen jährlichen Niederschlag von über 250 mm gehört dieser Bereich zum sogenannten "Fruchtbaren Halbmond", der sich vom Persischen Golf über Nordmesopotamien und Nordsyrien bis nach Palästina hinüberzieht.[33] Die Fruchtbarkeit des Bodens[34] machte dieses weite Gebiet zu einem Zentrum des Getreideanbaus. Über Ugarit oder über den Euphrathafen Emār wurde von hier Getreide exportiert (vgl. dazu schon GS I 11). Durch einen relativ hohen Grundwasserstand[35] waren hier zugleich günstige Bedingungen für eine dichtere Besiedlung gegeben, und aus dem GN-Material des 2. Jahrtausends lassen sich eine ganze Anzahl von Orten in den nördlichen Ebenen ansetzen. Zugleich verlief durch diesen Bereich der Handelsweg vom Euphrat über Ḫalap zum Mittelmeer. Diese natürlichen Bedingungen boten der Entwicklung eines grösseren Staatswesens bessere Möglichkeiten als sie im übrigen Syrien vorhanden waren. So erscheint die Existenz von Ịamḫad mit dem Zentrum in Ḫalap/Haleb (s. GS I 102 ff.) als bedeutendstes syrisches Staatswesen des 2. Jahrtausends nicht als zufällig.

Die Ortsnamen, die aus Quellen des 2. Jahrtausends überliefert sind und in diesem Bereich lokalisiert werden können, entstammen im wesentlichen den Alalaḫ-Texten sowie ägyptischen Ortslisten, vor allem der grossen Ortsliste des Thutmosis III. (Simons, Lists I) sowie einer - teilweise von einer Liste des Ramses II. kopierten - Liste des Ramses III. (Simons, Lists XXVII). In Ermangelung eines aussagekräftigen Kontextes kann auch hierbei eine genauere Lokalisierung nur aufgrund von Vergleichen mit anklingenden modernen Ortsnamen vorgeschlagen werden. Für den grössten Teil der GN, die etwa in dem hier zu betrachtenden Bereich gesucht werden dürfen, ist eine exaktere Positionsangabe unmöglich. Im folgenden können daher wiederum nur Vorschläge notiert werden, abgesehen von wenigen, durch archäologische Grabungen erkundeten Plätzen.

Ausgehend von Ḫalap = Haleb, s. dazu GS I 102 ff., wäre im W zunächst Taia'e zu notieren, erwähnt in einer Reihe von Texten aus Alalaḫ IV;[36] die Gleichsetzung mit dem bei Thutmosis III. und Amenophis III. genannten Ort tj' (ta-ja-'á, Var. -'e), s. Simons, Lists I 74 und B_N Rs. 8 = BBB 25, 19: d' ,[37] wird von E. Edel (BBB 25, 19) unter Hinweis auf die schlechte Übereinstimmung der von beiden Quellengruppen geforderten Lage abgelehnt. Für Taia'e, das mit dem assyr. Taiā (Luckenbill, ARAB I § 600) in Ḫattina und Ta'e (Luckenbill, ARAB I § 772)[38] zu identifizieren ist, könnte das heutige Kefr Ṭai 12 km W Ḥaleb herangezogen werden.[39] Mit dem GN Nišin (AT +11: 38 in einem Jahresdatum) ist vielleicht das nṯn bei Thutmosis III. (Simons, Lists I 254) zu identifizieren und beim modernen Deir Sim'ān anzusetzen, s. M.C. Astour, JNES 22 (1963) 230 Nr. 83. Das 'tnj ('a-ta-na-ja) bei Thutmosis III. (Simons, Lists I 209) kann, wenn die Lesung des ersten Zeichens korrekt ist, vielleicht mit dem assyr. Atinni (Luckenbill, ARAB I § 770) oder Tunnu (ebenda I § 821) gleichgesetzt und mit M.C. Astour (a.a.O. 228 Nr. 61) bei Dana 35 km W Haleb gesucht werden; vgl. AT Atanni in AT 144:1 und 289:3. Eine sichere lautliche Übereinstimmung ist allerdings nicht gegeben, ebenso bei 'r'n ('á-r(a)-'á-na), einem GN, der im Annalenbericht des

Thutmosis III. unter dem Jahr 35 erscheint (s. Helck, Beziehungen 152), mit dem GN Arnē bei Salmanassar III. (Luckenbill, ARAB I § 614) bzw. dem modernen Erin 20 km NW Ḥaleb.[40] Der Ort <u>Nubanni</u> wird sowohl in Alalaḫ-Texten (AT 153:11 = Nupanni, vgl. Lubani in AT 17: 1 und 146:26) als auch aus Ugarit überliefert.[41] Bei Thutmosis III. (Simons, Lists I 184) erscheint der GN als nwbn (nù-b-an).[42] Der Ort, der durch die Ugarit-Belege als besonderer Kultplatz der Göttin Ningal bezeugt ist, muss nach RS 17.146 zum Bereich des Königs von Karkemiš gehört haben und erscheint hier zusammen mit Gur'ata (vgl. auch RS 18.115). Ist die Identität dieser GN in den drei verschiedenen Quellengruppen sicher, dann kommt eine Lokalisierung im W von Ḥaleb in Betracht. W. Helck (Beziehungen 144) erwägt Haluban 20 km NO von Ma῾aret en-No῾mān (also im SW von Ḥaleb), während M.C. Astour, JNES 22 (1963) 227 Nr. 43, an modernes Nubul 25 km NW Ḥaleb denkt. Am Nahr ed-Dahab bei Aran, 35 km NNW Ḥaleb wird von M.C. Astour, a.a.O. 232 Nr. 102, das aus den Alalaḫ-Texten überlieferte <u>Ura</u> (AT 142:13, 154:10) bzw. das 'rn ('ú-ra-na) bei Thutmosis III. (Simons, Lists I 293) lokalisiert und auf RS Araniḭa/arny sowie assyr. Arnē (s. oben) hingewiesen. Das kilikische Ura wird durch den Kontext der AT-Belege ausgeschlossen, doch ist andererseits auch der von M.C. Astour vorgebrachte Vorschlag kaum akzeptabel.-Grabungen auf dem Tell Rif῾at, der Stätte von Arpad, haben auch für das 2. Jahrtausend Zeugnisse erbracht; wie es scheint, wurde gegen Ende des 2. Jahrtausends die damals existente Siedlung zerstört, was sich gut in das Bild dieser Periode eines ethnischen und politischen Umbruchs fügt. Im frühen 1. Jahrtausend wurde der Platz dann wieder besiedelt; vgl. dazu M.V.S. Williams, Iraq 23 (1961) 68 ff. Der Name der vor Arpad bestehenden Siedlung der Bronzezeit ist nicht überliefert bzw. lässt sich nicht ermitteln.

In den N und NO von Haleb führen anscheinend einige weitere GN.

Die Lokalisierungsvorschläge sind allerdings äusserst unsicher. So die Lageangabe Fafin 6 km NO Haleb am Quwēq für das ägyptische pp' (pá-pá-'á) bei Thutmosis III. (Simons, Lists I 253) durch M.C. Astour (a.a.O. 230 Nr. 82), während wir uns der Liste entsprechend vielleicht eher am Euphrat befinden. Ferner die Gleichung mit assyrischem Apparazu (Luckenbill, ARAB I § 655) für '(?)rḏn (Simons, Lists I 172) und eine Lokalisierung bei Baradja 24 km O Kilis/Killiz,[43] was nach der Position des GN in der Thutmosis-Liste wohl etwas zu weit nördlich angesetzt scheint. Dasselbe trifft offenbar auch für die von M.C. Astour (a.a.O. 227 Nr. 44 a) vorgeschlagene Ansetzung von ägypt. mngnś (m()-n-g-na-śa) bei Thutmosis III. (Simons, Lists I 186) zu (vgl. Helck, Beziehungen 144 zu Nr. 187), die den Ort beim modernen Minniġ, klass. Minnica, 7 km S ʿAzāz sucht. ʿAzāz selbst kann aufgrund eines lautlichen Anklingens mit dem in AT 161:13 erwähnten Azazuḫa zu identifizieren sein, s. M.C. Astour, a.a.O. 236 Nr. 137; es ist wohl das Ḫazazu in Luckenbill, ARAB I §§ 600 und 821 sowie klass. Azas/Azaz, s. E. Honigmann, ZDPV 46 (1923) 167 Nr. 86. Das 'br (Helck: 'é-b-ra) bei Thutmosis III. (Simons, Lists I 306) haben W.F. Albright - T.O. Lambdin, JSS 2 (1957) 122 und Helck, Beziehungen 147 mit dem AT und sonst bezeugten Ibla (s. GS I 259 ff.) verglichen, ebenso M.C. Astour, a.a.O. 232 Nr. 104. Für Ibla/Ebla wird neuerdings eine Lage an der Stelle des Tell Mardīḫ (s. unten) erwogen. Zu weit nördlich erscheint eine Lokalisierung von ṯrnś (ṡi-ra-na-śa) = etwa Sauran 15 km O ʿAzāz, wenn wir uns mit dem in der Liste zuvorgenannten Ort tatsächlich in Tennarije (s. oben S. 75 f.) befinden. Bei šwrnt (š()-wi-la-n-ta) in der Thutmosis-Liste (Simons, Lists I 159) denkt M.C. Astour (a.a.O. 225 Nr. 28) an das aus Alalaḫ überlieferte Šurante(?) und mod. Suran 22 km ONO Haleb. Das 'rs ('á-ra-s) in Simons, Lists I 213, wird von ihm (a.a.O. 228 Nr. 64) bei Alasa 51 km ONO Ḥaleb angesetzt. Mit dem 'brrn ('u-bí-la-li-na) bei Thutmosis III. (Simons, Lists I 151) ist wohl das in AT 301:2.14.15 bezeugte Upalali in Verbindung zu bringen.[44] In den ägyptischen topographischen Listen ab Haremhab[45] wird des öfteren ein pbḫ (pá-bu-ḫ) genannt, das vielleicht mit dem heutigen Menbiğ (Hierapolis, Bambyke) identifiziert werden kann, vgl. zuletzt Helck, Beziehungen 303. Das in der Thutmosis-Liste (Simons, Lists I 292) notierte trḫ (ta-rú-ḫa) ist nach W. Helck (Beziehungen 147) vielleicht Tarhin 17 km N Bāb im NO von Ḥaleb. Der Ansatz von tṯp (ti_6-ṣu-pá), s. Simons, Lists I 338, bei Tētif 2 km SO Bāb[46] scheint nach den im Kontext genannten GN (s. Helck, Beziehungen 148) wohl etwas zu weit im N zu liegen.

Im S von Haleb gelangen wir nach Urima/Urume, erwähnt in AT 101: 6 und 215:r. 3 sowie als 'rm ('ú-ri-ma) bei Thutmosis III. (Simons, Lists I 208); es ist zu vergleichen mit dem 'rm ('ú-ra-am) derselben Ortsliste (Simons, Lists I 314). Beide GN sind vielleicht mit den modernen Ortschaften Urim el-Kubrā bzw. Urim el-Sughrā 20 bzw. 25 km SW Haleb zu verbinden.[47] Im 31 km WSW von Ḥaleb entfernten Terib bzw. Atareb, klass. Litarbai und assyr. Ellitarbi (Luckenbill, ARAB I § 821), wird das bei Thutmosis III. (Simons, Lists I 190) erwähnte trb (ta-ra-ab) gesehen;[48] mit dem von W. Helck (Beziehungen 144) postulierten Feldzugsverlauf des Jahres 33 ist das nicht in Übereinstimmung zu bringen. Das ṯtn (ṡu-ṡ-na) bei Thutmosis III. (Simons, Lists I 188) wird von M.C. Astour (a.a.O. 227 Nr. 46) mit dem Zaiti aus Alalaḫ und assyr. Zitānu (Luckenbill, ARAB I § 821) identifiziert und bei modernem Zeitan 20 SSW Ḥaleb angesetzt. Bei Kefr Nuran 33 km WSW Haleb sucht M.C. Astour (a.a.O. 234 Nr. 117) nrnś (nu-ra-na-śà), belegt Simons, Lists I 324. Mehrfach in Alalaḫ-Urkunden bezeugt ist Gallasu/Kallasu,[49] in dem wir wohl den gleichen Ort wie den in Māri überlieferten Kultort des Adad[50] in der Nähe von Ḫalap sehen können; eine genauere Lage ist nicht anzugeben (s. dazu die in GS I 132 Anm. 75 genannte Literatur. Zugunsten einer Lokalisierung westlich von Ḥaleb spräche, dass Gallasu offenbar zum Alalaḫ-Bereich gehörte. M.C. Astour, a.a.O. 236 Nr. 140 denkt an eine Lage bei modernem Gilas, 9 km W von Tell Aluš bzw. an Kefr Galis, 5 km NNW Idlib. Unsicher ist auch die Lagebestimmung für 'ḏnnw ('á-s()-n-nù), belegt bei Thutmosis III. (Simons, Lists I 344), bei mod. Ḥazanu 42 km WSW Ḥaleb durch M.C. Astour, a.a.O. 234 Nr. 124. Der in der Thutmosis-Liste notierte Ort tmqr (ta-m-qu-ra), s. Simons, Lists I 347, wird von M.C. Astour, a.a.O. 235 Nr. 126 unter Vorbehalt an der Stelle des Tell Tağir, dem "Kaufmannshügel" der arabischen Geographen, angesetzt (nahe Qinnesrīn). Mit Alliše (bezeugt in AT +271:8 = JCS 8, 22) könnten wir nach M.C. Astour, a.a.O. 236 Nr. 133 zum Tell Aluš 40 km SSW Haleb gelangen.

Der bei Thutmōsis III. (Simons, Lists I 153) erwähnte Ort šbq (šú-b-qa) wird von M.C. Astour, a.a.O. 224 Nr. 22 dem mod. Sabiqīje 16 km S Ḥaleb gleichgesetzt, nrb (ni-ra-b) = Simons, Lists I 189, ebenda 227 Nr. 47 mit Neirab 6 km OSO Ḥaleb. Aus Neirab stammt eine Sphinx des Amenemhet III. (vgl. Helck, Beziehungen 69); zu archäologischen Untersuchungen des Platzes s. B. Carrière - A. Barrois, Syria 8 (1927) 126 ff., 201 ff. sowie M. Abel - A. Barrois, Syria 9 (1928) 187 ff., 303 ff. W. Helck (Beziehungen 144) sucht nrb dagegen 27 km nördlich von Ma'aret en-No'mān, vgl. auch M. Liverani, Missione 1964, 110 f. Fraglich ist auch die Gleichsetzung von 'bt ('á-bi-ta), erwähnt bei Thutmosis III. (Simons, Lists I 198), mit Abutije 19 km SO Ḥaleb, s. M.C. Astour, a.a.O. 227 Nr. 51. Die Stellung des GN in der Ortsliste könnte eher an eine euphratnahe Lage denken lassen. Häufig erwähnt ist in den Alalaḫ-Texten Gadume.[51] Derselbe Ort dürfte in einigen Boğazköy-Texten gemeint sein: KUB XIX 27 (Grenzfestlegung für Karkemiš, s. GS I 51) erscheint Vs. 6' ein ^{URU}Ga-du-ma-aš vor Mukiš, und in KBo IX 83 Vs. 5 und 9, einem

Brief (s. H. Otten, MIO 4, 1956, 186 f.), wird Gaduma in zerstörtem Kontext erwähnt. E. Forrer, Forschungen II (1926) 50, hat Gaduma an der Stelle von el-Qudēm gesucht, während M.C. Astour, a.a.O. 237 Nr. 151, Qadimīje 14 km S Neirab vorschlägt und noch auf qdm in der Liste Simons, Lists II 33 verweist (Thutmosis III.). Dem bisher verfügbaren Belegmaterial würde diese Ansetzung nicht widersprechen. Das 'bt ('ú-bi-ta) bei Thutmosis III. (Simons, Lists I 232) setzt M.C. Astour, JNES 22 (1963) 230 Nr. 73, an der Stelle des Tell Abun 17 km SO Haleb an, doch ist hier selbst die lautliche Übereinstimmung nicht gegeben. Eine Rolle spielt in den Alalaḫ-Texten der Ort Irgalli/Irkilli,[52] der von M.C. Astour, a.a.O. 237 Nr. 142 a, mit dem modernen Irğil zwischen den Sümpfen am unteren Quwēq und dem Ğebbūl-See gleichgesetzt wird. In AT 224 wird Irkili(!) zum "Mitanni-Land" gerechnet und gehörte zur Zeit von Alalaḫ IV offenbar zu jenem Bereich, der vor der Thronbesteigung des Idrimi direkt der mitannischen Kontrolle unterstellt worden war. Zu erwähnen wäre schliesslich noch Sefīre, wo eine beschriftete Statue eines Aduniabiia entdeckt wurde, die vielleicht in das 15./14. Jahrhundert datiert werden kann; s. G. Dossin, RA 27 (1930) 85 ff.

Bevor wir die aleppinischen Ebenen weiter in südlicher Richtung verlassen, sei der Bereich am und nahe dem Euphrat skizziert, soweit er - nach der hier zugrunde gelegten Umgrenzung - zu Syrien gehörte. Die welligen Ebenen, die nach S zu immer mehr den Charakter einer Wüstensteppe annehmen, brechen zum Flusstal hin teilweise ziemlich steil ab, so dass sie von den im Euphrat-Tal lebenden Bewohnern als das "Hochland" (KUR. ḪUR.SAG) bezeichnet werden konnten.[53] Die beiden bedeutendsten westeuphratischen Orte zwischen dem Austritt des Flusses aus dem Bergland bei Bīrecik und der Stelle, wo von SW her der Ğebel el-Bišrī dicht an seine Ufer reicht, die Städte Karkemiš und Emār, sind bereits in GS I 15 ff. und 275 ff. besprochen worden.

Zu notieren wären einige weitere GN, die vorwiegend ägyptischen topographischen Listen entstammen; sie stehen in keinem aussagefähigen Kontext und können nur aufgrund ihrer Position in den Listen und einem rekonstruierten Feldzugsverlauf ungefähr in ihrer Lage bestimmt werden. Exaktere Lokalisierungsvorschläge können wiederum lediglich aufgrund eines Vergleichs moderner GN gemacht werden. So wird von M.C. Astour, JNES 22 (1963) 227 Nr. 50 im Ort nšp (ni-š()-pá) bei Thutmosis III. (Simons, Lists I 196) unter Vorbehalt das moderne Nizib bei Bīrečik am Euphrat gesehen, in krmt (kú-ra-mi-ta) ebenda 232 Nr. 105 (Simons, Lists I 307) mit Hinweis auf W.F. Albright, BASOR 143 (1956) 30 das Quramati bei D.J. Wiseman, Chronicles of the Chaldaean Kings (London 1956) 66 Z. 20, das von W.F. Albright auf dem linken Euphratufer bei Bīrečik angesetzt wird.[54] In der Nähe von Karkemiš könnte das in den Listen Simons, Lists XXII g 9 (Ramses II.) und XXX 13 (Ramses III.) genannte šgr(r)ḫ (š-g-ru-r-ḫ) gelegen haben, vgl. Helck, Beziehungen 316. Sollte es vielleicht in einen Zusammenhang mit dem Saǧūr-Fluss (+ -ḫe) zu bringen sein? Bei Karkemiš wäre wohl auch wrw (u-rú) zu suchen, genannt bei Ramses III. (Simons, Lists XXVII 30), vgl. Helck, Beziehungen 250. Sehr unterschiedlich ist die Ansetzung von ʾtn (ʾi_4-ti_6-ni) in Simons, Lists I 263, das von M.C. Astour (a.a.O. 230 Nr. 87) als = Kefr Aṭin 2 km NW Rīhā betrachtet wird, während W. Helck (Beziehungen 146) eine Lage wenig südlich Karkemiš vorzieht.[55] Bei prt (pu-ra-ta_2) in Simons, Lists I 316, schliesst sich M.C. Astour (a.a.O. 233 Nr. 112) einer Lokalisierung bei Burat 11 km S Ǧerablus an,[56] während er bei ḫmrr (ḫa-m-ru-ra) mod. Hamir 10 km SW Ǧerablus erwägt (a.a.O. 229 Nr. 220); sein Vergleich mit dem aus Ugarit bekannten Ḫimulli (am Meere) dürfte kaum zutreffen. In AT +76:3 erscheint ein Ituḫa , ebenso derselbe Ort offenbar in den "Taten Šuppiluliumas" (Fragment 41, s. H.G. Güterbock, JCS 10, 1956, 114): KBo XIV

15 Z. 7'. Eine Lage nicht weit südlich von Karkemiš würde sich der Situation am besten einfügen, vgl. M.C. Astour, JNES 22 (1963) 230 und GS I 45, 139 und 165. Vielleicht ist das in der Liste unweit von Karkemiš genannte 'tb (Simons, Lists I 262) damit identisch, womit die Belege in AT und KBo XIV 15 übereinstimmen würden. In der Nähe des Euphrat dürfen wir ferner die Orte suchen, die in der Vertragseinleitung von KBo I 1 (Šuppiluliuma-Mattiųasa-Vertrag) notiert werden. Demnach wurden die Orte Murmuriga, Šipri, Mazuųati und Šurun zum Gebiet des Piįaššili von Karkemiš geschlagen (KBo I 1 Rs. 17 f. = PDK 22 f.), vgl. GS I 51 f. Šipri ist von E. Forrer, Forschungen II (1926) 44 f. an der Stelle des Tell el-Ǧizle angesetzt worden,[57] Mazuųati bei Deir-ez-Zōr - was wohl zu weit flussabwärts ist - und Šurun bei Mejādīn bzw. Tell er-Raḥaba, was ebenfalls zu weit südlich liegen dürfte. Murmurik/Murmuriga (ḪAR-muriga) ist zudem in KBo V 6 II 8.18 (Fragment 28, "Taten des Šuppiluliuma", s. H. G. Güterbock, JCS 10, 1956, 92) belegt, wobei gleichfalls eine Position südlich Karkemiš nahe dem Euphrat befürwortet wird, vgl. A. Goetze, JCS 7 (1953) 60 Anm. 60. Im Annalenfragment KUB XXVI 85 ist Murmuriga Vs. II 5 und 16 genannt, ohne dass sich daraus ein Anhaltspunkt für seine Lage ergäbe. Zu ergänzen ist der GN wohl in KUB XIX 27 Vs. 1; es steht hier dann in einem Zusammenhang mit einer Grenzziehung für Karkemiš; vgl. dazu E. Forrer, Forschungen II (1926) 48 f. Zu einem Lokalisierungsvorschlag bei Alalaḫ s. schon oben S. 51. Der Ort Gur'ata wird in RS 17.146:38 neben Nubanni (s. oben S. 82) als Platz im direkten Bereich des Königs von Karkemiš erwähnt; in Z. 52 erscheint die Göttin Ningal von Gur'ati nach den Göttinnen von Karkemiš und Nubanni. Für eine genauere Lokalisierung ergeben sich daraus keine Anhaltspunkte, doch scheint eine Lage westlich des Euphrat, aber nicht zu weit vom Strom entfernt, angemessen.[58] Bei ntkn (na-ta-ki-na) in Simons, Lists I 285 (vgl. XXVII 45) wird

jetzt allgemein an das assyr. Mutkinu (Luckenbill, ARAB I § 603) gedacht, das aber seit E. Forrer, Provinzeinteilung 25, auf dem Ostufer des Euphrat (d.h. ausserhalb des hier zu behandelnden Syrien)[59] gegenüber Pitru gesucht wird. Für 'rš ('-ra-ša) in der Thutmosis-Liste Simons, Lists I 236, möchte W. Helck (Beziehungen 145) den Tell Arreš auf dem Westufer des Flusses zwischen Karkemiš und Meskene vorschlagen. Eine bedeutendere Rolle hat Aštata gespielt, vgl. dazu schon E. Forrer, Forschungen II (1926) 41 ff. und RLA I 304 f. Die Lokalisierung dieses Ortes bzw. Landes am Euphratknie bei Meskene dürfte aufgrund der hethitischen Zeugnisse gesichert sein. Der GN ist vielleicht im Šuppiluliuma-Mattiuaza-Vertrag (KBo I 1) Rs. 17 zu ergänzen,[60] wonach dann die zuvor aufgeführten Orte Murmurik, Šipri, Mazuuati und Šurun Orte des Landes Aštata gewesen wären, die auf dem Westufer des Euphrat lagen, im Gegensatz zu den in Rs. 18 f. genannten Orten östlich des Euphrat. Vgl. dazu schon GS I 89 Anm. 8. Bei Muršili II. erscheint Aštata in seinen Annalen (KBo IV 4 II 58 ff. = AM 118 ff.) unter dem Jahr 9. Muršili II. zog damals persönlich nach Aštata, baute dort eine Burg zur Sicherung des Bereiches gegen die assyrische Expansion, legte eine Besatzung hinein und empfing den gefangengenommenen Fürsten Aitagama von Kinza/Qadeš als Vasallen. Von Aštata marschierte er dann in nördlicher Richtung nach Karkemiš. Ebenfalls der Zeit des Muršili II. entstammt das Gebet KUB XIV 4, das Rs. IV 10 ff. Aštata erwähnt; demnach hat die hethitische Königinmutter von hier Silber eingezogen. Belege finden sich ferner mehrfach im Orakeltext KUB V 6,[61] wobei es sich um kultische Angelegenheiten handelt, zu deren Ausführung man Leute aus Aštata befragte; s. die Übersicht bei Sommer, AU 276 f. Ein Textfragment nennt Aštata neben den Gebirgen Amanus und Atallura (Adalur) sowie Kinza/Qadeš (KBo XV 44 Vs. 3).[62] Ausserhalb der hethitischen Texte, in denen Aštata nicht zuletzt wegen seiner wichtigen strategischen

Lage gegenüber Mitanni bzw. Assyrien auftaucht, ist es bislang nur in AT 89:3 (^{URU}Aš-ta-te) belegt, vgl. schon GS I 89 Anm. 8. Zu Aštata dürfte auch Emār gehört haben, s. schon GS I 275 ff. und GS II 447 f.; der Ort wird als Reiseziel jetzt auch in RS 20.227:Rs. 11 = Ugaritica V Nr. 57 belegt. Im Euphratgebiet Syriens ist ferner der Ort Arazik zu lokalisieren, der in einem Jahresdatum aus Alalaḫ VII erscheint: Niqmepa, König von Jamḫad, hat demnach Arazik erobert; s. AT +7:49, +8:[44] und +55:39, vgl. GS I 140. Eine Person aus Arazik wird in der Wirtschaftsurkunde AT +358:4 (JCS 8, 27) genannt. In einer Ortsliste des Thutmosis III. (Simons, Lists I 139) wird 'rṯkn ('á-ra-ši-k-na) notiert, vgl. zur Identifikation W.F. Albright -T. O. Lambdin, JSS 2 (1957) 119. Die Stellung in der Liste stimmt, worauf W. Helck (Beziehungen 143) hingewiesen hat, nicht gut mit einer Lage am Euphrat überein, doch bleibt dabei zu berücksichtigen, dass die Abfolge der GN der topographischen Listen nicht im Sinne eines Itinerars verstanden werden dürfte. Mit Lokalisierungshinweisen, die allerdings kaum für eine exakte Positionsbestimmung verwertbar sind, erscheint Arazik in assyrischen Texten: Tiglatpilesar I. berichtet, er habe im Lande Mitanni in der Steppe Wildstiere erlegt, und zwar "nahe der Stadt Arazik, die dem Lande Ḫatte gegenüberliegt" (AKA I 85, Kol. VI 64 f. = Luckenbill, ARAB I § 247). In ähnlicher und wohl von Tiglatpilesar I. übernommener Formulierung findet sich ein Zeugnis im "Zerbrochenen Obelisken" des Aššurbēlkala vor,[63] s. AKA I 138 f. Kol, IV 4 f. = Luckenbill, ARAB I § 392. Zu notieren wäre noch ein Beleg in KAJ 249 Z. 16. Arazik ist mit dem klass. Eragiza/Eraciza gleichgesetzt worden,[64] für das Abū Ḥanāja[65] sowie Aruḍa am Euphratbogen vorgeschlagen wurden[66], vgl. GS I 165 Anm. 41. In Euphratnähe dürften wir uns auch mit dem GN š<w>r (šú-ra) bei Thutmosis III. (Simons, Lists I 252) befinden.[67] Weiter im S könnten auf dem Westufer des Flusses Orte wie Abattum und Ḫamān gelegen haben, deren Lage nicht genauer zu bestimmen ist.[68]

c) Die mittelsyrischen Ebenen.

Von den nordsyrischen Hochlandebenen um Haleb nach S gehend, gelangen wir zunächst in den Bereich, der im 2. Jahrtausend zeitweilig zu den Nuḫašše-Ländern gerechnet wurde, s. schon dazu GS II 18 ff. Eine archäologische Erkundung ist zuletzt 1964 seitens einer italienischen Expedition durchgeführt worden, die seitdem auf dem Tell Mardīḫ erfolgreiche Ausgrabungen unternimmt.[69] Auf einer Reihe von Tells dieses Gebietes konnten auf der Oberfläche bronzezeitliche Funde aufgelesen werden, die auf die Besiedlung dieses Bereichs auch während des 2. Jahrtausends hinweisen. Das Gebiet ist landwirtschaftlich nutzbar, doch ist der Ackerbau nicht krisenfest gegenüber trockenen Jahren und bedarf einer Ergänzung durch die Viehzucht. Es handelt sich hier um den breiten Übergangssaum zum Steppengebiet hin, wobei die Grenze des anbaufähigen Bodens von den Boden- und Reliefverhältnissen sowie auch von geschichtlichen Faktoren abhängig ist.[70] Für den Tell Mardīḫ haben die Ausgräber neuerdings eine Identität mit dem aus den Quellen des 3. und 2. Jahrtausends bekannten Ibla / Ebla in Erwägung gezogen,[71] das bisher weiter nördlich lokalisiert worden ist aufgrund einer engen Verbindung mit Uršu.[72] Bestätigt sich diese Gleichsetzung, hätte das eine Reihe von Konsequenzen für die Kenntnis der historischen Entwicklung des Gebietes zwischen Haleb und Hama. An weiteren in diesem Gebiet lokalisierten Orten wäre zunächst Tapqani zu erwähnen, belegt aus Alalaḫ (AT 143: 1, 287:4, 329:9) und in der Liste Simons, Lists I 187: tpknn (ta-p-k-an-na). Der Ort ist von Helck, Beziehungen 144, unter Vorbehalt mit dem von der italienischen Expedition untersuchten Tell Ṭūqān 14 km OSO Saraqib, gleichgesetzt worden.[73] M. Liverani, Missione 1964, 113 hat darauf verwiesen, dass diese Gleichung weder von den GN her noch von der archäologischen Erkundung, die keine Oberflächenfunde aus der späten Bronzezeit ergab, gestützt werden kann. Unsicher sind auch die Identifikation von frw (fá-ri-wa), bezeugt bei Thutmosis III. (Simons, Lists I 247), mit Farawan 20 km ONO von Ma'aret en-No'mān (M.C. Astour, a.a.O. 230 Nr. 80), von kršw (ki-ra-ša-wa) in Simons, Lists I 264, mit Kersijan 27 km OSO Rīḥā (ebenda 231 Nr. 88) - vgl. dazu die Ablehnung durch M. Liverani, Missione 1964, 117 Anm. 25[74] - sowie von ṯmk (ȧi-mu-ka) = Simons, Lists I 255 mit modernem Semka ONO Ma'aret en-No'mān (ebenda 230 Nr. 84). Das in der Memphis-Stele des Amenophis II. (Urk. IV 1303)[75] bezeugte mnḏt (ma-n-ḏa-tu), dessen Siedlungen (!) von den ägyptischen Truppen geplündert wurden und das durch diesen Beleg als Zentrum eines Gebietes ausgewiesen wird, ist durch M.C. Astour (a.a.O. 235 Nr.130) mit dem assyr. Manṣuate zwischen Unqi und Hamath gleichgesetzt worden. Manṣuate wird bei Tell Menīs 6 km O Ma'aret en-No'mān gesucht (E. Forrer, Provinzeinteilung 59). Nach der Rekonstruktion des Feldzugsverlaufs (vgl. Helck, Beziehungen 157) erscheint diese Lokalisierung für mnḏt fraglich, und man wird sich hier eher W. Helck (Beziehungen 157) sowie E. Edel (ZDPV 69, 1953, 130) anschliessen und bekennen müssen, dass die Lage des Ortes nicht zu ermitteln ist. Das aus Alalaḫ (+78:5), Boğazköy (KUB XV 34 I 55) sowie der grossen topographischen Liste des Thutmosis III. (Simons, Lists I 173) bekannte Zunzura / ṯnd⟨w⟩r (ȧu-n-ḏù-ra)[76] wird von W. Helck (Beziehungen 144) und M.C. Astour (a.a.O. 226 Nr. 39) versuchsweise mit Senǧar 30 km O von Ma'aret en-No'mān gleichgesetzt. Bedenken ergeben sich vor allem aus dem Inhalt des Alalaḫ-Beleges AT +78, aus dem hervorgeht, dass Zuzzura (!) zum Gebiet des Ammitakum von Alalaḫ gehörte, dessen Ausdehnung so weit östlich anzuzweifeln ist. Nach der Evokation KUB XV 34 I 55 muss es sich bei Zunzura um einen bedeutenderen Ort gehandelt haben, womit auch Bedenken gegen eine Gleichsetzung des Zuzzura von Alalaḫ mit dem Zunzura von Boğazköy erweckt werden. Hinsichtlich der Lokalisierung von bronzezeitlichen Orten im Gebiet östlich von Ma'aret en-No'mān ergibt sich somit eine negative Bilanz, doch ist zu erwarten, dass Textfunde auf dem Tell Mardīḫ die Situation positiv verändern werden.

Weiter nach S zu wären im folgenden die mittelsyrischen Ebenen östlich Ḥama und vor allem um Ḥoms zu betrachten, die auch heute noch ein Zentrum der syrischen Agrarwirtschaft darstellen und eine günstige Verkehrslage einnehmen. Der bedeutendste Ort dieses Bereiches war im 2. Jahrtausend zweifellos Qatna an der Stelle des Tell el-Mišrife, s. dazu schon GS II 96 ff. Die Fruchtbarkeit der Umgebung dieses von Comte du Mesnil du Buisson untersuchten Platzes ist bereits hervorgehoben worden.[77] Dass hier der südliche Karawanenweg von Mesopotamien nach Syrien verlief (der nördliche ging über Emār und Ḫalap), wird auch durch den Brief BM 97130 = R. Frankena, Briefe aus dem British Museum (Leiden 1966) Nr. 177 angedeutet. Eine nach Emār (Imar) gesandte Eselkarawane wird hier nach Qatna (Qá-ta-na^{KI}) umdirigiert. Zwischen Niịa und Qatna wird durch die historische Einleitung des Vertrages zwischen Šuppiluliuma und Mattiụaza (KBo I 1 und Dupl. = PDK 2 ff.) die Stadt Araḫ(a)ti lokalisiert.[78] Akiịa, König von Araḫ(a)ti, hatte sich zusammen mit Akitešub von Niịa und einer Reihe von mariịannu-Leuten dem Šuppiluliuma entgegengestellt, wurde aber geschlagen (Vs. 32 ff.) und deportiert. Nicht weit von Araḫ(a)ti wird der Ort Abzu(ịa) gelegen haben, erwähnt im gleichen Text (KBo I 1 Vs. 42): Die Truppen von Kinza/Qadeš, die den Hethitern entgegengezogen waren, wurden hier belagert und dann gefangengenommen; von hier aus zog Šuppiluliuma dann in Richtung Abina weiter.[79] In EA 53:43 wird ein Tunanab erwähnt und zusammen mit Nuḫašše, Niịa und Zinzar als ägyptentreu bezeichnet. Aus Boğazist der Ort bisher in Evokationen (KBo II 9 I 2, KBo II 36 Vs. 11,

KUB XV 34 I 53) bezeugt, die für Tunanab eine gewisse Bedeutung ableiten lassen. Hinzu tritt der Beleg in einer Ortsliste des Amenophis III.: A_N Nr. 12 = E. Edel, BBB 25 (1966) 5, vgl. schon dazu GS II 31 Anm. 9 (zu Lokalisierungsvorschlägen). Ein kurzer Überblick über die Rolle Tunanabs wird von Helck, Beziehungen 308 f., geboten, wobei der Ort im NO von Qatna angesetzt wird (Dunibe). Untersuchungen von Comte du Mesnil du Buisson haben hier eine Reihe von Gräbern freigelegt, s. Syria 11 (1930) 157 sowie Schaeffer, Stratigraphie 119 f. Zu Grabfunden bei Selemīje s. ebenda. Vielleicht darf in diesem Zusammenhang noch das ägyptische ʾj̱ (ʾa-ja) notiert werden, das in der Ortsliste des Thutmosis III. (Simons, Lists 121) sowie in einer Reliefbeischrift des Ramses II. aus Karnak (Wreszinski, Atlas II 54-56, vgl. Helck, Beziehungen 222) erscheint. Nach E. Edel, Geschichte und Altes Testament (Tübingen 1953) 41, kann es dem aus der Heiratskorrespondenz des Ramses II. bekannten Aja gleichgesetzt werden, das dort als letzte fremde Station vor dem ägyptischen Ube (im N von Damaskus) genannt ist.[80]

Erwähnt sei schliesslich der eigentliche syrische Steppenbereich nördlich der Antiklinalzüge, die vom Euphrat in Richtung Damaskus die syrische Wüstensteppe durchschneiden.[81] Das Land nördlich davon sowie die Bergzüge selbst, die Palmyrene, waren während des 2. Jahrtausends ein von halbnomadischen Stämmen durchzogenes Gebiet, zugleich Weideland für die angrenzenden Orte des Kulturlandes . Es hat hier wohl, wie jetzt M.B. Rowton (JNES 26, 1967, 273 f.), wahrscheinlich macht, auch Buschland mit einzelnen Bäumen gegeben, vor allem Terebinthen. Im Bereich der Bergzüge gab es eine Reihe von Grundwasseroasen,[82] deren bedeutendste Palmyra ist. Dass diese Oasen für den Karawanenverkehr zwischen Mesopotamien und Syrien eine Rolle spielten und ein Durchqueren der Wüstensteppe mit Trageseln ermöglichten, ist bereits mehrfach betont worden (vgl. etwa GS II 11 f.). Gerade diese landschaftlichen Bedingungen ermöglichten es den Schafnomaden des 2. Jahrtausends, sich in diesem Bereich aufzuhalten. Der Geograph Ptolemaeus (Liber V 15 § 24) nennt eine Reihe von Orten, die in der Palmyrene gelegen haben sollen;[83] wenigstens periodisch bewohnte Siedlungen können auch für das 2. Jahrtausend angenommen werden. Sicher in diesem Bereich anzusetzen sind bisher nur zwei in bronzezeitlichen Quellen überlieferte GN: Einmal Tadmir/Palmyra = Tadmur, erwähnt schon in altassyrischen Texten (E. Bilgiç, AfO 15, 1945-51, 36) sowie in Māri (ARM V 23:16.20, vgl. Kupper, Nomades 84 Anm. 2)[84], schliesslich im ausgehenden 2. Jahrtausend bei Tiglatpilesar I. von Assyrien (KAH II 63 III 9; 71 Z. 20; AfO 18, 344 Z. 31 und 350 Z. 35). Tiglatpilesar berichtet, er habe dort die Aḫlamū (-Nomaden) besiegt; Tadmar wird als im Lande Amurru gelegen bezeichnet (vgl. dazu GS II 324). Auch der Māri-Beleg ARM V 23 weist auf die Anwesenheit von Nomaden (Sutū) in der Nähe von Tadmir und meldet einen Überfall dieser Steppenbewohner auf den Ort (vgl. GS II 102 und 126 f.). Wie Comte du Mesnil du Buisson kürzlich mitteilte (BiOr 24, 1967, 20 f. und Archeologia 16,1967, 50 ff.), wurde bei der 'Efqa-Quelle in Palmyra eine neolithische Station gefunden. Unter dem Hof des Bēl-Tempels ergab eine Sondage ab 2-3 m Tiefe bronzezeitliche Schichten, und bei 11 m fand sich Keramik aus der Zeit um 2200/2100, als hier eine "ville amorite construite par les Ouest-Sémites de la steppe syrienne" bestand. Bei 12.20 m wurde jungfräulicher Boden erreicht. Zusammen mit Palmyra wird in ARM V 23:17 der Ort Našalā genannt, der in einem noch unveröfftl. Text als Nazalā erscheint, s. G. Dossin, ARM V S. 130. Wir dürfen den Ort mit dem hellenistisch-römischen Nazala identifizieren und ihn an der Stelle des heutigen el-Karjatēn zwischen Palmyra und Damaskus ansetzen.[85] Nach A. Alt, Festschrift O. Eissfeldt (Halle 1947) 7, könnte das bei Thutmosis III. (Simons, Lists I 11) erwähnte qrtnḏn (q()r-ta-n(a)s̱-la$_2$?) mit Nazala/el-Karjatēn identisch sein.[86] Im Māri-Beleg ARM V 23 wird ein Angriff von Nomaden auf die Siedlung berichtet. Der Ort ist an einer Quelle am Nordabhang des Ǧebel el-Wustānī gelegen und wurde wohl auch vom Handelsverkehr berührt, der von Palmyra nicht in westlicher Richtung nach Homs bzw. Qatna und weiter zur Küste verlief, sondern nach SW abzweigte und über Damaskus nach Palästina ging.[87]

d) Die Damaszene und das Ḥaurān-Gebiet.

In diesem Abschnitt soll die Besiedlung jenes syrischen Bereiches skizziert werden, der südlich der die syrische Wüstensteppe durchquerenden Bergzüge und östlich von Antilibanon und Hermon gelegen ist. Südlich der Palmyra-Ketten geht die Steppe immer mehr in eine eigentliche Wüste über, und das jährliche Niederschlagsmittel sinkt auf weniger als 100 mm ab.[88] Wenn auch damit zu rechnen ist, dass die Weideverhältnisse in der mittleren und späten Bronzezeit günstiger waren als heute, so scheidet dieser Bereich der syrischen Wüstensteppe wohl als Gebiet mit permanenten Siedlungen aus. Anders stellt sich die Situation im westlichen Randgebiet dar, wo die aus den Gebirgen (Antilibanon, Hermon, Ǧebel ed-Drūz) herabfliessenden Flüsse und Bäche eine ständige Besiedlung gestatten und der fruchtbare Boden insbesondere der vulkanischen Bereiche der Nuqra und des Haurān südlich von Damaskus sogar zu einer offenbar recht dichten Besiedlung führten.

Die Damaszene, die von alluvialen Ablagerungen ausgefüllte Beckenlandschaft am Rande des Antilibanon,[89] stellt sich als eine typische Oase dar. Der Barada bewässert, in zahllose Bäche und Gräben aufgespalten, das Land um Damaskus, die Ghūta, und findet sein Ende dann in den östlichen Sümpfen ("Wiesenseen"). Während der Bronzezeit gehörte dieses Gebiet zu dem sich nach N erstreckenden Lande

Ube / Upe.[90] Dieser GN findet sich offenbar schon in den ägyptischen Ächtungstexten des Mittleren Reiches, wonach 'pwm ('á-p-u-m) in zwei Bezirke aufgeteilt war, die jeweils einem Fürsten unterstanden (Posener, Princes et pays 81 Nr. E 33 und 34).[91] Nicht identisch mit Ube ist wohl das aus altassyrischen und Māri-Texten überlieferte Abum/Apum.[92] In dem Ort, der in einem assyrischen Traumbuch durch den Zusatz Ú-pi-e näher bestimmt ist, dürfen wir im Hinblick auf das zuvor und danach genannte Libanongebirge das Land Ube bei Damaskus sehen.[93] Während des ägyptischen Neuen Reiches war Ube eine ägyptische Provinz, die anscheinend zeitweilig von Kumidi aus kontrolliert wurde (EA 53, 189, 197).[94] Šuppiluliuma von Ḫatti marschierte nach seinem Sieg über die Truppen von Kinza/Qadeš nach dem Lande Abina (Var. Abena), dessen König Ariuana er besiegte und deportierte (KBo I 1 I 43 ff.)[95]. Es ist möglich, dass der Begriff Abina von den Hethitern hier anders bzw. nicht exakt verwendet worden ist (GS II 138 Anm. 7); bis nach Damaskus ist Šuppiluliuma gewiss nicht vorgedrungen. In der Folgezeit ist Ube jedenfalls ägyptisches Territorium geblieben. Als sich Ramses II. nach der Schlacht von Qadeš nach S zurückzog, verfolgten ihn die Hethiter - nach Aussage von KUB XXI 17[96] - bis nach Aba (Ube). In dieser Schreibung ist Ube auch in KBo VIII 38 Rs. 4 (vgl. GS II 76) belegt. In der Hethiterkorrespondenz des Ramses II. erscheint Ube (KUR U-pí) in KUB III 57 Rs. 4 als ägyptischer Besitz.[97] Die Hethiter hatten sich also nach ihrem Vordringen bis Ube wieder zurückgezogen und Ube in ägyptischer Hand gelassen. Schliesslich wird Ube ('u-pá) im Pap. Anastasi III 1, 10 im Titel eines "königlichen Gesandten von Sile bis Upa" erwähnt, wobei Upa/Ube hier gewiss die nördlichste ägyptische Besitzung bzw. Provinz bezeichnete; vgl. ferner ebenda I 18, 8 die Nennung von ḫa-l_2-ga in Upe (vgl. Helck, Beziehungen 276 und 331). Vielleicht dürften wir darin statt eines Ortsnamens die akkadische Bezeichnung für

"Festung" (ḫalṣu) in ägyptischer Umschrift erkennen? Es könnte dann ein beliebiger Ort darunter verstanden werden, wobei Damaskus wohl deshalb ausscheiden dürfte, da für diesen Ort der eigene GN in den ägyptischen Quellen bezeugt ist (s. unten). Die "Ramses-Stadt in Upi", erwähnt im Ramses-Brief KUB III 37 + KBo I 17 Rs. 4, wird von E. Edel mit Damaskus gleichgesetzt (Geschichte und Altes Testament, Tübingen 1953, 45 f.), während W. Helck (Beziehungen 276) eher an Kumidi denken möchte. Damaskus[98] erscheint unter diesem Namen erst um die Mitte des 2. Jahrtausends, und zwar in der grossen Ortsliste des Thutmosis III. (Simons, Lists I 13): tmśq (ta-maś-qu). Der Ort wurde damals dem ägyptischen Herrschaftsbereich eingegliedert; vgl. zur Situation Helck, Beziehungen 312. Wie die spätere Benennung des Ortes als "ša imerē^{MEŠ}-šu" u.ä.[99] anzeigen könnte, war Damaskus ein Zentrum des Karawanenhandels, in dem Eselkarawanen eintrafen und wo gewiss ein Handel mit Eseln getrieben wurde. Damaskus erscheint dann auch in einer Ortsliste des Amenophis III.[100] und in mehreren Texten aus el-ʿAmārna: EA 53:63 wird Damaskus (^{URU}Ti-ma-aš-gi) "im Lande Ube" als eine dem Pharao treue Stadt bezeichnet, und in EA 107:28 ist ^{URU}Du-ma-aš-qa als zeitweiliger Aufenthaltsort des Aziru und seiner "Brüder" genannt. Ribaddi von Gubla/Byblos fordert den ägyptischen König auf, die günstige Gelegenheit zu nutzen und Aziru gefangennehmen zu lassen (vgl. dazu GS II 287). In EA 197:[2].21 werden von Birịaụaza Abi/Ube und Damaskus als vielleicht ihm unterstehende Bereiche erwähnt; vielleicht darf diesem unsicheren Beleg entnommen werden, dass Ube und Damaskus nicht notwendigerweise eine Einheit bildeten. Insgesamt gesehen ist das Belegmaterial für Damaskus aus dem 2. Jahrtausend nicht sehr umfangreich, im Gegensatz zu der Überlieferung über Damaskus aus dem 1. Jahrtausend, als es Sitz eines aramäischen Fürstenhauses war.[101] In der Damaszene können weitere bronzezeitliche Orte bislang nicht lokalisiert werden, und es wurden auch noch keine bronzezeitlichen Tells in dem Bereich der Ghūta identifiziert, abgesehen von den wenig bedeutenden Plätzen Tell Salhīje und Deir Khabīje, vgl. W.J. van Liere, AAS 13 (1963) 116. Wie van Liere (a.a.O. 116 f.) annehmen möchte, war die Damaszene in der älteren und mittleren Bronzezeit noch Weideland und wies nur eine geringe sesshafte Bevölkerung auf; erst um die Mitte des 2. Jahrtausends wurden durch eine Irrigation die Voraussetzungen geschaffen, denen Damaskus sein Entstehen verdankte.

Südlich der Damaszene erstreckt sich eine weite Hochebene, die dann südlich von Der'ā in das eigentliche Ostjordanland abfällt. Sie wird Nuqra genannt bzw. Haurān-Ebene und stellt ein fruchtbares Gebiet dar, bedeckt von vulkanischen Tuffen, Basaltblöcken und rotbrauner Erde.[102] An sie schliesst sich im O die Leğā an, ein unwegsames und unfruchtbares Plateau, im SO der Ğebel ed-Drūz,[103] der trotz einer Gipfelhöhe von 1840 m sich nicht stark aus der Hochebene heraushebt. Es ist ein vulkanisches Gebiet, aus dem sich breite Lavaströme in die Ebene ergossen haben. Der Ğebel ed-Drūz ist für die Viehzucht nutzbar, streckenweise auch für den Ackerbau (zB. für Weinbau). Östlich davon dehnt sich die syrische Wüste, zunächst als eine Steinwüste; einer permanenten Besiedlung bietet sie keine Möglichkeit.

In diesem weiten Bereich, der historisch häufig mehr mit den Ereignissen in Palästina verknüpft war als mit denen im übrigen Syrien, können mit einiger Wahrscheinlichkeit einige Ortsnamen lokalisiert werden, vor allem in der Haurān-Ebene und im Ğebel ed-Drūz.[104] Die Quelle sind vorwiegend die ägyptischen topographischen Listen, insbesondere die grosse Ortsliste des Thutmosis III. (Liste I), sowie auch die Texte aus el-'Amārna. Eindeutige Lokalisierungshinweise sind in den Quellen auch für diesen Bereich nicht enthalten, und eine lautliche Übereinstimmung mit modernen GN muss auch hier als das wesentliche Kriterium für eine genauere Positionsangabe gelten. Nur in der Liste des Thutmosis III. (Simons, Lists I) belegt finden sich folgende GN:[105] Nr. 16 = ḥmt (ḥ(a)m-tu), nach Helck, Beziehungen 129, weder Ḥama am Orontes (so A. Kuschke, ZDPV 74, 1958, 106) noch Tell el-Ḥamme 13 km südlich Besan (so A. Jirku, Listen 8). Nr. 17 = 'qd⟨w⟩('-qi-d-wa), das wohl mit mod. Kaṭwa in der westlichen Leǧā identifiziert werden kann und wohl auch in der Ortsliste des Amenophis III. B_N rechts Nr. 9 auftaucht ('qd).[106] Nr. 18 = šmn (š() m()-na), das von Abel, Géographie II 10 und M. Noth, ZDPV 63 (1940) 232 mit dem Tell es-Semen am Wādi el-Ehrer gleichgesetzt wird, vgl. auch Helck, Beziehungen 129. Nr. 19 = b'rt (bí-'á-rú-tu), von Abel, Géographie II 10 und Helck, Beziehungen 129, mit Bērūt nördlich Ṣanamēn und südlich Damaskus identifiziert.[107] Nr. 20 = mḏ(w)n (m()-ḏa-na) erscheint auch in der Amenophis III.-Liste B_N links Nr. 5 (E. Edel, BBB 25, 1966, 16) als mḏn. Der Ort dürfte ebenfalls im Gebiet des Ḥaurān zu suchen sein. Nr. 24 = 'mšn ('á-m()-š()-na) ist nach Abel, Géographie II 9 (vgl. Maisler, Untersuchungen 45) Imṯān im Ǧebel ed-Drūz, was auch von M. Noth, ZDPV 63 (1940) 232 (vgl. einschränkend ders., BBLAK 68, 1949, 6 Anm. 6) und wohl auch Helck (Beziehungen 129) für möglich gehalten wird. In der Amenophis-Liste B_N rechts Nr. 10 ebenfalls belegt, s. E. Edel, BBB 25 (1966) 13. Nr. 27 = ʿrn s. unten zu Ḫalunni. Nr. 29 = nwrp' (nù-r-p-'á) wird allgemein[108] als biblisches Raphōn = mod. er-Rāfe betrachtet, Nr. 30 = mqt (m()-qa-tá) als mod. Tell Miqdād 11 km von Šeiḫ Miskīn.[109] Nr. 75 = nwn (na-w(a)n) ist verschieden lokalisiert worden, vgl. Helck, Beziehungen 130 (Chirbet Nīna oder Nawa), doch scheint es im Hinblick auf die nachfolgenden, teilweise in der nördlichen Biqāʿ gelegenen Orte vielleicht eher etwas weiter im N zu suchen sein, ebenso krr = Nr. 80 (k-rú-rú), vgl. Helck, Beziehungen 131. Mit Nr. 91 ʿtrʿ ('u-tá-ra-ʿa) gelangen wir wohl nach mod. Derʿā, s. M. Noth, ZDPV 61

(1938) 71 und ders., BBLAK 68 (1949) 6. In den Bereich etwas südlich Damaskus könnten wir mit den GN gelangen: Nr. 89 = hjkrjm (h-ja-k-la-ji-m), nach Abel, Géographie II 10 mod. Ǧurein in der Leǧā 13 km NO Ezra'(vgl. Helck, Beziehungen 132), dagegen M. Noth, BBLAK 68 (1949) 6 f. Anm. 6; Nr. 93 = knt (k-n-t-'u-tá), nach Abel, a.a.O. 10 in der Region von Ǧenāt bei el-Kafer zu suchen; Nr. 94 = mqrpt (m()-q-r-pu-t), nach Abel, a.a.O. 9 f. etwa nördlich Qanawat (Tell el-Migrāfa); Bedenken hat M. Noth, BBLAK 68 (1949) 6 f. Anm.6.[110]

Einige weitere GN der Thutmosis-Liste können mit GN der 'Amārna-Briefe gleichgesetzt werden, wodurch die Vokalisierung gegeben ist: Šaruna (EA 241:3) = śrn (śa-rú-na) bei Simons, Lists I 21, vgl. Helck, Beziehungen 129; Dubu(?) in EA 205:3 = tbj (tu-b-ja) Nr. 22, vgl. Abel, Géographie II 10, der es an der Stelle des mod. eṭ-Taijibe zwischen Boṣra und Der'ā ansetzt.[111] Ziribašani in EA 201:4 = bḏn (bá-ṯa-na) Nr. 23, vgl. ḏrbšn als Herkunftsort eines Würdenträgers des Ramses II. (Helck, Beziehungen 369). Der EA-Beleg nennt einen Fürsten Artamanja als Absender.[112] Als Lokalisierung ist Ezra vorgeschlagen worden.[113] Ein Šutarna[114] war nach Aussage von EA-Texten Fürst von Mušiḫuna (vgl. O. Weber, EA S. 1281); der Ort ist in EA 182:2, 183:4 und 184:4 belegt und mit dem mšḫ (mù-śi-ḫa) bei Thutmosis III. Nr. 25 wohl identisch, vgl. auch Helck, Beziehungen 129. Als Lokalisierung ist der Ǧebel ed-Drūz vorgeschlagen worden.[115] Die Stadt Qanū, deren Regent (PN nicht genannt) sich in EA 204 an den ägyptischen König wendet, wird in der Thutmosis-Liste als Nr.26 = qnw (qa-nù) bezeugt, ebenso in der Liste des Amenophis III. B_N rechts Nr. 6 (E.Edel, BBB 25, 1966, 13). Maisler, Untersuchungen 44, plädiert für eine Gleichsetzung mit Qanawat (vgl. auch Abel, Géographie II 9), was von M. Noth (ZDPV 63, 1940, 232) für "nur im günstigten Falle eben möglich" gehalten wird.[116] Verglichen wird mit qnw das qnj (q-n-ja) der Ächtungstexte (Posener, Princes et pays 81

Nr. 32), s. A. Alt, ZDPV 64 (1941) 21 ff. und dazu Helck, Beziehungen 58. Der vom Qanū-Fürsten geschickte Brief EA 204 ist inhaltlich fast wörtlich identisch mit EA 203, einem Schreiben des Fürsten Abdimilki von Šašḫimi (EA 203:4). Der Ort dürfte daher wohl nicht weit von Qanū entfernt gelegen haben (s. schon O. Weber, EA S. 1295) und wird von W. Helck (Beziehungen 191, Karte) zwischen Damaskus und Bosrā angesetzt. Unweit Qanū könnte auch Naziba (EA 206:4) gelegen haben; es wird von Maisler, Untersuchungen 44 f., sowie Abel, Géographie II 10, bei mod. Naṣīb 7 km SW von eṭ-Ṭaijibe im O von Derʿā gesucht. Auch dieses Schreiben ist gleichlautend mit denen von Dubu, Šašḫimi und Qanū (vgl. O. Weber, EA S. 1296), und man darf annehmen, dass die Absender diese Briefe gemeinsam aufsetzten bzw. vom gleichen Schreiber aufzeichnen liessen. In EA 197:14 wird ein Ḫalunni erwähnt, und zwar zusammen mit Boṣrā (s. unten), das mit dem ʿrn (ʿa-rú-na) der Thutmosis-Liste Nr. 27 identisch sein könnte. Der GN ist in der Gegend von Aštaroth lokalisiert worden (s. unten) und könnte im GN Nahr el-ʿAllān weiterleben; nach Abel, Géographie II 8, kämen der Tell el-Ehdēb oder der Tell ed-Ǧamīd am Nahr el-ʿAllān in Betracht.[117] Das biblische Aštaroth wird in EA als Aštarte erwähnt (s. EA 197:10, 256:21), heute Tell ʿAštara.[118] Grabungen der syrischen Altertümerverwaltung sind hier bis in Schichten des 2. Jahrtausends zurückgelangt (freundl. Mitteilung von Ali A. Assaf). In den Ächtungstexten erscheint derselbe Ort wohl als ʾ-s-[ta-]r-tum (Posener, Princes et pays 78 Nr. E 25), s. Helck, Beziehungen 57, bei Thutmosis III. Nr. 28 als ʿstrt (ʾ-s-ta-ra-tu), bei Amenophis III. Liste B_N links Nr. 9 in gleicher Schreibung (E.Edel, BBB 25, 1966, 20). Das Buṣruna in EA 197:13 und 199:13 ist schon von H. Clauss (ZDPV 30, 1907, 16 f.) mit dem heutigen Bōṣrā (Boṣrā Eski Šām), dem antiken Bostra (Hauptstadt der römischen Provinz Arabia) identifiziert worden.[119] EA 197 zufolge haben die Fürsten von Busruna und Ḫalunni in Fehde mit Birịaụaza gelegen, dem Statthalter von Ube/Damaskus. Als bḏrn erscheint der Ort auch in der Liste des Amenophis III. B_N rechts Nr. 5 (E. Edel, BBB 25, 1966, 12); er ist vielleicht mit dem bwḏꜣnw (b-u-s̱-r-nu) der Ächtungstexte identisch (Posener, Princes et pays 79 Nr. E 27), dessen Fürst jmwrw (ja-mú-rú) war (vgl. dazu zuletzt Helck, Beziehungen 57).

Alle die erwähnten Orte des Ḥaurān-Gebietes haben spätestens ab Thutmosis III. zur ägyptischen Einflusszone Syriens gehört; der ägyptische Besitzstand ist hier weder von Ḫurri-Mitanni noch von den Hethitern bedroht worden.

Anmerkungen

1 Vgl. dazu M. Blanckenhorn, Handbuch der Regionalen Geologie, V.4 (Heidelberg 1914) 102 ff.

2 AT 14:2.6, 162:7, 190:1(?), 341:17, 428:5, vgl. dazu schon GS I 220 und 229.

3 Ebenso die Ansetzung des Ortes pdr (p-d-rú) bei Thutmosis III. (Simons, Lists I 280) durch M.C. Astour, JNES 22 (1963) 231 Nr. 92 bei Fidre im Ǧebel Barakāt. Helck, Beziehungen 147, folgt einer Gleichsetzung mit assyr. Pitru am Euphrat.

4 Dazu s. GS I 187 Anm. 11 mit Literatur, ferner jetzt E. Edel, BBB 25 (1966) 5.

5 W.F. Albright, BASOR 118 (1950) 15 Anm. 13.

6 Fraglich ist die Gleichsetzung mit kn()šḫ bei Thutmosis III. (Simons, Lists I 257), vgl. Helck, Beziehungen 146. Kunna existiert nicht in AT; lies vielmehr in AT +236:4 und +257:6 dafür GÌR Ku-un-na-te (= PN).

7 AT 143:23, 166:10, 300:29.6, 398:7, 401:3.

8 Vgl. Forrer, Provinzeinteilung 59; M.C. Astour, JNES 22 (1963) 237 Nr. 154.

9 Vgl. H. Klengel, Or NS 32 (1963) 45 ff. und Helck, Beziehungen 302.

10 GN hier ergänzt: br[g], s. dazu E. Edel, BBB 25 (1966) 4 f.;fer-

ner Simons, Lists XI 2 (Haremhab, s. dazu E. Edel, a.a.O. 5), Simons, Lists XV 42 (Sethos I.), XX 8, XXI 1, XXII g 12 (Ramses II., s. dazu K.A. Kitchen, Or NS 34 (1965) 7 ff.).

11 Zu dem schlecht erhaltenen Text s. H. Klengel, Or NS 32 (1963) 45 Anm. 3.

12 H.Th. Bossert, Asia (Istanbul 1946) 34 ff. ergänzt in den hethitischen Evokationen den GN Iḫaruḫata (KBo II 9 I 2, KBo II 36 Vs. 11, KUB XV 38 I 2) aufgrund seiner Lesung des GN in KUB XV 34 I 54, wo zwar Iḫarukatta geschrieben ist, aber mit einer Verschreibung gerechnet werden kann.

13 Wohl rechts des mittleren Orontes, vgl. dazu E. Cavaignac, RHA 8 (1932) 256 und H. Klengel, Or NS 32 (1963) 47 mit Anm. 4.- H. Otten, Istanbuler Mitteilungen 17 (1967) 56 Anm. 6, betrachtet Iḫaruḫatta als Zentrum eines Herrschaftsgebietes, was im historischen Kontext nicht recht einleuchtend erscheint. Im Bereich von Barga ist für den Ort eine Randlage anzunehmen.- Eine Identifikation mit Arḫad (so zuletzt Cl.F.-A. Schaeffer, Ugaritica V 676 Anm. 6) ist gewiss abzulehnen, da der Kontext der Belege deutlich für eine Lage im syrischen Binnenlande sprechen dürfte.

14 Vgl. W.F. Albright - T.O. Lambdin, JSS 2 (1957) 120; Helck, Beziehungen 143; M.C. Astour, JNES 22 (1963) 224 Nr. 17.

15 Vgl. auch M.C. Astour, a.a.O. 224. M. Noth, ZDPV 73 (1957) 52 f. vermochte jedoch bei einem Besuch Idlibs im Jahre 1956 "nichts sicher Vorarabisches" zu finden. Ein Tell von ziemlicher Höhe liegt heute inmitten der Stadt.

16 AT +264:9, +268:2, +272:10, vgl. JCS 8, 20 ff.- Zum GN s. A. Goetze, JCS 13 (1959) 36.

17 Helck, Beziehungen 148; M.C. Astour, a.a.O. 234 Nr. 115 mit Lit.

18 Helck, Beziehungen 148, vgl. M.C. Astour, a.a.O. 233 Nr. 114.

19 AT +7:7, +80:3, +86:3, +91:r.1, 129:1, 161:r.24, 223:15, 228:1, 298:III 21, 287:8, 343:11 und 338:1.

20 RS 17.62:5′= PRU IV 65 ff., RS 17.366:[15′] = PRU IV 69.

21 Im Tal von er-Ruǧ sucht M.C. Astour, a.a.O. 222 Nr.5 das bei Thutmosis III. (Simons, Lists I 126) genannte rgb (rú-ga-ba), das oben (s. S. 40) im südlichen Nusairier-Gebirge lokalisiert wurde.

22 W.F. Albright - T.O. Lambdin, JSS 2 (1957) 122.

23 M.C. Astour, a.a.O. 225 Nr. 27 vergleicht AT Nuranti.

24 Vgl. die Liste XXVII 43 des Ramses III.

25 Vgl. vorläufig du Mesnil du Buisson, Syria 13 (1932) 185 ff. und

Cl.F.-A. Schaeffer, Stratigraphie Comparée 119 f., ferner jetzt K.M. Kenyon, Amorites and Canaanites (London 1966) 44 f.

26 Helck, Beziehungen 142 entgegen Dussaud, Topographie 239, der es - nach Maspéro - mit Zirbe 22 km SW Ḥaleb identifizierte.

27 E. Forrer, RLA I 260 setzt es daher mit Nordarabien gleich.

28 Zur Gleichsetzung s. W.F. Albright, JEA 10 (1924) 6 Anm. 3 und ders., Vocalization (1934) 50 sowie M. Noth, ZDPV 64 (1941) 61. Gegen eine Identifikation mit dem rḥḏ in der Liste Ramses'II. (Simons, Lists XXIII 4) und Ramses'III. (Simons, Lists XXVII 105) E. Edel, BBB 25 (1966) 15. Von M. Noth, ZDPV 64 (1941) 62 wird Ruḫizzi in der Ebene Buqē'a, also im NW von Qadeš lokalisiert.

29 Dazu vgl. A. Kuschke, ZDPV 71 (1955) 101 ff. sowie M. Noth, ZDPV 73 (1957) 46.

30 Abel, Géographie II 8 und zustimmend M. Noth, ZDPV 63 (1940) 232, Helck, Beziehungen 129. A. Kuschke, ZDPV 74 (1958) 106 f. sucht den Ort bei Kefr el-'Awāmīd.

31 Zu Ugarit s. O. Eissfeldt, ZDMG NF 19 (1940) 62 und 82; in ägypt. Quellen = š()r-ja(?)-nu, s. die Ächtungstexte und dazu zuletzt Helck, Beziehungen 57 mit Literatur; hethit. ḪUR.SAGŠa-ri-ịa-na, s. die Nennung unter den Eidgottheiten in Staatsverträgen, wo Š. nach dem Libanon erscheint (Weidner, PDK 68, 74) und KUB XXVII 14 III 7 (hier vor dem Libanon = ḪUR.SAGLa-ab-la-na). In den sogenannten "lipšur-"Litaneien ist der Hermon als KUR Si-ra-ra + Var. belegt und wird als typisches Zederngebirge (KUR e-ri-ni) bezeichnet, s. E. Reiner, JNES 15 (1956) 129 ff.; in der Schreibung Sa-ri-a ist der Hermon in einem altbabyl. Gilgameš-Fragment überliefert, s. Th. Bauer, JNES 16 (1957) 254 ff. (Rs. 13). Zu weiteren Belegen vgl. M.B. Rowton, JNES 26 (1967) 266 f.

32 M. Blanckenhorn, a.a.O. 122; E. Banse, Die Türkei (1915) 329; M. von Oppenheim, Die Beduinen I (Leipzig 1939) 277.

33 Vgl. die Karten bei J. Weulersse, Paysans de Syrie et du Proche-Orient (Paris 1946) Fig. 7 sowie - mit etwas anderem Verlauf der Isohyeten - E. Wirth, Agrargeographie des Irak (Hamburg 1962) Abb. 1.

34 Zur Verteilung der fruchtbaren Zonen in Syrien während der Bronzezeit s. W.J. van Liere, AAS 13 (1963) Fig. 1.

35 D.h. näher als 20 m unter der Oberfläche, s. dazu W.J. van Liere, a.a.O. 109 und 116.

36 AT 85:2, 223:26, 224:4, 287:3, 290:15, 330:6 (JCS 8, 26) und 343:3.

37 W.F. Albright - T.O. Lambdin, JSS 2 (1957) 119, vgl. Helck, Beziehungen 130 und M.C. Astour, JNES 22 (1963) 237 Nr. 153.

38 Dazu schon E.G.H. Kraeling, Aram and Israel (New York 1918) 110 Anm. 2, vgl. J.-R. Kupper, BiOr 11 (1954) 120.

39 Abel, Géographie II 28; M. Noth, ZDPV 63 (1940) 232 f.: Wohl mod. Chirbet Kefr Tā 9 km SO er-Ramle für den GN bei Thutmosis III.; zu Kefr Ṭai als Platz des Alalaḫ-GN s. M.C. Astour, a.a.O. 237 Nr. 153 mit Hinweis auf E.G.H. Kraeling, a.a.O.

40 Helck, Beziehungen 152 mit Verweis auf Dussaud, Topographie 468 Anm. 5.

41 RS 17.146:38.51 (PRU IV 154 ff.), RS 17.237:Rs. 14(?) (PRU IV 63 ff.), RS 17.340:Rs. 20'(PRU IV 48 ff.), RS 18.115:[29](PRU IV 158 ff.): Nubanna/i.

42 Vgl. W.F. Albright - T.O. Lambdin, JSS 2 (1957) 120.

43 E. Forrer, Provinzeinteilung 26; M.C. Astour, a.a.O. 226 Nr. 38; Helck, Beziehungen 144 (liest den GN á-w[i]-rú-ja-na).

44 Zum GN s. A. Goetze, JCS 13 (1959) 64. Vgl. ferner W.F. Albright-T.O. Lambdin, JSS 2 (1957) 120 und Helck, Beziehungen 143.- M.C. Astour, a.a.O. 224 Nr. 20 plädiert für eine Gleichsetzung des ägypt. GN mit AT 161:12 Abaruḫe = klass. Abarara und lokalisiert es mit Dussaud, Topographie Karte XIV beim Tell Bašar auf dem W-Ufer des Sāǧūr.

45 Simons, Lists XI 7, XIII 29, XIV 27, XV 34.40, XXII g 7, XXX 6, vgl. Helck, Beziehungen 270.

46 So schon M. Müller, Asien und Europa (1893) 290 sowie zuletzt M. C. Astour, a.a.O. 234 Nr. 121.

47 W.F. Albright - T.O. Lambdin, JSS 2 (1957) 120; zur Lage s. Helck, Beziehungen 145 und 147 sowie M.C. Astour, a.a.O. 228 Nr. 60 und vgl. ders. 234 Nr. 118 zu wrm.

48 Zuletzt M.C. Astour, a.a.O. 227 Nr. 48, vgl. Dussaud, Topographie 218.

49 AT 132:1 (JCS 8, 10), 182:45 (JCS 8, 12), 185:18, 343:21.

50 A. Lods - G. Dossin, Studies in Old Testament Prophecy presented to Prof. T.H. Robinson (Edinburg 1950) 103 ff. , vgl. GS I 105 f.

51 AT 145:2, 163:12, 180:14 (JCS 8, 11), 181:10 (JCS 8, 11), 197:14. 35, 284:7, 341:7; Geschrieben Qa/Ka/Ga-du-me(KI).

52 Zum GN s. A. Goetze, JCS 13 (1959) 63. Belege: AT +21:20 (JCS 8, 5, +22:20, +130:1, +159:16 (JCS 8, 11), 182:14 (JCS 8, 12)?, 185: 4, 224:5, 229:5, 287:2, 300:50, 303:2, 343:7.

53 Vgl. D.O. Edzard, ZZB 31 f. Anm. 131 und H. Klengel, Saeculum 17 (1966) 206.

54 Dussaud, Topographie 177, denkt an Karmit bei Marjanim im Ruǧ-Distrikt.

55 Entgegen Albright, Vocalization 46, der an assyr. Atinni = Dana westlich Turmanin dachte; vgl. oben S. 81 zu 'tnj.

56 Helck, Beziehungen 147: pu-ra-ta_2. Helck weist darauf hin, dass der GN nichts mit dem akkad. Purattu = Euphrat zu tun habe.

57 Vgl. dazu A. Goetze, JCS 7 (1953) 60 Anm. 60 a (ablehnend zur Gleichsetzung mit Sefire beim Ǧebbūl-See durch R. Dussaud, AIBL 1928, 117 f.).

58 Das könnte befürwortet werden, wenn dieser Ort mit dem in AT 181: 7.11 (JCS 8, 11) bezeugten ^{URU}Kur-a-at^{KI} gleichgesetzt werden dürfte; vgl. den Hinweis von J. Nougayrol, PRU IV 254 (Index). Ob ein Vergleich mit Gurta (KBo I 1 Rs. 54), dessen Stadtgottheit unter den mitannischen Eidgöttern obermesopotamischer Städte erscheint, gerechtfertigt ist, bleibt dahingestellt. Zu denken wäre hier vielleicht eher an das aus den Māri-Briefen überlieferte Kurda (s. Rép. An. 128 f.).

59 Dazu Helck, Beziehungen 147; M.C. Astour, a.a.O. 231 Nr. 96 mit weiterer Literatur.

60 E. Forrer, Forschungen II (Berlin 1926) 41 Anm. 4 sowie A. Goetze, JCS 7 (1953) 60 Anm. 61.

61 Vs. I und II. Ein išḫiul ŠA ^{URU}Aštata (I 9), ein Gott von Aštata (I 17), ein išḫiul ŠA LÚ ^{URU}Aštata (I 20, vgl. 21), 2 EZEN (Feste) von Aštata (I 27) usw.

62 Vgl. schon H. Otten, MDOG 91 (1958) 82 Anm. 23.- Aštata erscheint wohl auch in unveröfftl. Bo 687 Vs. 2, einem kleinen (Vertrags?-) Fragment:]LÚ.MEŠ ^{URU}Aš-ta[-ta?].

63 Zur Datierungsfrage s. zuletzt R. Borger, Einleitung in die assyrischen Königsinschriften (Leiden/Köln 1961) 135.

64 E. Honigmann, ZDPV 46 (1923) 184 Nr. 171, vgl. ders., RLA I 140; W.F. Albright - T.O. Lambdin, JSS 2 (1957) 119; vgl. die bei Dussaud, Topographie 452 notierte Literatur und M.C. Astour, a.a.O. 223 Nr. 12.

65 E. Honigmann, ZDPV 46 (1943) 184 und mit Vorbehalt ders., RLA I 140; s. die Lit. bei Dussaud, Topographie 452 sowie S. Smith, RSO 32 (1957) 182.

66 Dussaud, Topographie 452 und S.Smith, RSO 32 (1957) 182.

67 W.F. Albright, Vocalization 56, plädiert für Suri unterhalb von Emār, röm. Sura W von Thapsacus (Dibse). M.C. Astour, JNES 22 (1963) 230 Nr. 81 gibt aber zu bedenken, dass die Armee des Thutmosis III. kaum so weit euphratabwärts gelangt ist. Das ist allerdings insofern kein gravierendes Argument, als die in der Liste verzeichneten Orte nicht in der Abfolge eines Itinerars aufzufassen sind, sondern Orte aus der näheren oder weiteren Umgebung der tatsächlich von der ägyptischen Armee berührten Plätze mit Aufnahme gefunden haben, deren Vertreter vor dem ägyptischen König zur Huldigung erschienen. Nimmt man die Gegend von Meskene (Emār) etwa als südlichsten Punkt der Euphratfahrt an, so wäre eine Notiz eines etwas weiter flussabwärts gelegenen Ortes nicht von vornherein auszuschliessen.- Helck, Beziehungen 146, schlägt Serrin auf dem Ostufer des Euphrat vor.

68 Die in der Gründungsurkunde des Jaḫdunlim (G. Dossin, Syria 32, 1955, 1 ff., vor allem Kol. III 3 ff.) genannten Orte Abattum, Samānum und Ḫamān sind nicht genauer zu lokalisieren, lagen jedoch im Euphratbereich oberhalb von Māri. Samānum wird in ARM III 16 in einem Zusammenhang mit "Siedlungen der Jaminiten in der Umgebung von Terqa" erwähnt; es dürfte daher wohl ausserhalb des hier abgegrenzten Syrien (d.h. südlich des Ǧebel el-Bišrī) gelegen haben.

69 Missione archeologica italiana in Siria. Rapporto preliminare della Campagna 1964 (Rom 1965), 1965 (Rom 1966) und 1966 (Rom 1967); vgl. P. Matthiae, AAS 15 (1965) 83 ff. und RSO 42 (1967) 19 ff.

70 E. Wirth, Agrargeographie des Irak (Hamburg 1962) 7ff. und 23; ders., Erdkunde XII (1958) 31; vgl. M. Liverani, Missione 1964, 110 ff.

71 Dazu demnächst P. Matthiae aufgrund eines inschriftlichen Fundes auf dem Tell Mardīḫ. Dass der Ort an der Stelle des Tell Mardīḫ ein bedeutenderer Herrschersitz gewesen sein muss, zeigen die bisher freigelegten Ruinen sehr eindrucksvoll.

72 Vgl. dazu bereits die in GS I 259 genannten Belege.

73 Vgl. W.F. Albright, T.O. Lambdin, JSS 2 (1957) 120 und M.C. Astour, a.a.O. 227 Nr. 45.

74 Aufgrund der Stellung des GN in der Liste des Thutmosis III. ist nach M. Liverani, Missione 1964, 117 Anm. 25, eine Lokalisierung an der Stelle von Kersan 31 km S Karkemiš vorzuziehen, nicht beim

Tell Kersijan, der von der italienischen Expedition untersucht worden ist.

75 Helck, Urkunden 36, vgl. E. Edel, ZDPV 69 (1953) 130.

76 Vgl. W.F. Albright- T.O. Lambdin, JSS 2 (1957) 122.

77 Vgl. du Mesnil du Buisson, Le site archéologique de Mishrifé-Qaṭna (Paris 1935) 1 ff.; zum Getreidereichtum s. ders., Bulletin de l'Institut français d'archéologie orientale 36 (1936) 175 ff., vgl. GS II 96 f.

78 Belege: KBo I 1 Vs. 34 f., KBo I 2 Vs. 15 f., KUB III 1 c Vs. 7.

79 L.A. Mayer - J. Garstang, JEA 11 (1925) 27 und Abel, Géographie II 6 erwägen für Abzu den Tell von Ḥoms; Dussaud, Topographie 110 gibt dem Tell Bisé etwas nördlich von Ḥoms den Vorzug.

80 Dazu Helck, Beziehungen 142 mit einem Verweis auf W.F. Albright-T.O. Lambdin, JSS 2 (1957) 119.

81 Zum Begriff "Steppe" s. R. Gradmann, Die Steppen des Morgenlandes (Stuttgart 1934) 22 ff.; s. jetzt auch O. Schmieder, Die Alte Welt, I: Der Orient. Die Steppen und Wüsten der Nordhemisphäre mit ihren Randgebieten (Wiesbaden 1965).

82 M.L. Oppenheim, Vom Mittelmeer zum Persischen Golf, I (Berlin 1899); M. Noth, ZDPV 72 (1956) 78 und die Karte bei E. Wirth, Erdkunde XII (1958) 28 Abb. 1.

83 Dazu s. B. Moritz, Zur antiken Topographie der Palmyrene (Berlin 1889) sowie Dussaud, Topographie 266 f., ferner jetzt die Ergebnisse eines 1966 von seiten der Universität von Los Angeles unternommenen Surveys, vgl. G. and M.K. Buccellati, Archaeology 20 (1967) 305 f.

84 Vgl. auch Tocci, La Siria 94 f.

85 A. Finet, Rép. An. 130 und Kupper, Nomades 84, ferner Tocci, La Siria 95.

86 Vgl. Helck, Beziehungen 128. Zur Lokalisierung des hellenistisch-römischen Nazala an dieser Stelle s. schon die bei E. Honigmann, ZDPV 47 (1924) 19 Nr. 318 genannte Literatur sowie Dussaud, Topographie 264 ff., ferner A. Alt, Festschrift O. Eissfeldt (Halle 1947) 7 ff. Zum bronzezeitlichen Hügel bei el-Karjatēn s. A. Alt bei A. Kuschke, ZDPV 74 (1958) 106 Anm. 162. Nach A. Kuschke, ZDPV 77 (1961) 31 ff. soll qrjt nzl bis in das ausgehende 3. Jahrtausend zurückreichen.

87 Vgl. die Karte bei Dussaud, Topographie, XIV. Es dürfte dieser Weg etwa der heute von Palmyra direkt nach Damaskus verlaufenden

Route entsprochen haben, die durch die Wüstensteppe führt und den Umweg über Ḥoms erspart.

88 Dazu E. Wirth, Erdkunde XII (1958) 26 ff.; vgl. R. Gradmann, Die Steppen des Morgenlandes (Stuttgart 1934) 24 ff.

89 Vgl. E. Banse, Die Türkei. Eine moderne Geographie (Berlin-Braunschweig-Hamburg 1915) 353; E. Wirth, Agrargeographie des Irak (Hamburg 1962) 8 ff.

90 Vgl. dazu schon O. Weber, EA S. 1110 ff.

91 W.F. Albright, BASOR 83 (1941) 34 f. und Helck, Beziehungen 58.

92 M. Falkner, AfO 18 (1957-58) 2 mit Literatur sowie P. Garelli, Les Assyriens en Cappadoce (Paris 1963) 92, entgegen Helck, Beziehungen 276 und schon W.F. Albright, BASOR 83 (1941) 35.

93 A.L. Oppenheim, The Interpretation of Dreams in the Ancient Near East (Philadelphia 1956) 312; s. dazu auch A. Malamat, Festschrift B. Landsberger (Chicago 1965) 371 Anm. 1.

94 O. Weber, EA S. 1110 ff. und Helck, Beziehungen 256 ff.

95 KBo I 1 I 43 ff. und Dupl. KBo I 2 Vs. 22, s. Weidner, PDK 14 f. Zum PN Ariẖana vgl. die bei M. Mayrhofer, Die Indo-Arier im alten Vorderasien (Wiesbaden 1966) 140 genannte Literatur.- Zu Abina s. Weidner, PDK 14 Anm. 1; W.F. Albright, BASOR 83 (1941) 30 ff. und Helck, Beziehungen 276. Eine Gleichsetzung mit dem 'bt ('a-bi-ta) bei Thutmosis III. (Simons, Lists I 232) durch M.C. Astour, JNES 22 (1963) 230 Nr. 73 kann weder vom GN noch von der geographischen Situation her gestützt werden.

96 Dazu E. Edel, ZA NF 15 (1950) 212 und Helck, Beziehungen 217, s. auch A. Götze, OLZ 32 (1929) 836 f. sowie ANET 319.

97 E. Edel, ZA NF 16 (1952) 257 Anm. 2 und ders., Geschichte und Altes Testament (Tübingen 1953) 33 f. und 45 f.

98 Dazu vgl. Tocci, La Siria 96, mit früherer Literatur, ferner Helck, Beziehungen 312. Das Apum in den Ächtungstexten ist - entgegen Tocci, La Siria 96 f. - nicht mit Damaskus selbst zu identifizieren.

99 A.L. Oppenheim, ANET 278 Anm. 8; E.A. Speiser, JAOS 71 (1951) 257 f.; F.M. Tocci, RSO 35 (1960) 129 ff.

100 B_N rechts Nr. 3: tmsq, s. E. Edel, BBB 25 (1966) 11 und vgl. K. A. Kitchen, Or NS 34 (1965) 3.

101 Vgl. die Belege bei Boudou, Or 36-38 (1929) 49.- Das in der Erzählung des Sinuhe erwähnte qdm wird von E. Edel bei K. Galling, Textbuch zur Geschichte Israels (Tübingen [2]1968) 3 Anm. 13 als

Bezeichnung vielleicht des syrischen Hinterlandes " etwa in der Gegend von Damaskus" verstanden.

[102]M. Blanckenhorn, Handbuch der Regionalen Geologie, V.4 (Heidelberg 1914) 81 f.

[103]Zur vorgeschichtlichen Besiedlung des Ǧebel ed-Drūz s. A. Beulieu, Syria 24 (1944-45) 232 ff.

[104]M. Noth, BBLAK 68 (1949) 6 Anm. 6 hat Zweifel geäussert, ob das ursprünglich bewaldete Gebirgsland bereits in der Bronzezeit ein Bereich fester Ansiedlungen war. Nach W.J. van Liere, AAS 13 (1963) 117 war das Haurān-Gebiet in der Bronzezeit ein Steppenland und Aufenthaltsort halbnomadischer Schafzüchterstämme, da das sehr tief liegende Grundwasser (mehr als 80 m) nicht gehoben werden konnte. Vgl. ferner Maisler, Untersuchungen 43 ff. Zur archäologischen Erkundung s. W.F. Albright, BASOR 19 (1925) 14 ff., 35 (1929) 10 ff.; A. Alt, PJB 29 (1933) 19 ff. und 30 (1934) 30, ferner - auch zu den inschriftlichen Nachrichten - M. Noth, BBLAK 68 (1949) 4 ff. Die Grabungen etwa auf dem Tell Aštara könnten vielleicht über den Charakter der Siedlungen in diesem Bereich Aufschluss geben.

[105]Im gleichen Bereich dürften die Orte gelegen haben, die in der Liste zwischen den nachfolgend erwähnten GN notiert sind.

[106]Abel, Géographie II 10; M. Noth, ZDPV 63 (1940) 232; Helck, Beziehungen 129.

[107]Bedenken dagegen hat M. Noth, ZDPV 63 (1940) 232, vgl. ders., BBLAK 68 (1949) 6 Anm. 5, der auf die Häufigkeit von GN dieser Art in Syrien und Palästina verweist.

[108]Maisler, Untersuchungen 45; Abel, Géographie II 11; M. Noth, ZDPV 63 (1940) 232; Helck, Beziehungen 129.

[109]Abel, Géographie II 10; Helck, Beziehungen 129.

[110]Nr. 95 = ʿjn (ʿa-ja-na) ist nach Abel, Géographie II 10, das mod. Ijūn nahe Salchad; M. Noth, BBLAK 68 (1949) 6 f. Anm. 6 rechnet hier mit einem Fehler der Liste, vgl. ZDPV 61 (1938) 37.

[111]Vgl. Maisler, Untersuchungen 44 f. und Helck, Beziehungen 129 und 191, vgl. auch schon O. Weber, EA S. 1295.

[112]Artamanja nach M. Mayrhofer, Die Indo-Arier im alten Vorderasien (Wiesbaden 1966) 140 ein indoarischer PN; A. Kammenhuber, Arier 177, betrachtet den PN als "vorläufig sprachlich nicht bestimmbar."

[113]Abel, Géographie II 10, vgl. O. Weber, EA S. 1294 und Helck, Be-

ziehungen 129 und 191. Zweifel daran, weil auf einer lautlichen Übereinstimmung " sehr mangelhafter Art" beruhend, hat M. Noth, BBLAK 68 (1949) 8 Anm. 2.- Posener, Princes et pays 75 Nr. 19: d̲';m ist hier wohl zu vergleichen, s. M. Noth, BBLAK 68 (1949) 5 und 8.

114 Zum PN vgl. M. Mayrhofer, a.a.O. 140 sowie A. Kammenhuber, Arier 253.

115 Abel, Géographie II 9; Helck, Beziehungen 191 und 197. M. Noth, ZDPV 63 (1940) 232 vergleicht Wādi Mušachcha (er-Ramṯa), s. - einschränkend - ders., BBLAK 68 (1949) 6 Anm. 6.

116 M. Noth, ZDPV 61 (1938) 56 dachte selbst an mod. Chirbet Qāna SO von Tyros. Vgl. jetzt dazu ders., BBLAK 68 (1949) 6 Anm. 6 und 8 Anm. 3.

117 O. Weber, EA S. 1292, vgl. W.F. Albright, AASOR 6 (1926) 19 Anm. 22; zustimmend auch M. Noth, ZDPV 63 (1940) 231 f. und ders., BBLAK 68 (1949) 6 mit Anm. 1 und S. 7 f.- Helck, Beziehungen 129 und 196 Anm. 77: Im SO von Aštaroth, vielleicht Ṣaḥma el-Golan.

118 Vgl. schon H. Clauss, ZDPV 30 (1907) 11 f. und O. Weber, EA S. 1292, ferner A. Kuschke, ZDPV 74 (1958) 89 f. sowie Abel, Géographie II 255.

119 O. Weber, EA S. 1292, vgl. auch Abel, Géographie II 9.

2. A b s c h n i t t

A L L G E M E I N E D A R S T E L L U N G D E R P O L I T I S C H E N G E S C H I C H T E S Y R I E N S I M 2. J A H R T A U S E N D

1. Kapitel

DIE AUSGANGSSITUATION: DIE POLITISCH-ETHNISCHEN VERHÄLTNISSE AM ENDE DES 3. UND AM ANFANG DES 2. JAHRTAUSENDS

Wenn im folgenden der Versuch unternommen wird, eine allgemeine Darstellung der politischen Geschichte Syriens im 2. Jahrtausend zu geben, so kann es sich dabei nicht um mehr handeln als um eine Skizzierung des Rahmens, in den die in GS I und II dargestellte Territorialgeschichte hineingestellt werden kann. Für eine wirkliche Gesamtschau ohne empfindliche zeitliche oder räumliche Lücken ist der Zeitpunkt noch nicht gekommen.[1]

Der Beginn des 2. Jahrtausends stellt für eine Skizze der politischen Geschichte Syriens einen relativ späten Einsatzpunkt dar, wenn man berücksichtigt, dass die archäologischen Untersuchungen syrischer Ruinenstätten umfangreiches Material für eine Beurteilung vor allem der kulturellen Entwicklung Syriens in den voraufgehenden Jahrtausenden geliefert haben. Anders stellt sich die Frage dar, wenn man den Beginn einer schriftlich überlieferten Geschichte Syriens zum Kriterium für eine Fixierung des Ausgangspunktes macht. Hier gelangt man nicht über die Mitte des 3. Jahrtausends zurück, und auch dabei sind die ersten inschriftlichen Zeugnisse nur spärliche Notizen in ägyptischen Inschriften, die sich auf den Import von Holz aus dem

Libanon-Gebiet beziehen.[2] Es ist kein Zufall, dass die frühesten schriftlichen Nachrichten über Syrien nicht aus diesem Lande selbst, sondern aus Ägypten sowie - wenig später einsetzend - aus Mesopotamien stammen. In diesen Bereichen begünstigten die natürlichen Bedingungen die Entstehung grösserer staatlicher Einheiten, erzwangen aber andererseits schon früh eine ökonomische und politische Expansion; durch einen weitreichenden Handelsverkehr oder militärische Unternehmungen versuchten die Staaten an Nil und Euphrat, den Mangel in der Naturausstattung ihrer Bereiche zu kompensieren. Ägypten war durch das Fehlen von Holz und Holzprodukten bereits in vorgeschichtlicher Zeit in Kontakt mit den holzreichen Gebieten Vorderasiens gekommen;[3] diese Kontakte wurden in der frühstaatlichen Zeit, als die Nachfrage nach geeignetem Material für Haus- und Schiffsbauten wuchs, noch intensiviert und dann staatlich organisiert. Eine politische Herrschaft Ägyptens über Teile Syriens war damit jedoch nicht verbunden. Was Mesopotamien betrifft, so stehen die ältesten inschriftlichen Hinweise auf Syrien mit militärischen Unternehmungen in Zusammenhang, die jedoch - nach ihrer eigenen Aussage zu urteilen - auch ökonomische Zielsetzungen verfolgten.

a) Die Vorstösse Sargons und Narāmsîns von Akkad nach Syrien.

Bereits Lugalzagesi von Umma (um 2350) liess inschriftlich überliefern, dass ihm der Gott Enlil " vom Unteren Meer (über) den Tigris und Euphrat bis zum Oberen Meer" die Herrschaft gegeben habe.[4] Genauere Nachrichten liegen bislang jedoch noch nicht vor, die einen so weitreichenden, die Länder vom Persischen Golf bis zur Küste des Mittelmeeres in die Gewalt Lugalzagesis bringenden Feldzug bestätigen würden. Wenn man berücksichtigt, dass die Königsinschriften die Realität häufig nicht den Tatsachen entsprechend darstellten und Übertreibungen die Regel waren, kann man Zweifel an einem Unternehmen dieser Art anmelden. Hat es tatsächlich stattgefunden, dann dürfte es kaum ein historisch nachhaltiges Ergebnis gezeitigt haben, sondern eher ein Beutezug gewesen sein. Vielleicht hat Lugalzagesi die Verbindungswege zum "Oberen Meer" , die über den Bereich am mittleren Euphrat liefen, in seine Hand gebracht. Es ist aber auf jeden Fall von Interesse, dass bereits hier Ansprüche auf syrisches Gebiet geltend gemacht wurden und die Eroberung aller Länder bis zur Küste des Mittelmeeres in das Programm der Expansion aufgenommen worden war.

Ausführlichere Nachrichten liegen aus der nachfolgenden Periode vor, die als Zeit der Könige von Akkad bezeichnet werden kann. Es handelt sich dabei sowohl um Kopien von Originalinschriften als um eine spätere literarische Überlieferung. Der Dynastiebegründer Sargon von Akkad (2340-2284) erhob - ebenso wie der von ihm besiegte Lugalzagesi - Anspruch auf die Herrschaft über die Länder bis zum "Oberen Meer",[5] doch wird in zwei weiteren Inschriften eine präzisere Angabe geboten: Dagan, dem Sargon in Tutuli/Tuttul (beim heutigen Hīt) huldigte, habe ihm das ganze "Obere Land" gegeben, und zwar "Māri, Jarmuti, Ebla bis hin zum Zedernwald und den Bergen (mit) Edelmetall".[6] Wir dürfen diese Nachricht gewiss als historisch betrachten und daraus entnehmen, dass Sargon über das Gebiet am mittleren Euphrat (Māri) und das nördliche Syrien (Ebla, = Tell Mardīḫ?) bis zur Küste des Mittelmeeres vorstiess. Im Zedernwald werden wir wohl den Amanus sehen dürfen, in den Bergen mit den Edelmetall-Minen gewiss die Ausläufer des Taurus mit ihren Lagern an Silber (und Blei)[7] Ein Vordringen des Sargon bis zur Küste südlich des Libanon, wie es bei einer Identifizierung dieses hier erwähnten Jarmuti mit dem Jarimuta der el-'Amārna-Texte (s. oben S. 22 f. Anm. 6) abzuleiten wäre,[8] ist bislang nicht zu erkennen. Dass Sargon den Euphrat ziemlich weit flussaufwärts, in Nordsyrien, überschritten hat, könnte durch eine Rückerinnerung in einem Text des Ḫattušili I. von Ḫatti gestützt werden, der sich bei seiner Unternehmung gegen Ḫaḫḫum auf der anderen Seite des Stromes auf das Vorbild des Sargon von Akkad beruft.[9] Die Richtung der Euphratüberschreitung ist allerdings wegen der noch unklaren Lokalisierung von Ḫaḫḫum nicht zu sichern; nimmt man die Abfolge der von Sargon aufgezählten GN wörtlich, dann wäre es nicht ausgeschlossen, dass Sargon über das mittlere Euphratgebiet nach dem nordsyrischen Ebla, von dort weiter zum Amanus und dann an den Ausläufern des Taurus wieder nach Osten marschiert ist. Ein Euphratübergang hätte dann auch in östlicher Richtung erfolgen können (wie der von Ḫattušili I. ?), und zwar ziemlich weit im Norden.[10] Es ist nicht ausgeschlossen, dass Sargon noch weitere Feldzüge nach Syrien hin unternommen hat. Ein assyrischer geographischer Text erwähnt eine dreimalige Eroberung des ganzen Landes zwischen Tilmun (Bahrein) und Magan sowie Kaptara (Kreta) und Anaku (Zypern?), was auch für Syrien bedeuten kann, dass es von Sargons Truppen mehr als einmal betreten wurde.[11] Ein spätassyrischer Text nennt vor der Eroberung des "Westlandes" im 3. Jahr des Sargon eine dreimalige Unternehmung gegen diesen Bereich.[12] Die Chronik King BM 26472[13] datiert die Eroberung des "Westlandes" durch Sargon in dessen 11. Regierungsjahr und verweist auf eine Seefahrt, auf der Sargon Zypern erreicht haben soll.[14] Schliesslich wären noch die Angaben des šar tamḫāri-Epos heranzuziehen, die einen Feldzug bis nach dem kleinasiatischen Purušḫanda vermerken.[15] Es darf daran gezweifelt werden, dass Sargon tatsächlich so weit nach Westen vorgedrungen ist; vielleicht ist in dieser späteren literarischen Ausgestaltung offenbar bestimmter historischer Vorgänge der GN Purušḫanda eingesetzt worden, um dem Leser bzw. Anhörer des Epos den Eindruck zu vermitteln, dass Sargon bis in sehr weit entfernte Gebiete vorgestossen sei. Der GN stände dann hier als eine Art Substitut für "sehr weit" o.ä. Wie dem auch sei: Dass Sargon den Euphrat aufwärts nach dem nördlichen Syrien gezogen ist und die Küste des Mittelmeeres erreicht hat, ist als ziemlich sicher zu betrachten.[16] Dass dabei in den Abschriften der Originale die Zedern und das Edelmetall notiert werden - wenn hier auch nur als eine Art von Präzisierung der geographischen Situation, darf als Hinweis auf eine der Zielsetzungen Sargons gewertet werden: Es galt die Gewinnung wertvoller Rohstoffe mittels militärischer Gewalt. Zugleich lag es wohl in der Absicht des Königs, mindestens den nördlichen Handelsweg von Mesopotamien nach Syrien in seine Hand zu bringen. Nicht zuletzt wäre der beabsichtigte Gewinn an Prestige zu nennen - eine Zielstellung, deren historische Wirksamkeit nicht unterschätzt werden sollte. Dass wenigstens letzteres Ziel erreicht wurde, könnte der breite Nachhall bezeugen, den die Feldzüge Sargons nach Syrien gefunden haben und der sich auch dahingehend auswirkte, dass verschiedene spätere Herrscher sich bemühten, dem Vorbild Sargons nachzueifern.

Die Eroberungen Sargons sind wohl noch während seiner Regierung verlorengegangen; gewiss hat auch der nordsyrische Bereich, den er während seiner Feldzüge betreten und unterworfen hatte, bald nach dem Abzug der Truppen des Akkad-Königs seine Eigenständigkeit zurückerlangt. Für eine dauerhafte Eingliederung syrischer Gebiete in die Machtbereiche mesopotamischer Herrscher fehlten noch die Voraussetzungen. Sargons Nachfolger Rīmuš verweist zwar ebenfalls darauf, dass ihm der Gott Enlil das "Obere" und das "Untere" Meer gegeben habe,[17] doch gibt es ausserhalb dessen weder in seinen eigenen Inschriften noch in der späteren Überlieferung einen weiteren Hinweis darauf. Wie es den Anschein hat, handelt es sich bei der erwähnten Notiz um eine Formulierung, die auf das Vorbild der Sargon-Inschriften zurückgeht.[18] Auch unter Maništūsu, dem Nachfolger des Rīmuš, scheint Syrien nicht zum Akkad-Reich gehört zu haben.

Eine Wiederbelebung hat die Macht der Könige von Akkad im nordsyrischen Bereich erst wieder zur Regierungszeit des Narāmsīn erfahren (etwa 2260-2223). Narāmsīn bezeichnet sich als Herrscher über das "Land Subartum (im nördlichen Mesopotamien) bis hin zum Zedernwald", und letzterer wird von ihm als Amanus definiert.[19] Genannt werden in diesem Zusammenhang noch die Orte Arman und Ebla; wie es heisst, seien diese Bereiche ihm ebenso wie das "Obere Meer" durch die Götter zugesprochen worden. Wenn sich Narāmsīn hierbei als den ersten König rühmt, der Arman und Ebla niedergeworfen habe, so ist das im Hinblick auf die Unternehmungen des Sargon offenbar nicht berechtigt.[20] Arman ist verschiedentlich mit Ḫalap/Haleb gleichgesetzt worden.[21] Wenn auch eine Lokalisierung im nördlichen Syrien anzunehmen ist, so ist andererseits die Gleichung mit dem späteren Ḫalap - das wohl zu jener Zeit einen Aufstieg erlebte, als die Macht Eblas im Niedergang war - noch unbewiesen.[22] Dahingestellt bleiben muss auch, ob das von Narāmsīn erwähnte Ulisum mit dem Ullaza an der mittelsyrischen Küste identifiziert werden darf (vgl. schon oben S. 26 Anm. 33).[23] Es würde das implizieren, dass Narāmsīn durch die Senke von Ḥoms zur Küste oder vom nördlichen Syrien her nach Süden gezogen wäre, wofür es sonst noch keine Anhaltspunkte gibt. Vielleicht darf auch für die Frage von den Grabungen auf dem Tell Mardīḫ Aufhellung erwartet werden. In der Chronik King[24] wird eine Eroberung des Landes Apišal vermerkt (s. GS I 216 Anm.13), dessen Lage aber nicht bestimmt werden kann (Obermesopotamien / N-Syrien?); vgl. auch zwei Opferschautexte und die literarische Überlieferung, ferner einige Omina.[25] Syrien ist nach dem Zeugnis der Texte demnach während der Akkad-Zeit mindestens zweimal von mesopotamischen Heeren durchzogen worden; eine Stütze dafür mögen die in dem obermesopotamischen Ḫabūr- und Belīḫ-Gebiet gelegenen Festungen der Akkad-Könige dargestellt haben.[26]

Ein archäologischer Nachweis für die Anwesenheit der Armeen der Könige von Akkad in Syrien lässt sich noch nicht erbringen. Zwar hat L. Woolley (FK 61 f.) die Vermutung geäussert, dass die Schicht XII von Alalaḫ durch Sargon zerstört und der Palast der Schicht XI der eines Vasallen bzw. eines Statthalters Sargons gewesen sei, doch konnte sich eine solche Hypothese nur auf die Datierung der Schichten XII und XI stützen, die jedoch selbst sehr unsicher ist.[27] Für Ugarit hat Cl.F.-A. Schaeffer, AfO 20 (1963) 212 auf ein Rollsiegel der Akkad-Zeit verwiesen und gefolgert, dass Ugarit Sargon und Narāmsīn als Ausgangspunkt für Seefahrten diente, die zudem mit Hilfe der ugaritischen Flotte durchgeführt wurden. Wenn auch durchaus möglich ist, dass Sargon Ugarit erreichte, so ist doch andererseits der Fund eines so leicht zu verbringenden Gegenstandes wie eines Siegels ein zu schwaches Argument. Ein Sammelfund in Byblos, der neben dominierendem ägyptischen auch - bei einigen Metallobjekten - mesopotamischen Einfluss verrät, der durch Zuwanderer aus dem Osten dorthin gelangt ist, wird von den Bearbeitern frühestens in die Zeit des Narāmsīn datiert.[28] Zu einem etwas späteren Datum gelangt E. Porada (Syria 43, 1966, 243 ff.) aufgrund einer Untersuchung der Zylindersiegel dieses "jarre Montet" bezeichneten Fundes.[29] Ein Zusammenhang mit der Eroberung etwa von Byblos durch Sargon und seine Nachfolger ist nicht herzustellen.

b) Das Vordringen der Amurriter im syrischen Kulturland.

In der Folgezeit haben sich die Könige von Akkad der Abwehr der von Osten andrängenden Gutäer[30] sowie der aus der nordsyrischen Wüstensteppe einbrechenden Amurriter (MAR.TU) zuwenden müssen. Der Nachfolger des Narāmsīn, Šarkališarrī, begegnete den Amurritern bei dem Ğebel el-Bišrī,[31] doch darf angenommen werden, dass bereits die früheren Könige von Akkad diesem Bevölkerungselement begegnet waren, als dessen Heimat jetzt allgemein die nordsyrische Steppe westlich des Euphrat und nördlich von Palmyra angenommen wird.[32] Die Vergeblichkeit des durch einige Jahresdaten angezeigten Versuches der Könige der III. Dynastie von Ur (s. Edzard, ZZB 33), die Amurriter fernzuhalten oder zurückzuwerfen, wird durch die zahlreichen amurritischen PN bezeugt, die aus dem Herrschaftsbereich der Dynastie von Ur überliefert sind.[33] Dass diese Amurriter, die wir wohl als nomadisierende bzw. halbnomadische Schafzüchter ansprechen dürfen, auch in das Kulturland westlich ihres eigentlichen Wandergebietes eingedrungen sind, erscheint bereits ohne beweiskräftige Hinweise im Quellenmaterial glaubhaft. Durch die politische Zersplitterung des Landes sowie seine natürlichen Bedingungen mögen sie hier sogar noch eine leichtere und günstigere Möglichkeit gefunden haben, im Kulturland sesshaft zu werden. Sowohl aus dem archäologischen als auch dem inschriftlichen Material lassen sich Anzeichen dafür entnehmen, dass gegen Ende der älteren Bronzezeit, im ausgehenden 3. Jahrtausend, die Verhältnisse in Syrien in Zusammenhang mit einer ethnischen Veränderung eine gewaltsame Umgestaltung erfuhren.

Was das archäologische Material betrifft, so hat kürzlich Kathleen M. Kenyon den Befund zusammengefasst, der für das Auftreten eines neuen - oder doch das nunmehr verstärkte Hervortreten eines aus dem Steppenbereich zugewanderten Bevölkerungselementes in Syrien zu sprechen vermag.[34] Eine "major interruption in urban development" wird am Ende des 3. Jahrtausends festgestellt; sie prägt sich deutlich im materiellen Befund einiger syrischer Grabungsplätze aus: In Ugarit erhebt sich im Zentrum der Stadt des 2. Jahrtausends ein höherer Hügel (Akropolis, Oberstadt) mit einer Siedlung des 3. Jahrtausends, in deren Zerfallsschicht Gräber entdeckt wurden. Es handelte sich hier offenbar um Zuwanderer aus dem Steppengebiet, die ihre nomadischen Gewohnheiten zunächst beibehielten und den Stadthügel zur Bestattung ihrer Toten nutzten, nicht zur Rekonstruktion einer festen Siedlung. Wir dürfen in diesen Zuwanderern wohl die sogenannten "porteurs de torques" sehen, die auf wenig späteren Darstellungen ein eigentümliches halbkreisförmiges Schmuckstück um den Hals tragen.[35] Sowohl diese Schmuckstücke als auch andere Metallgerätschaften, die in Ugarit aus dieser Zeit gefunden wurden, könnten bezeugen, dass die Zuwanderer vorher Verbindung mit metallverarbeitenden Völkerschaften des anatolischen oder armenischen Hochlandes gehabt hatten, deren Hinterlassenschaft uns durch die Grabungen der jüngsten Zeit immer deutlicher entgegentritt und durch den hohen Stand der Metalltechnik überrascht.[36] Es scheint, dass die Zuwanderer bereits das eigentliche Nomadentum aufgegeben hatten und sich im Übergang zur Sesshaftigkeit befanden. In der ʿAmq-Ebene zeigen Schichten, die der ausgehenden älteren Bronzezeit angehören, ein gewaltsames Ende der Siedlungen an. Weiter im Binnenland Syriens, so in Qatna, wird eine Veränderung der ethnischen Situation vor allem durch einen Wandel in der Keramik angezeigt; wie in Ugarit, so präsentiert sich zudem auch hier das Bild eines höheren Hügels des 3. Jahrtausends, der in der Mitte eines grösseren Stadtgebietes des 2. Jahrtausends liegt. Eine nicht-städtische Kultur wird auch durch Funde an einigen Plätzen des zentralen Syrien - wie etwa in Chan Šeiḫūn - angedeutet.[37] In Byblos sind es - wie in Ugarit - die Metallfunde, die die Ankunft einer neuen Bevölkerung melden. Dass auch hier die ältere Siedlung ein gewaltsames Ende fand, bezeugen Ascheschichten. Wie Kathleen M. Kenyon[38] aus diesem Befund schliessen möchte, waren es verschiedene Gruppen von Zuwanderern, die nach Syrien kamen. Sie werden nicht nur hinsichtlich ihrer früheren Kontakte zu anderen Völkerschaften und Bereichen Unterschiede untereinander gezeigt haben, sondern auch in ihrer sozialökonomischen Entwicklung, was sich in erster Linie in einem verschieden weit vorangeschrittenen Übergang vom (Halb-)-Nomadentum zur vollen Sesshaftigkeit gezeigt haben dürfte.

Was das inschriftliche Material betrifft, so kann es mit dem archäologischen Befund in eine gewisse Übereinstimmung gebracht werden. Wenn in der "Lehre des Ipuwer (Ipw-wr)" der Zusammenbruch des Byblos-Handels Ägyptens beklagt wird (vgl. dazu Helck, Beziehungen 43), so hat das seine Ursache vielleicht nicht allein in der Zerrüttung der inneren Verhältnisse im ausgehenden Alten Reich Ägyptens, wie sie seit Phiops II. offenbar wurden, sondern wohl auch in einer Expansion nomadischer bzw. halbnomadischer Elemente aus dem syrischen Steppengebiet in das Kulturland. Dabei wurde nicht nur das ägyptische Nildelta erreicht, sondern eben auch der syrische Küstenstreifen bei Byblos, dem Hauptumschlagplatz für das in Ägypten begehrte Holz des Libanon. Es war dann eine wichtige Aufgabe der ägyptischen Könige des wieder konsolidierten Mittleren Reiches, den Syrienhandel wieder in Gang zu bringen (s. dazu unten), sich mit den neuen Machthabern zu arrangieren und sie sowie ihre Götter durch Geschenke und Stiftungen wohlwollend zu stimmen. Die starke Einwirkung des nomadischen Elements mit seiner Stammesverfassung auf das syrische Kulturland, die in gewissem Umfang freilich schon seit langem vorhanden gewesen sein dürfte, wird durch den dem Mittleren Reich zugehörenden Text der "Erzählung des Sinuhe" veranschaulicht.[39] Wenn auch nach Helck, Beziehungen 44 ff., diese Erzählung nicht einen wirklichen Erlebnisbericht darstellt, sondern "eine politische Veröffentlichung, in der mit Hilfe einer fiktiven Biographie eine Geschichtskorrektur vorgenommen wird", die daher nur für das ägyptische Asienbild, nicht aber für die Verhältnisse in Asien selbst zu benutzen sei, so scheint es dennoch gerechtfertigt, diesen Text hier mit heranzuziehen - auch im Hinblick auf ähnliche Angaben der gewiss weniger verdächtigen Ächtungstexte. Die Verhältnisse, die der Ägypter bei seinem Handel mit Syrien sowie am Nordostrand seines Landes, in Südpalästina, kennenlernte, werden sich nicht wesentlich von denen des syrischen Binnenlandes bzw. der weiter im Norden gelegenen Gebiete unterschieden haben. Wir werden daher wohl mit einer Reihe von halbsesshaften Stämmen rechnen müssen, die unter der Führung von Häuptlingen standen, die bereits königliche Würden für sich in Anspruch nahmen. Zu Kriegszügen schlossen sich mehrere Stämme zuweilen unter gemeinsamer Führung zusammen. Die Stammesangehörigen lebten noch in Zelten, warfen sich aber teilweise auch zu Herren über die Siedlungen der Sesshaften auf, die in ihrem Bereich bestanden. Neben dem Stamm mit seiner noch im wesentlichen blutsverwandten Bindung gab es - zum Teil städtische - Siedlungen, in denen der blutsverwandte Zusammenhang bereits mehr oder minder verlorengegangen war. Eine ähnliche Situation im Mesopotamien altbabylonischer Zeit hat des öfteren auch in den Herrschertitulaturen Ausdruck gefunden.[40] Zuweilen waren mehrere Stämme und Distrikte unter einem Fürsten vereinigt.[41] Diese Situation einer politischen Aufsplitterung Syriens bei bedeutender Rolle der Stammesverfassung, die in ihrer Auflösung begriffen war, zeigt sich auch in den ägyptischen Ächtungstexten.[42] Neben einer Vielzahl von Orten mit den Namen ihrer Fürsten erscheinen mehrfach "Stämme von GN", darunter sogar Byblos. Die Aussage der Ächtungstexte reicht zwar über die Eleutheros-Ebene nicht hinaus nach Norden,[43] doch geht man wohl nicht fehl, auch für Mittel- und Nordsyrien ähnlich gelagerte Verhältnisse anzunehmen; möglicherweise hat hier der noch engere Kontakt mit dem (halb)nomadischen Element zu einem noch tieferen Einwirken der Stammesverfassung geführt. Eine grössere staatliche Einheit scheint zu dieser Zeit jedenfalls nicht bestanden zu haben, und als später Ịaḫdunlim von Māri und Šamšīadad von Assyrien, deren Dynastien selbst dem nomadischen Milieu entstammten, bis zur syrischen Küste vorstiessen, sind sie offenbar keiner stärkeren Gegenmacht begegnet.

Die Personennamen, die in den ägyptischen Ächtungstexten anzutreffen sind, tragen einen amurritisch-westsemitischen Charakter; einige PN können nicht sicher eingeordnet werden, doch fehlen sicher nicht-semitische, etwa ḫurritische, Personennamen.[44] Dasselbe Bild zeigen auch die PN der Fürsten von Gubla/Byblos, wie sie auf Denkmälern dieser Hafenstadt überliefert sind (s. GS II 425 f. mit Literatur). Demgegenüber können die Namen aus der Zeit der III. Dynastie von Ur und vorner, soweit sie aus Syrien überliefert sind, als nicht-amurritisch angesprochen werden,[45] ebenso eine ganze Reihe von syrischen Ortsnamen.[46] Da die Ḫurriter erst später ein wesentliches Element in der syrischen Bevölkerung wurden (s. unten), werden wir die westsemitischen Amurriter als die Zuwanderer betrachten dürfen, die in der ausgehenden älteren und beginnenden mittleren Bronzezeit das Bild Syriens veränderten. Syrien weist dann dieselbe politisch bestimmende Bevölkerung auf wie das etwa gleichzeitige Mesopotamien. Von der Steppe her war also im ausgehenden 3. Jahrtausend ein amurritischer Bevölkerungseinbruch in das angrenzende Kulturland erfolgt, in den sogenannten "fruchtbaren Halbmond". Es sollte aber betont werden, dass die "Amurritisierung" Syriens, soweit sie überhaupt - ausser in den Personennamen[47] - fassbar wird, nicht zu hoch eingeschätzt werden darf. Die frühere Bevölkerung, die - soweit nach dem archäologischen Befund geurteilt werden darf - bereits ein hohes, den Amurritern gewiss überlegenes Entwicklungsniveau erreicht hatte, war mit der Zuwanderung der Amurriter nicht verschwunden; nur trat sie nunmehr nicht weiter als politisch führendes Element hervor. In den Bereichen von Wirtschaft und Kultur werden sie ihre Kenntnisse und Erfahrungen weiterverwendet haben, und ohne diese früheren Einwohner Syriens wäre die ökonomische und kulturelle

Blüte Syriens , wie sie wenig später deutlich in Städten wie Ugarit und Byblos anzutreffen ist, nicht denkbar.

c) Die III. Dynastie von Ur und Syrien.

Bei der Formierung dessen, was in der Folgezeit, während des 2. Jahrtausends, in Syrien an staatlicher Organisation und kulturellem sowie ökonomischem Leben entgegentritt, haben sich gewiss zwei Einflüsse geltend gemacht: Aus Mesopotamien und aus Ägypten. Für den Einfluss der sumerischen Kultur während der III. Dynastie von Ur (etwa 2112-2004) und der unmittelbar vorgehenden Periode (Gudea von Lagaš, 2143-2124), gibt es eine Reihe von Hinweisen, die allerdings nicht ausreichen, um ein vollständiges Bild zu zeichnen.[48] Deutlich wird sumerischer Kultureinfluss vor allem in Qatna, wo wohl zu der Zeit der III. Dynastie von Ur das Ninegal-Heiligtum gegründet wurde, zudem auch Kleinfunde in mesopotamischer Richtung weisen (s. GS II 114 f.). Neuerdings scheinen auch Grabungen auf dem Tell Mardīḫ auf sumerischen Kultureinfluss zu deuten - was nicht erstaunlich wäre, wenn der Platz mit dem aus sumerischen Quellen bekannten Ebla identifiziert werden dürfte.[49] Ein interessanter Fund war in Gubla/Byblos die Entdeckung einer Ur III-Tafel mit einem Vokabular.[50] Zudem ist in zwei Texten aus dem mesopotamischen Drehem einem gewissen Ibdati der Titel eines ensí von Gubla gegeben worden.[51] Hier wird zwar mit der Übertragung eines in Mesopotamien üblichen Titels auf einen fremden Fürsten zu rechnen sein, doch deuten die beiden Drehem-Texte auf bestehende Handelskontakte zwischen Südmesopotamien und Gubla/Byblos, die möglicherweise zeitweilig zu einer politischen Einflussnahme ausgeweitet werden konnten. In Byblos wurden zudem weitere Zeugnisse für Kontakte zwischen der syrischen Küste und Mesopotamien entdeckt, darunter auch das Siegel eines mesopotamischen Kaufmanns.[52] Den Jahresdaten und Texten der Könige der III. Dynastie von Ur lassen sich bisher keine Anzeichen dafür entnehmen, dass von Südmesopotamien her eine militärische Unternehmung bis zur Küste des Mittelmeeres gelangt wäre - auch wenn die Könige von Ur durch den Titel "König der 4 Weltufer" den Anspruch erhoben, das MAR.TU-Land, d.h. den Westen, mit zu regieren.[53] Das Jahresdatum des Urnammu, das einen Feldzug "von unten bis oben" notiert (RLA II 140 a Nr. 18), kann nicht als Zeugnis für eine Syrien-Unternehmung dieses Königs verwertet werden, da "oben" hier eher den Bereich flussaufwärts meinen dürfte, nicht das "Obere Meer". Unter den šakkanakku-Beamten des Reiches von Ur[54] ist bislang keiner bezeugt, der als ein Statthalter Urs in Syrien fungiert hätte; dagegen weist die Nennung von Personen aus Mukiš, Uršu und E/Ibla[55] auf Beziehungen des Ur III-Staates zu diesen syrischen Bereichen.[56] Eine politische Herrschaft bis zum Mittelmeer kann jedenfalls aufgrund des überlieferten Materials nicht wahrscheinlich gemacht werden.[57]

Die Kontakte zwischen Ur III und Syrien dürften in erster Linie ökonomischen Charakter getragen haben, wenn auch nicht von der Hand gewiesen werden kann, dass die Könige von Ur versucht haben werden, wirtschaftliche Beziehungen in politischen Einfluss umzumünzen. Für eine Handelstätigkeit der sumerischen Städte mit Syrien im ausgehenden 3. Jahrtausend gibt es eine Reihe von Zeugnissen, von denen hier die des Fürsten Gudea von Lagaš hervorgehoben seien. Der Handel dieser südmesopotamischen Stadt erstreckte sich, nach Gudeas Inschriften zu urteilen,[58] vom "Oberen" bis zum "Unteren" Meer. Vom Amanus, der als Zederngebirge bezeichnet wird, wurden Zedernstämme nach dem südlichen Zweistromland geschafft, ferner auch Holz aus Uršu sowie dem "Gebirge" (bzw. "Hochland") Ebla[59], Steine aus dem Gebiet des Ǧebel el-Bišrī (Basalla-Gebirge)[60], Marmor aus Tidanum = Gebirge der Amurru-Nomaden[61]. Die Handelsexpeditionen haben demnach den Weg den Euphrat aufwärts und dann (etwa bei Meskene) nach Nordsyrien abbiegend gemacht. Die Kontakte Urs mit Qatna und Gubla/Byblos bezeugen andererseits, dass dann auch der südlichere Handelsweg nach Syrien begangen wurde, der über das bereits damals existierende Tadmir/Palmyra und Qatna nach Gubla/Byblos oder Palästina führte. Eine sumerische Einflussnahme auf Byblos dürfte diesen Weg genommen haben (vgl. schon dazu GS II 430 f.), und es ist möglich, dass bei den neuerdings von Comte du Mesnil du Buisson durchgeführten Untersuchungen in Palmyra Zeugnisse zutage kommen, die das auch archäologisch bestätigen. Vielleicht ist es diesen intensivierten Beziehungen zwischen Mesopotamien und Syrien auf dem Gebiete des Handels entlang der Südroute zu danken, dass nun der Libanon als holzlieferndes Gebirge immer mehr in den Gesichtskreis der Bewohner Mesopotamiens trat und dann als typisches Zederngebirge auch in die literarischen Schöpfungen des Zweistromlandes Eingang fand; vgl. etwa das Gilgameš-Epos, in dem der Zedernwald seit altbabylonischer Zeit im Bereich des Libanon und des Hermon lokalisiert wird.[62]

d) Das ägyptische Mittlere Reich und Syrien.

Die politischen und ökonomischen Beziehungen, die während des ägyptischen Mittleren Reiches zwischen dem Nilland und Syrien bestanden, sind zuletzt von W. Helck (Beziehungen 43 ff.) ausführlich dargestellt worden.[63] Grundlage dafür sind vor allem die Ächtungstexte, die aus der Zeit der 12. bzw. - in einer etwas jüngeren Gruppe - der 13. Dynastie stammen,[64] die in Syrien entdeckten ägyptischen Denkmäler[65] sowie die Inschriften von Fürsten der Stadt Gubla/Byblos auf verschiedenen Denkmälern dieser Küstenstadt.[66] Daneben können noch literarische Zeugnisse, wie die Erzählung des Sinuhe (s. oben S. 122 f.), sowie gelegentliche Darstellungen auf ägyptischen Reliefs zu Rate gezogen werden.

Demnach stellen sich die Beziehungen zwischen dem Mittleren Reich und Syrien als in erster Linie ökonomisch-kulturelle Kontakte dar. Es ging zunächst darum, die verlorenen Positionen im Syrien-Handel wieder zu festigen und auszubauen sowie sich mit den neuen Herren in Syrien ins Einvernehmen zu setzen, d.h. sie durch Geschenke wohlwollend zu stimmen. Ein militärisches Vordringen der Ägypter nach Syrien ist aus der Überlieferung des Mittleren Reiches bisher nicht bekannt, und wir dürfen auch die in Syrien entdeckten ägyptischen Denkmäler nicht im Sinne einer Zugehörigkeit dieser Bereiche zum ägyptischen Reich deuten, sondern als Zeugnisse für den ägyptischen Versuch, sich die Gunst der lokalen Herrscher zu sichern, zugleich auch ägyptischen Reichtum und ägyptische Macht zu demonstrieren.[67] Die Pharaonen des Mittleren Reiches entsprachen damit der in der - uns allerdings erst aus dem Neuen Reich überlieferten -"Lehre für den König Merikare" gegebenen Anweisung, Statuen ihrer Person in fremde Länder zu senden.[68] Diese ägyptischen Denkmäler fanden sich sowohl an der syrischen Küste, wie in Gubla/Byblos, Beruta/Beirut und Ugarit, als auch in Orten des Binnenlandes, wie in Qatna, Tell Ḥizzīn bei Baalbek, Neirab bei Ḥaleb.[69] Gleichzeitig mit dem ökonomischen Kontakt dürfte ein kultureller Einfluss Ägyptens vor sich gegangen sein, für den wohl gerade die neuen westsemitischen Herrscherdynastien recht aufgeschlossen waren; "ägyptische Art" wurde besonders an den Höfen geschätzt, und die Ausgrabungen vor allem in Gubla/Byblos und Ugarit haben dafür eindrucksvolle Beispiele geliefert. Neben Importen aus Ägypten sind dabei auch lokale Schöpfungen zu notieren, die von Ägypten her entscheidende Impulse empfangen hatten.

Ägypten musste ein besonderes Interesse an Byblos haben, dem wichtigsten Umschlagplatz für das Libanon-Holz, das im alluvialen Nilland dringend benötigt wurde.[70] Es scheint, dass sich hier der wirtschaftliche Einfluss Ägyptens zu einer politischen Einflussnahme entwickelt hatte. Die Rolle von Byblos für Ägypten spiegelt sich auch darin wider, dass in der "Erzählung des Sinuhe" Byblos als der einzige syrische Ort erscheint, von dem der Verfasser eine gewisse Vorstellung besass (vgl. Helck, Beziehungen 45). Bekannt sind durch Inschriften in ägyptischen Hieroglyphen die Namen einer Reihe von Byblos-Herrschern, die sich - jedenfalls in diesen Inschriften - als "Diener" des Pharao ausgeben und ägyptische Titel tragen.[71] G. Posener (CAH I/20, 16 f.) hat diese Fürsten als "Souveräne und ägyptische Beamte zugleich" bezeichnet. Das dürfen wir wohl dahingehend verstehen, dass die Fürsten von Byblos zwar insofern selbständig waren, als Gubla/Byblos nicht zum ägyptischen Reich gehörte, sie aber andererseits von den ägyptischen Königen als ihre Beamte (Helck, Beziehungen 72: Bürgermeister) betrachtet wurden (vgl. GS II 432) und eine ähnliche Behandlung erfuhren. Vielleicht haben die Byblos-Fürsten im Interesse ihres Handels mit Ägypten hier eine Behandlung hingenommen, die nicht ganz der wirklichen Situation entsprach? Für Hypothesen bleibt hier ein breiter Raum. Soweit man jedenfalls sehen kann, hat kein Teil Syriens während des ägyptischen Mittleren Reiches fest dem Staat Ägypten zugehört.

Mit den aus den ägyptischen Inschriften aus Byblos bekannten westsemitisch-amurritischen Herrschern dieser Hafenstadt sind wir bereits bis in die Zeit der Archive von Mãri gelangt, die zum ersten Mal ein deutlicheres Bild der politischen Situation in Syrien zeichnen lassen.[72] In Ugarit werden zu dieser Zeit jene ebenfalls westsemitisch-amurritischen Fürsten regiert haben, die aus einer Liste vergöttlichter Könige (RS 24.257 Rs.)[73] wenigstens dem Namen nach bekannt sind.

Zusammenfassend darf gesagt werden, dass Syrien im frühen 2. Jahrtausend in eine Reihe kleiner politischer Einheiten aufgegliedert war, deren politisch führendes Element den westsemitisch-amurritischen Zuwanderern entstammte. Stadt und Stamm existierten als Einheiten nebeneinander, wobei beide Bereiche auch unter éinem Fürsten zusammengeschlossen sein konnten. Während in den ägyptischen Ächtungstexten für Syrien südlich des Eleutheros einige Namen solcher Einheiten und ihrer Fürsten bekannt gegeben sind, mangelt es für das mittlere und nördliche Syrien an Zeugnissen. Der archäologische Befund gestattet es, wenigstens Ugarit, Alalaḫ, Byblos, Qatna und den Ort an der Stelle des Tell Mardīḫ (Ebla?) als Zentren politischer Einheiten anzusprechen; vgl. vielleicht auch die Orte an der Stelle des heutigen Tell Ḥizzīn in der Biqā'(später wohl = Ḫazi) sowie von Neirab (Nirabu), wenn die dort entdeckten Denkmäler ägyptischer Provenienz nicht nur zufällig an diese Orte gelangt sind. Ferner wären wohl noch Uršu, Ḫaššum, Karkemiš und Emār zu nennen, die dann in den Texten der Māri-Zeit deutlicher ins Licht der Geschichte treten. Ökonomisch war Syrien in den Handelsverkehr mit Ägypten und Mesopotamien einbezogen, ferner auch- das zeigt das altassyrische Material aus Kültepe - mit Anatolien. Durch das nördliche Syrien verlief die "Südroute" von Mesopotamien nach Anatolien, und zwar vom Euphrat her über Gaziantep nach Kaneš,[74] und das in den Urkunden und Briefen von Kaneš mehrfach erwähnte Uršu wird davon profitiert haben.[75] Als syrischer Ort erscheint in den altassyrischen Texten von Kültepe sonst nur noch Tadmir/Palmyra,[76] ohne dass daraus feste Handelskontakte zwischen der syrischen Oasensiedlung und dem Fürstensitz in Anatolien abgeleitet werden können.

Anmerkungen

1 Vgl. dazu demnächst einen Beitrag, der im Dezember 1968 in Rom zum Vortrag gebracht wurde; es kann daher hier darauf verzichtet werden, die dort erörterten "Probleme einer politischen Geschichte Syriens" noch einmal darzustellen.

2 Vgl. dazu Helck, Beziehungen 21 ff.

3 Dazu Helck, Beziehungen 5 ff.

4 Thureau-Dangin, SAKI 154 f.; vgl. zur Situation C.J. Gadd, CAH I/19 (1966) 6 f. sowie M.S. Drower - J. Bottéro, CAH I/17 (1968) 7 ff.

5 Vgl. die altbabylonischen Abschriften von wohl Originaltexten des Sargon, zusammengestellt bei H. Hirsch, AfO 20 (1963) 1 ff. (b 1, b 6, b 10).

6 H. Hirsch. a.a.O. 38 (b 2), 49 (b 13).

7 Zur Situation C.J. Gadd, CAH I/19 (1966) 10 ff. sowie A. Malamat, Festschrift B. Landsberger (Chicago 1965)365 ff.

8 J.-R. Kupper, RA 43 (1949) 85 f.; anders - mit Vorbehalt - C.J. Gadd, a.a.O. 12. Eine Lage an der Küste wird von der Stellung des GN in der Aufzählung der Inschrift nicht gestützt, es sei denn, man nimmt eine Route Māri - Küste - Mittelsyrien - Nordsyrien an und folgt damit etwa J. Bottéro, CAH I/17 (1968) 10, der im "Zedernwald" dann den Libanon sehen will.

9 H.G. Güterbock, JCS 18 (1964) 1 ff.

10 Es ist nicht gesichert, dass der Nachhall, den Sargons Eroberungen gefunden haben, sich insbesondere von dieser Unternehmung ableitet oder von anderen Aktionen.

11 KAV 92 = E. Weidner, AfO 16 (1952-53) 1 ff. Vgl. A. Malamat, a.a.O. 365 f.

12 K 2130 = 4 R 34, 1, s. H. Hirsch, a.a.O. 6 mit Literatur.

13 H. Hirsch, a.a.O. 5 mit Literatur.

14 Dazu A. Malamat, a.a.O. 366.

15 H. Hirsch, a.a.O. 6 f., ferner C.J. Gadd, a.a.O. 12 ff.- Ein weiteres Fragment des šar tamḫāri-Epos wurde 1968 in Boğazköy entdeckt (H. Otten brieflich).

16 Wahrscheinlich erfolgten Unternehmungen in seinem 3. Jahr - s. die Aussage einiger Omina - sowie in seinem 11. Jahr; s. dazu J. Nougayrol, École pratique des Hautes Études, Annuaire 1944-45, 1 ff., Nr. 72 und 74 (Omina), s. schon L.W. King, Chronicles

concerning Early Babylonian Kings (London 1907) 27 ff. (zu Jahr 3); J. Nougayrol, a.a.O. Nr. 75, vgl. C.J. Gadd, CAH I/19 (1966) 11 (zu Jahr 11). - Für die Südroute bis Byblos hat J. Bottéro, CAH I/17 (1968) 10 f. Argumente angeführt, die allerdings noch nicht tragfähig sind. Das trifft auch für die Hypothese zu, dass es zu dieser Zeit in Syrien zwei grössere politische Einheiten gegeben habe, und zwar Ibla im Norden (von Bottéro am Belīḫ gesucht) und Jarmuti im Süden (Libanongebiet). Ob die Inschriften der Könige von Akkad die geographische Situation in Syrien exakt wiedergeben, muss dahingestellt bleiben. Dass E/Ibla im ausgehenden 3. und frühen 2. Jahrtausend eine wichtige Rolle gespielt hat, geht aus den sonstigen Quellen für diesen GN hervor und könnte - die Berechtigung der Gleichung Tell Mardīḫ = Ebla vorausgesetzt, durch die Grabungen der italienischen Expedition gestützt werden. Möglicherweise hat Ebla die Rolle gespielt, die später von Jamḫad mit seinem Zentrum in Ḫalap übernommen wurde, allerdings wohl nicht wie dieses über Syrien hinausgegriffen.

17 H. Hirsch, AfO 20 (1963) 66 (b 9).

18 Einen Einfluss des Rīmuš in Obermesopotamien zeigen die Ruinen des Tell Brak; s. dazu M.E.L. Mallowan, Iraq 9 (1947) 27.

19 H. Hirsch, a.a.O. 72 (b 4); 73 ff. (b 5).

20 Zur Situation s. zuletzt C.J. Gadd, CAH I/19 (1966) 26 ff.

21 S. Smith, Alalakh and Chronology (London 1940) 32 Anm. 91; E. Unger, Die Entdeckung der Stele des Naram-Sin in Pir Hüseyin (Istanbul 1943) 34 ff.; zuletzt C.J. Gadd, a.a.O. 28.

22 Vgl. J.-R. Kupper, RA 43 (1949) 86 f. und ebenda Anm. 8.

23 H. Hirsch, a.a.O. b 5 Kol. II 13; C.J. Gadd, a.a.O. 28 macht den wohl kaum akzeptablen Vorschlag einer Gleichung mit Uršu. Für Ullaza J. Bottéro, a.a.O. 13.

24 H. Hirsch, a.a.O. 24 und C.J. Gadd, a.a.O. 28.

25 H. Hirsch, a.a.O. 24 ff.

26 Vgl. zu diesen jetzt den Überblick bei M.S. Drower, CAH I/17 (1968) 14 ff.

27 Eine andere (weniger hohe) Datierung der Alalaḫ-Schichten vor dem älteren Archiv (VII) hat B. Hrouda, Die bemalte Keramik des 2. Jahrtausends in Nordmesopotamien und Nordsyrien (Berlin 1957) 28 f. vorgeschlagen; s. schon GS I 217 Anm. 30.

28 O. Tufnell - W.A. Ward, Syria 43 (1966) 165 ff., insbesondere 225 ff.

29 Vgl. dazu O. Negbi - S. Moskowitz, BASOR 184 (1966) 21 ff. (= c. 18. Jahrhundert) sowie A. Parrot, Syria 44 (1967) 448 f.

30 Zu dieser Situation zuletzt C.J. Gadd, CAH I/19 (1966) 40 ff.

31 Vgl. das Jahresdatum des Šarkališarrī bei A. Ungnad, RLA I 133 b und Kupper, Nomades 165 f., ferner D.O. Edzard, ZZB 33 und H. Hirsch, AfO 20 (1963) 28 f.

32 S. die bei H. Klengel, ArOr 30 (1962) 585 Anm. 3 sowie bei G. Buccellati, Cities and Nations of Ancient Syria (Rom 1967) 77 f. Anm. 6 f. erwähnte Literatur.- Es ist hier nicht der Platz, über das Amurriter-Problem allgemein zu handeln; s. dazu den Überblick bei G. Buccellati, The Amorites of the Ur III Period (Neapel 1966) 3 ff. und vgl. I.J. Gelb, JCS 15 (1961) 27 ff.

33 G. Buccellati, The Amorites (s.o. Anm. 32).

34 G. Posener - J. Bottéro - Kathleen M. Kenyon, CAH I/20 (1965) 50 ff. mit Literatur; ferner K.M. Kenyon, Amorites and Canaanites (London 1966) 36 ff.

35 Vgl. Cl.F.-A. Schaeffer, Ugaritica II 49 ff.

36 Eine vergleichende Untersuchung des in Transkaukasien und in Syrien/Palästina entdeckten Materials des ausgehenden 3. Jahrtausends sowie frühen 2. Jahrtausends wäre gewiss einmal von Interesse.

37 K.M. Kenyon, Amorites and Canaanites (London 1966) 44 ff.

38 Ebenda 46 ff.

39 Letzte Übersetzung von E. Edel bei K. Galling, Textbuch zur Geschichte Israels (Tübingen ^{2}1968) 1 ff. Dort auch weitere Literatur zu diesem "wohl in die 2. Hälfte des 20. Jahrhunderts" datierten Text.

40 Vgl. den Überblick bei H. Klengel, Saeculum 17 (1966) 211.

41 Vgl. G. Posener, CAH I/20 (1965) 25 f.

42 Diese Texte haben eine umfangreiche Auswertung erfahren; vgl. vor allem neben den Editionen von Sethe, Ächtung, und Posener, Princes et pays: A. Alt, ZÄS 63 (1928) 43; ders., ZDPV 64 (1941) 21 ff.; M. Noth, ZDPV 65 (1942) 9 ff.; vgl. R. Dussaud, Syria 21 (1940) 170 ff.; W.F. Albright, BASOR 83 (1941) 30 ff.; W.L. Moran, Or NS 26 (1957) 339 ff. und A. Goetze, BASOR 151 (1958) 28 ff.; Helck, Beziehungen 49 ff. mit weiterer Literatur.

43 A. Goetze, BASOR 127 (1952) 25.

44 Vgl. dazu die in Anm. 42 erwähnten Arbeiten sowie I.J. Gelb, JCS 15 (1961) 38 f., ferner G. Posener, CAH I/20 (1965) 28 f.- Eine

von I.J. Gelb, JAOS 88 (1968) 39 ff. veröffentlichte Liste von amurritischen PN bestätigt, dass die Westsemiten von Ur III und der altbabylonischen Zeit der gleichen Bevölkerungsgruppe zugehörten: den Amurritern.

45 I.J. Gelb, JCS 15 (1961) 38.

46 Vgl. etwa M. Noth, WO I (1947-52) 21 ff. sowie M.S. Drower, CAH I/17 (1968) 6 f.

47 PN können allerdings nicht immer als ein zwingender Hinweis auf ein Dominieren einer bestimmten Bevölkerungsgruppe bzw. die ethnische Zugehörigkeit verwendet werden.

48 Überblick bei J. Bottéro, CAH I/20 (1965) 30 ff.

49 Vgl. etwa P. Matthiae, RSO 42 (1967) 19 ff.

50 M. Dunand, Fouilles de Byblos, II, Atlas (Paris 1950) Taf. 145 Nr. 14023; vgl. dazu GS II 425 mit Literatur.

51 E. Sollberger, AfO 19 (1959-60) 120 ff.; vgl. GS II 425 und 430 f.

52 M. Dunand, Fouilles de Byblos, II, Text (Paris 1958) 948 ff. und I, Text (Paris 1939) 313 Nr. 4183 (Siegel).

53 Vgl. J. Bottéro, CAH I/20 (1965) 30 f.

54 Zu diesen s. A. Goetze, JCS 17 (1963) 1 ff.

55 I.J. Gelb, AJSL 55 (1938) 77 ff.

56 Zuletzt J. Bottéro, a.a.O. 31 f.

57 So auch M.S. Drower, CAH I/17 (1968) 36 Anm. 6.- Damit wird hier bewusst zurückhaltender formuliert als in GS II 430.

58 Thureau-Dangin, SAKI 66 ff., vgl. GS I 258 f.

59 Bei einer Gleichsetzung von Tell Mardīḫ und Ebla müsste entweder eine nicht exakte Angabe bei Gudea angenommen werden oder eine wenigstens teilweise Bewaldung des heute völlig baumlosen Gebietes, die sogar ausreichte, um Holz bis nach Südmesopotamien zu exportieren. Problematisch ist auch die Bezeichnung von Ebla als ein Gebirge bzw. Hochland; ersteres trifft für den Bereich keinesfalls zu, letzteres wäre eher aus der Sicht der Bewohner des Euphrattales zu verstehen, das allerdings von Tell Mardīḫ durch die Weiten der Steppe getrennt ist.

60 Vgl. D.O. Edzard, ZZB 31.

61 Vgl. Kupper, Nomades 156 f. und D.O. Edzard, ZZB 31 sowie 33 Anm. 136.

62 Th. Bauer, JNES 16 (1957) 253 f. und dazu H. Klengel, Altertum 13 (1967) 71.

63 Vgl. den knappen Überblick bei G. Posener, CAH I/20 (1965) 3 ff. und ferner J. van Seters, The Hyksos. A new investigation (New Haven - London 1966) 73 ff.; O. Tufnell - W.A. Ward, Syria 43 (1966) 220 ff.- Zu verweisen wäre sonst vor allem auf W.A. Ward, Or NS 30 (1961) 22 ff. und 129 ff.

64 Sethe, Ächtung; Posener, Princes et pays; vgl. dazu die in Anm. 42 erwähnte Literatur. Zu notieren wären neue Texte, die in Nubien entdeckt wurden, s. dazu J. Vercoutter, Bulletin de la société française d'Égyptologie 37/8 (1963) 28 ff.

65 W.A. Ward, Or NS 30 (1961) 130 ff.; Helck, Beziehungen 69 f.; Porter-Moss, Bibliography VII 392 ff.

66 GS II 425 f. mit Literatur.

67 Vgl. schon GS II 329 f.; auch J. van Seters, The Hyksos (s. Anm. 63) 76 betrachtet sie als Ausdruck der ägyptischen Freundschaft, nicht einer politischen Oberhoheit.

68 Helck, Beziehungen 69.

69 Dazu zuletzt - mit Angabe von Literatur - Helck, Beziehungen 69 f.

70 Zum Handel des Mittleren Reiches mit Byblos s. Helck, Beziehungen 72 ff.

71 Dazu und zur Situation ausführlicher GS II 431 f.; zur älteren Literatur s. Porter-Moss, Bibliography VII 386 f.

72 Zum Synchronismus s. zuletzt K. A. Kitchen, Or NS 36 (1967) 39 ff.

73 Von diesem Text ist in Ugaritica V nur die Vs. publiziert worden (III Nr. 5); für die Bearbeitung der Rs. mit der Königsliste wird auf Ugaritica VI verwiesen.

74 E. Bilgiç, AfO 15 (1945-51) 24 ff. sowie P. Garelli, Les Assyriens en Cappadoce (Paris 1963) 96 ff.

75 Die Uršu-Belege seien hier zu GS I nachgetragen: TC 18:33.44; BIN IV 148:22; 219:5; CCT III 9:33; EL 255:23; 256:16 (Bilgiç, a.a.O. 37); ATHE 37:5; vgl. P. Garelli, a.a.O. 105 ff. In ATHE 32:17 erscheint auch das mit Uršu eng verbundene Ibla/Ebla, vgl. noch BIN VI 193:14.

76 Zu Abum/Abim = nicht in Syrien s. M. Falkner, AfO 18 (1957-58) 2 sowie P. Garelli, a.a.O. 92.- Für Palmyra s. E. Bilgiç, a.a.O. 36: EL 303:16 f. wird ein Mann aus Tadmur (Ta-ad-mu-ri-im) als Zeuge genannt; sein Siegel erscheint auf der Tafelhülle. TCL XX 82 (= TC III 82) ist Tadmur/Tadmir ebenfalls nur als Herkunfts-

ort eines Mannes genannt. Diese Belege können vielleicht annehmen lassen, dass sich Personen aus der Oasensiedlung am Karawanenhandel beteiligten, dabei möglicherweise auch in fremde Dienste traten. Die Beteiligung wird dabei eher in einer vermittelnden Tätigkeit oder einer Dienstleistung bestanden haben als in einem Handel mit Produkten von Tadmir selbst.

2. Kapitel

DIE ZEIT DER KÖNIGLICHEN ARCHIVE VON MARI

Es wurde bereits erwähnt, dass Syrien während der gesamten hier zu behandelnden Zeit weder eine politische noch eine ökonomische Einheit dargestellt hat. Es ist daher schwierig, eine an der inneren Entwicklung Syriens orientierte und für den Gesamtbereich relevante Periodisierung bzw. Aufteilung in historische Abschnitte zu geben. Dafür bietet sich eher eine Gliederung nach bestimmten Quellenkomplexen an (Zeit der Archive von Māri, von Alalaḫ, von Amārna, von Ugarit) oder nach Entwicklungen, die ausserhalb Syriens ihren Ursprung hatten (Vordringen der Hethiter, von Mitanni, von Ägypten). Mit der hier gewählten Kapitelüberschrift wird auf die etwa 20000 Tafeln und Tafelfragmente Bezug genommen, die an der Stelle des alten Māri auf dem Tell Ḥarīrī am mittleren Euphrat entdeckt wurden und die zum ersten Male die politischen Verhältnisse im nördlichen und mittleren Syrien klarer ins Licht der historischen Forschung rücken. Die wenigen Inschriften aus Gubla/Byblos, die zum Teil etwa ebenfalls der Zeit von Māri zuzuweisen sind,[1] fallen demgegenüber weder an Zahl noch an geschichtlicher Aussagekraft ins Gewicht. Durch die Texte von Māri verdichten sich die bislang nur gelegentlichen Nachrichten über Syrien nunmehr so weit, dass wenigstens ein ungefähres Bild dieser Periode gegeben werden kann. Es handelt sich dabei allerdings nur um einen Zeitraum von etwas mehr als einem halben Jahrhundert, dessen Einordnung in die absolute Chronologie noch umstritten ist.[2] Nach der hier zugrundegelegten sogenannten "mittleren Chronologie" (vgl. GS I 2 f. und II 4 f.) wäre es im wesentlichen die erste Hälfte des 18. Jahrhunderts.

a) Der Feldzug Jaḫdunlims durch Nordsyrien.

Die bislang früheste Nachricht über Syrien aus Māri entstammt nicht dem Tontafelarchiv, sondern neun etwa quadratischen Ziegeln, auf denen ein und derselbe Text aufgezeichnet ist. Es handelt sich um eine Gründungsinschrift des Königs Jaḫdunlim für den Tempel des Gottes Šamaš in Māri,[3] verfasst noch im ausgehenden 19. Jahrhundert (mittlere Chronologie). Jaḫdunlim, Sohn des Jagitlim,[4] und Vater des durch die Māri-Briefe gut bekannten Zimrilim,[5] berichtet hier in Kol.I 34 ff. über einen Feldzug bis zur Küste des Mittelmeeres.[6] Er rühmt sich, der erste König von Māri gewesen zu sein, der die Meeresküste erreichte, die Gebirge mit Zedern- und Buchsbäumen eroberte und die Bäume abschlug, um das begehrte Holz nach Māri transportieren zu lassen. Letzteres wird zwar in der Gründungsinschrift nicht expressis verbis gesagt, doch spricht dafür einerseits der Umstand, dass sich der Bericht in einer Bauinschrift für einen Tempel findet, zudem auch kaum anzunehmen ist, dass hier lediglich eine Schädigung des Gegners durch Vernichtung von Holzbestand beabsichtigt war. In Kol. II 13 wird nochmals auf das Abschlagen von Bäumen verwiesen, die als Zedern, Buchsbäume, Zypressen und Sandelholz(?) charakterisiert werden.[7] Das könnte die Gewinnung von Bauholz als ein wichtiges, wenn nicht sogar das wesentliche Ziel der militärischen Unternehmung benennen lassen. Daneben wird die Erlangung von Prestige eine besondere Rolle gespielt haben, wie es mit der Erreichung der Meeresküste während eines Feldzuges verbunden gewesen ist. Vielleicht knüpfte auch Jaḫdunlim an Traditionen an, die seit der Zeit des Sargon von Akkad gerade im nordsyrisch-obermesopotamischen Raum noch lebendig waren.[8] Insgesamt gesehen handelte es sich offenbar um ein Unternehmen von mehr symbolischer Bedeutung, wie sie auch bei späteren Feldzügen wohl gerade der frühen Regierungsjahre von Fürsten hervortritt: Es galt, für einen Kultbau persönlich Material herbeizuschaffen, und je weiter zu diesem Zweck gezogen wurde, desto mehr stieg das Ansehen des Fürsten - auch bei seiner Gottheit. Wahrscheinlich ist Jaḫdunlim bei seinem Unternehmen der Route gefolgt, die auch von den Händlern begangen wurde. Der "ständige Tribut", den er dem Lande am Meer auferlegte (Kol. II 22 ff.), wird nach Abzug des Māri-Heeres kaum weitergezahlt worden sein; dafür spricht auch die im folgenden erwähnte Auseinandersetzung mit einer Reihe von Fürsten bzw. Stammesführern des mittleren Euphratgebietes (Kol. III 3 ff.), die noch im gleichen Jahr erfolgte und den Kontakt zur Küste gewiss unterbrach.

Wie es scheint, war der Feldzug des Jaḫdunlim ein ephemeres Ereignis ohne historische Konsequenzen für die Situation in Syrien;[9] er führte nicht dazu, dass ein Teil Syriens fester Bestandteil des Königreiches von Māri wurde. Es bleibt zu fragen, auf welchem Wege Jaḫdunlim zur Küste des Mittelmeeres marschierte. Orts- und Ländernamen werden in diesem Zusammenhang nicht genannt,[10] doch könnte der Hinweis auf das Abschlagen bestimmter Baumarten im Küstengebirge hier weiterhelfen: Zedern und Zypressen lassen zwar keine Entscheidung zwischen Amanus und Libanon zu, doch wird der Buchsbaum bei Tiglatpilesar III. (Luckenbill, ARAB I § 770) als typisches Holz des Amanus erwähnt.[11] Noch deutlicher ist ein Hinweis, der sich in einem Brief aus 'Amārna findet: In EA 126:4 ff. wird - falls der Text hier richtig ergänzt ist - erwähnt, dass Buchsbaum-(taskarinnu-) Holz aus den Ländern Ugarit und Zalḫi komme. Absender des Schreibens ist Ribaddi von Gubla/Byblos, der den Brief nach Ägypten sandte. Hätte es Buchsbaum in grösserem Umfang im Libanon gegeben, wäre dieser Verweis auf die nordsyrische Herkunft des Holzes gewiss nicht notwendig gewesen. Dafür, dass Ịaḫdunlim durch das nördliche Syrien zum Meer zog, könnte vielleicht auch die nachfolgend erwähnte Auseinandersetzung mit den Fürsten des mittleren Euphrat, deren Bereiche vielleicht berührt worden waren, sprechen; sie stellt möglicherweise eine Art Reaktion auf den Mittelmeerzug Ịaḫdunlims dar.[12] Dass Ịaḫdunlim zeitweilig seine Herrschaft den Euphrat aufwärts bis nach der Gegend von Meskene auszudehnen vermochte, bezeugt sein Jahresdatum, das einen Sieg über Emār meldet.[13] Auch der Umstand, dass sich der Regent eines weiter im Norden gelegenen Ortes, Abīsamar,[14] in zwei Briefen an Ịaḫdunlim von Māri um Hilfe wandte (ARM I 1 und 2), kann einen weitreichenden Einfluss des Ịaḫdunlim im Nordwesten andeuten. Zu notieren wäre schliesslich noch die "Diskusinschrift" Ịaḫdunlims,[15] in der der König "sieben" Fürsten erwähnt, die sich gegen ihn gestellt hätten; er habe sie besiegt, gefangengenommen und ihr Land annektiert. Vielleicht sind hier die in der Gründungsurkunde genannten 3 Fürsten des mittleren Euphrat-Gebietes, möglicherweise auch Stammesführer auf syrischem Territorium, mit einbezogen.

Somit ergibt sich für die Regierungszeit des Ịaḫdunlim von Māri das Bild, dass der König nach einem offenbar bald nach Regierungsantritt unternommenen Feldzug bis zur Meeresküste wenigstens die Oberhoheit über einige Bereiche Syriens in der Nähe des Euphrat und nördlich (d.h. flussaufwärts) von Māri zu behaupten vermochte. Gegen Ende seiner Regierung dürfte sein Einfluss auch hier durch einen anderen amurritischen Fürsten zurückgedrängt worden sein, durch Šamšīadad I.

b) Der Vorstoss des Šamšīadad bis zur Mittelmeerküste.

Die Nachricht über eine Expedition des Šamšīadad bis zur Küste ist in Form eines historischen Nachtrags zum Baubericht des Enlil-Tempels in Assur überliefert.[16] Es scheint, dass auch für das Unternehmen des Šamšīadad I. die Erfüllung einer religiös-kultischen Aufgabe, d.h. die Beschaffung von Bauholz für den Tempel unter persönlichem Einsatz, eine Rolle gespielt hat. Möglicherweise bemühte sich auch Šamšīadad um Nachvollzug der Eroberungen des Sargon, um sich als fähigen Herrscher zu legitimieren, und es ist anzunehmen, dass er den Feldzug bald nach seiner Etablierung in Obermesopotamien unternommen hat.[17] Die Nachricht selbst ist sehr knapp (Kol.IV 12-18): "Meinen grossen Namen und meine Steininschriften habe ich im Lande Laban an der Küste des grossen Meeres fürwahr aufgestellt." Eine Auseinandersetzung mit syrischen Gegnern wird hier ebensowenig berichtet wie in der Gründungsurkunde des Ḫaḫdunlim. Šamšīadad I. gibt die Stelle, an der er das Meer erreichte, genauer an: ma-a-at La-ab-a-an^{KI} . Damit dürfte der Libanon gemeint sein,[18] womit die bislang früheste Erwähnung des Libanon in historischem Kontext überliefert wäre.[19] Šamšīadad dürfte bei seinem Vorstoss zur Küste mit Qatna in Berührung gekommen sein; vielleicht hat er sich zu dieser Zeit mit Qatna verständigt und jene politische Allianz geschlossen, die dann in der Māri-Korrespondenz Ausdruck gefunden hat. Aus den Ratschlägen, die Šamšīadad seinem in Māri residierenden Sohn Ḫasmaḫadad hinsichtlich dessen geplanter Reise nach Qatna gibt, geht hervor, dass Šamšīadad die Wegeverhältnisse durch die syrische Wüstensteppe bekannt waren. Da die Spannungen mit Ḫamḫad wohl bereits zu dieser Zeit bestanden, hat Šamšīadad vielleicht den Weg über Qatna zum Meer auch aus diesem Grunde vorgezogen. Nicht notiert wird, dass im Libanon Bäume gefällt wurden, doch wird im Baubericht für den Enlil-Tempel, dem die Notiz über den Mittelmeerfeldzug zugehört, auf eine Bedachung des verfallenen Tempels mit Zedern und auf Türen aus Zedernholz verwiesen (Kol. II 14 ff.); es ist wahrscheinlich, dass das Holz dafür aus dem Libanon stammte und möglicherweise von Šamšīadad persönlich geschlagen wurde. Wenn während des Feldzuges das Bündnis mit Qatna gewonnen wurde, das am Karawanenweg Māri - Tadmir/Palmyra - Küste lag, dann hätte der Feldzug auch ein historisch wirksam werdendes Resultat gezeitigt; eine Ausdehnung der Herrschaft Šamšīadads bis zum Mittelmeer wurde - wie die Māri-Texte bestätigen - mit dieser Unternehmung nicht erreicht. Eine Tributzahlung syrischer Gebiete an Šamšīadad wird - im Gegensatz zu obermesopotamischen Bereichen - in der Inschrift nicht vermerkt. Insgesamt ist der Feldzug des Šamšīadad I. zum Mittelmeer historisch schwer fassbar, und die Aussage der bislang einzigen Quelle kann auf ihre Glaubwürdigkeit und ihren genaueren Inhalt hin nicht nachgeprüft werden.

c) Die politische Situation in Syrien zur Māri-Zeit.

Die Archive von Māri lassen eine ganze Reihe politischer Einheiten in Syrien erkennen,[20] und zwar: Im Norden, an einem Euphrat - Übergang, Karkemiš (GS I 15 ff.); ebenfalls in Nordsyrien, doch noch nicht sicher lokalisierbar, sind Uršu (GS I 258 ff.) und Ḫaššu (GS I 269 ff.) anzusetzen. Um Ḫalap/Haleb wuchs das Königreich von Jamḫad (GS I 102 ff.), und an der Küste bildete Ugarit einen Staat, dessen Blüte während der mittleren Bronzezeit durch die archäologischen Ausgrabungen eindrucksvoll nachgewiesen worden ist (GS II 330 ff.). Im noch unveröffentlichten Material aus Māri erscheint als weiterer syrischer Küstenort Gubla/Byblos (GS II 426). Eine wichtige Rolle spielte aufgrund der natürlichen Fruchtbarkeit seiner Umgebung sowie seiner Position im Handelsverkehr das Königtum von Qatna (GS II 96 ff.). Über Qatna wurde auch das nordpalästinensische Ḫaṣōr erreicht.[21] Der geographische Horizont der Māri-Texte reicht damit über fast ganz Syrien,[22] was aber nicht unbedingt auch politische

Beziehungen zwischen Māri und diesen Orten, d.h. bis zur syrischen Mittelmeerküste hin impliziert. Die unmittelbaren politischen Kontakte folgten natürlicherweise zunächst den alten und auch während der Māri Periode viel begangenen Handelswegen, liefen also zunächst über Emār nach Ḫalap an der nördlichen sowie über Tadmir/Palmyra nach Qatna an der südlichen Route. Ferner bestanden direkte Kontakte zu Karkemiš, das für den Handelsverkehr Māris ebenfalls eine wichtige Position einzunehmen schien. Mit den Interessen von Jamḫad und Qatna traf Māri auch in den Weidegebieten nördlich von Palmyra zusammen, und gemeinsame Probleme - auch hinsichtlich der Aktivität halbnomadischer Stämme in diesem Bereich - wurden gelegentlich beraten. Jamḫad und Qatna haben dann auch die Rolle von Vermittlern weiter nach Syrien hinein gespielt. So hat sich der König von Ugarit, der offenbar keine direkten Verbindungen zu Māri besass, an den König von Jamḫad um Vermittlung in Māri gewandt, von dessen guten Verbindungen nach der Stadt am mittleren Euphrat er gewiss wusste. Der König von Ugarit äusserte den Wunsch, einmal selbst den berühmten Palast des Königs Zimrilim von Māri besichtigen zu dürfen; später ist es dann vielleicht sogar zu einem persönlichen Kontakt zwischen beiden Fürsten gekommen (GS II 331).

An der Spitze dieser erwähnten politischen Einheiten, die in den Texten aus Māri erscheinen, standen Persönlichkeiten, die ihren Bereich nach aussen repräsentierten und offenbar nach dem monarchischen Prinzip regierten.[23] Sie werden in den Texten gewöhnlich als "Mann von GN" (awīl + GN) bezeichnet, doch konnten sie auch den Titel šarrum/LUGAL erhalten. Als solche Regenten werden eine Reihe mit Namen genannt: Aplaḫanda und sein Nachfolger Jatarami in Karkemiš (GS I 18 ff.), Sumuēpuḫ, Jarimlim (I.) und Ḫammurapi (I.) von Jamḫad/Ḫalap (GS I 111 ff.), Šennam von Uršu (GS I 260), Anišḫurpi von Ḫaššu (GS I 269), Išḫiadad und Amūtpīel von Qatna (GS II 117 ff.). Es lässt sich dabei nicht feststellen, dass in der Verwendung der Bezeichnungen LÚ bzw. LUGAL hinsichtlich der syrischen Fürsten ein Unterschied in der Kompetenz, der Funktion oder der Stellung gemacht worden wäre.[24] Wenn sich der in Māri als LÚ bezeichnete König von Qatna an den Māri-Herrscher wandte und diesen als seinen "Bruder", also gleichberechtigten Fürsten, ansprach (vgl. ARM II 51 und V 15-17), so galt das als durchaus zulässig und nicht als ein Verstoss gegen das "Protokoll", was einem feindseligen Akt gleichgekommen wäre. Der Titel eines LÚ deutet nicht auf eine Unterordnung unter einen LUGAL; als Zeugnis dafür kann auch der oft zitierte Passus eines Briefes an Zimrilim herangezogen werden, der in diesem Falle sogar das Gegenteil anzeigen könnte (Syria 19, 1938, 117 f.): Unter den Fürsten (LÚ.MEŠ), die für sich allein nicht stark genug seien, werden auch die syrischen Herrscher von Qatna und Jamḫad genannt; dem ersteren würden 10 (oder) 15, dem letzteren sogar 20 "Könige" (LUGAL.MEŠ) folgen. Mit der Bezeichnung LUGAL sind in Māri auch Anführer von Nomadenstämmen bezeichnet worden,[25] und wahrscheinlich handelte es sich auch bei den "Königen", die den Herrschern von Jamḫad und Qatna "folgten", teilweise um Scheichs (halb)nomadischer Stämme. Die PN der erwähnten Fürsten sind vorwiegend westsemitisch-amurritisch,[26] und ihre Träger gehörten daher wohl dem aus dem Steppenbereich zugewanderten Bevölkerungselement an, das auch in Mesopotamien weitgehend die politische Macht übernommen hatte. Nur die Namen der Fürsten von Uršu und Ḫaššu Šennam und Anišḫurpi, gehören dem ḫurritischen Sprachbereich zu. Wie es scheint, gab es in der Zeit der Archive von Māri im nördlichen Syrien bereits ein ḫurritisches Bevölkerungselement, das in einigen Orten die politische Führung erlangt hatte.[27] Ansonsten stand Syrien, soweit es historisch fassbar wird, unter westsemitisch-amurritischen Dynastien.[28]

Die Zugehörigkeit zum gleichen ethnischen Element bedeutete jedoch nicht, dass dadurch ein Zusammenschluss oder eine dauerhaftere Koalition der syrischen Fürsten und Stammesführer begünstigt worden wäre. Militärbündnisse sind zwar gelegentlich bezeugt, doch waren sie nur von befristeter Dauer und zudem gewöhnlich gegen andere amurritische Fürstentümer gerichtet.[29] Für den Verlauf der politischen Geschichte Syriens hat die Tatsache einer weitgehend ethnisch einheitlichen Herrscherschicht kaum eine Bedeutung gehabt.[30] Die Gegensätze, die zwischen den Stämmen im Kampf um günstige Weidegebiete und auch um Ackerland bestanden haben, setzten sich nach der Sesshaftwerdung fort und nahmen eine neue Qualität an. Es war das ein Umstand, der von auswärtigen Mächten genutzt werden konnte. Zudem ist anzunehmen, dass es zwischen den syrischen Zentren eine wirtschaftliche Konkurrenz gab, so im Handelsverkehr und in der handwerklichen Produktion; ein gutes Verhältnis zu Plätzen, die die Handelswege kontrollierten und damit auch die eigene Entwicklung beeinflussten, erschien geboten. So ist es gewiss kein Zufall, dass Māri sowohl zu Jamḫad/Ḫalap als auch zu Qatna freundschaftliche Beziehungen unterhielt, während es zwischen Jamḫad und Qatna Spannungen gab. Die Euphratstadt Māri bot sich daher als der geeignete Vermittler an, um die Rivalen miteinander auszusöhnen (GS II 128 f.). Die Interessen der eingesessenen Bevölkerung, die in diese Richtung gingen, dürften sich in den syrischen Zentren auch auf die politischen Zielsetzungen der neuen amurritischen Herrscher ausgewirkt haben.

Von einer politischen Aktivität syrischer Fürsten erfahren wir aus den Māri-Archiven - nach der Gründungsinschrift des Jaḫdunlim mit ihrer Notiz über eine Gegnerschaft des Sumuēpuḫ von Jamḫad - zum ersten Male etwas aus einem an Jaḫdunlim gerichteten Brief des Abīsamar (ARM I 1), dem bald ein zweites Schreiben folgte (ARM I 2); vgl. GS I 18 f. Demnach hatten die Herrscher von Ḫaššu, Uršu und Karkemiš sowie Jamḫad versucht, sich einiger Ortschaften des

Abīsamar (vielleicht unweit von Karkemiš?) zu bemächtigen; es ist dem Text (ARM I 1 Rs. 4 ff.) nicht zu entnehmen, ob es sich dabei um getrennte Unternehmungen handelte, die zum Teil schon weiter zurücklagen, oder um eine gemeinsame Aktion. Aus der Sicht der Expansion Šamšīadads I. erfahren wir dann einiges über eine Koalitionsbildung gegen einen der erwähnten Bereiche, gegen Ịamḫad (GS I 102 f. und 114 f.). Nach erfolgreichen Angriffen gegen den Bereich des Abīsamar (s. ARM I 1 und 2), die noch zu Lebzeiten des Ịaḫdunlim unternommen wurden, hatte Šamšīadad seinen Einfluss auch auf den Bereich am mittleren Euphrat ausdehnen und Māri erobern können. Die Handelsinteressen dieser Stadt und wohl auch politisch-strategische Erwägungen Šamšīadads führten (in Zusammenhang mit dem Mittelmeerfeldzug?) zu einem Bündnis mit Qatna, das durch einen Eheschluss zwischen Ịasmaḫadad und der Tochter des Išḫīadad von Qatna untermauert werden sollte (GS II 118 f.). Die Koalitionsbildung gegen Ịamḫad, der die Fürsten von Karkemiš, Uršu und Ḫaššu angehörten (s. ARM I 24) und die unter der Führung des Šamšīadad stand, ging wohl auf das Drängen des Königs von Qatna zurück, der von Sumuēpuḫ von Ịamḫad angegriffen wurde. Vielleicht war es zu feindlichen Begegnungen im Weideland zwischen Ịamḫad und Qatna gekommen. Išḫīadad verlangte die Gefangennahme und Auslieferung des Sumuēpuḫ von Ịamḫad (GS I 114, II 119). Dieses Ziel wurde offenbar nicht erreicht, und es scheint fast, als wäre nach dem Zustandekommen des Bündnisses mit Qatna seitens des Šamšīadad die Bekämpfung des Sumuēpuḫ nicht mit der von Qatna gewünschten Energie betrieben worden. Der Staat von Ịamḫad vermochte sich dann unter Ịarimlim (I.) zu konsolidieren, und als Šamšīadad starb, konnte mit Unterstützung Ịamḫads der Sohn des Ịaḫdunlim, Zimrilim, in Māri den Thron besteigen. Die sich nunmehr ergebende Allianz Ḫalap - Māri veranlasste offenbar auch die mit Šamšīadad verbündet gewesenen[31] Staaten Karkemiš und

Qatna, sich mit dem in Nordsyrien dominierenden Jamḫad zu verständigen. Diese Neuorientierung lässt sich für Karkemiš aus einigen Zeugnissen der Zeit des Aplaḫanda ablesen, die ein nicht mehr feindliches Verhältnis zu Jamḫad und ein freundschaftliches Verhältnis zu Māri[32] anzeigen. Während der Regierungszeit des Jatarami, des Nachfolgers des Aplaḫanda, scheint Karkemiš sogar unter den politischen Einfluss Jamḫads geraten zu sein (s. GS I 25 f.). Was Qatna betrifft, so erhielt es aus Māri militärische Unterstützung, und mehrere Jahre hindurch waren Truppen aus Māri in Qatna stationiert - ein Umstand, der letztlich vor allem im Interesse von Māri lag (s. GS II 122 f.). Nach der Rückkehr der Jaḫdunlim-Dynastie auf den Māri-Thron hat Qatna seine guten Beziehungen zu Māri in beiderseitigem Interesse fortgeführt. Die Versöhnung mit Jamḫad diente einer Stabilisierung der Verhältnisse im mittelsyrischen Raum, woran auch Māri und die übrigen mesopotamischen Staaten interessiert waren, die den Handelsweg über Qatna benutzten, darunter auch das aufstrebende Babylon. Da Zimrilims Beziehungen sowohl zu Jamḫad als auch zu Qatna gut waren, kam er als Vermittler der Aussöhnung in Betracht. Jamḫad erklärte sich bereit - nach Rücksprache mit einem Abgesandten des Zimrilim - sich mit Qatna zu verständigen (RA 36, 51). Jarimlim stellte allerdings die Bedingung, dass Amūtpīel von Qatna zu ihm kommen und sich damit als der um Frieden nachsuchende Teil zu erkennen geben solle (vgl. GS II 128 f.). Es ist den Texten bislang nicht zu entnehmen, auf welche Weise die Verständigung zustande gekommen ist; es gibt andererseits keine Hinweise darauf, dass das feindliche Verhältnis zwischen Jamḫad und Qatna fortbestanden hätte.

Die Geschichte von Jamḫad/Ḫalap und Qatna sowie auch Karkemiš zeigt sich somit eng mit Māri verbunden und hat dadurch auch einen schriftlichen Niederschlag in den königlichen Archiven der Euphratstadt gefunden. Jamḫad vermochte sich eine Vormachtstellung zu erobern und seinen Einfluss zeitweilig bis in Bereiche östlich des Tigris auszudehnen (Syria 33, 63 ff.); auch Karkemiš scheint sich der Oberhoheit Jamḫads gefügt zu haben. Aus dem Konflikt mit Qatna ging Ḫalap als der stärkere Teil hervor, und es scheint, dass von Jamḫad aus Ḫammurapi von Babylon militärisch unterstützt wurde (s. GS I 124 f.). Während diese Situation durch die Māri-Texte ein wenig aufgehellt wird, bleiben die Beziehungen der syrischen Staaten des Binnenlandes zu denen an der Küste fast völlig im Dunkeln. Hier fehlt es an Quellenmaterial der syrischen Orte selbst. Dass Ugarit und Gubla/Byblos blühende Zentren von Handel und Handwerk waren, zugleich stark unter dem kulturellen Einfluss des ägyptischen Seehandelspartners standen, haben die Ausgrabungen an diesen Plätzen deutlich gemacht. Die PN der Fürsten beider Orte, wie sie aus Inschriften und einer Liste vergöttlichter Könige Ugarits erkennbar werden, zeigen hier das Bestehen westsemitisch-amurritischer Dynastien (s. GS II 330 ff.), was sich gut in das aus dem Binnenlande bekannte Bild einfügt. Dieser westsemitischen Dynastie Ugarits wird auch jener Fürst angehört haben, der durch Vermittlung Jamḫads Kontakte zu Māri aufzunehmen suchte und in diesen Bestrebungen möglicherweise auch Erfolg hatte (GS II 332). Für Māri dürfte der Handel auf der Route Jamḫad - Ugarit oder Qatna - Gubla/Byblos von Interesse gewesen sein, und Boten aus letzterem Hafenort gingen via Māri nach Mesopotamien. Andererseits waren die Küstenorte, wie der archäologische Befund zeigt, nicht nur dem Seehandelspartner Ägypten verbunden, sondern auch Zypern und der Ägäis (GS II 333 f.); das trifft insbesondere für Ugarit zu. Für andere syrische Bereiche fehlen die Zeugnisse aus Māri völlig, doch muss mit der Existenz von staatlichen Einheiten vor allem an der Küste und im südlichen Syrien gerechnet werden, die in den Māri-Texten noch kein Zeugnis gefunden haben.[33]

Betrachtet man die allgemeine politische Entwicklung in Syrien während der Māri-Zeit, so treten einige Faktoren hervor, die auch in der Folgezeit den Verlauf der politischen Geschichte Syriens mitbestimmt haben. So zunächst die Tatsache, dass Syrien, und insbesondere das Gebiet um Ḫalap und Qaṭna, durch die Lage an wichtigen Handelsrouten sowohl im ökonomischen als auch im militärischen Blickfeld benachbarter Staaten lag. Wieweit die syrische Geschichte von diesen Mächten beeinflusst wurde, hing in hohem Masse - denn die syrische Zersplitterung blieb weitgehend konstant - von deren wirtschaftlicher Macht und dem Grad der politischen Zentralisation ab. Zur Zeit der Archive von Māri haben auswärtige Könige - sieht man von den Expeditionen Jaḫdunlims und Šamšīadads als ephemere Ereignisse einmal ab - nicht nachhaltig in das politische Geschehen Syriens eingegriffen; es ging im wesentlichen noch um eine Einschaltung in die dortigen Fehden und Koalitionsbildungen. Ägypten, das über eine starke ökonomische Position vor allem an der syrischen Küste verfügte, war zu dieser Zeit nicht in der Lage, seinem Einfluss auch direkten militärischen Nachdruck zu verleihen. Mit ihren "Brüdern" in Mesopotamien, wahrscheinlich auch in anderen Gebieten, vermochten die syrischen Fürsten somit als gleichberechtigte Partner zu verkehren. Weiterhin machte sich die lange Grenze (besonders von Jamḫad und Qatna) gegenüber dem eigentlichen Streifgebiet der Schafnomaden in der syrischen Wüstensteppe bemerkbar. Diese Stämme, mit den im Kulturland regierenden Dynastien ethnisch verwandt, haben immer wieder Überfälle sowohl auf Siedlungen als auch auf Karawanen unternommen; andererseits spielten sie im Karawanenverkehr auch eine positive Rolle (Vermieten von Trageseln, Stellung von Eskorten und Karawanenführern usw.). Dem Nomadenland mussten die Herrscher der angrenzenden Staaten ihre besondere Aufmerksamkeit widmen - schon deshalb, weil sie selbst ihre Herden in der günstigen Jahreszeit im

Steppengebiet weiden liessen. Ferner machte sich bemerkbar, dass die syrischen Küstenorte durch eine Kette von Gebirgen von der binnenländischen Entwicklung getrennt wurden. Zwar waren auch hier westsemitisch-amurritische Dynastien zur Herrschaft gelangt, doch bestimmte das ökonomische Hauptanliegen der Hafenorte, der Seehandel mit Ägypten und der Ägäis sowie auch dem Levantegebiet selbst, die künftige Politik dieser Dynastien mehr als die Bindungen an das Binnenland. Ein Engagement in den politischen Machtfragen Syriens zur Zeit der Archive von Māri ist bisher weder für Ugarit noch für Gubla/Byblos überliefert.

Die Māri-Texte machen deutlich, dass der Botenverkehr zu dieser Zeit einen vorher offenbar nie gekannten Umfang erreichte.[34] Das wird nicht so sehr dadurch erklärt werden müssen, dass es nunmehr eine in Syrien und Mesopotamien etwa ethnisch einheitliche Herrscherschicht gab, was die Kommunikation erleichterte, sondern dadurch, dass die erhöhte und zugleich differenziertere Produktion über den Rahmen der einzelnen geographischen Bereiche hinauswuchs. Die damit notwendigen erweiterten Handelskontakte dehnten zugleich das politische Blickfeld aus. Für den Verkehr zwischen Mesopotamien und Syrien/Palästina bot sich Māri als der geeignete Drehpunkt dar, was sich auch in den Texten deutlich ausgedrückt hat. Zahlreiche Briefe notieren die Abreise oder Ankunft von Boten aus Jamḫad, Qatna, Ḫaṣōr und Gubla/Byblos,[35] die auf dem Wege von oder nach Mesopotamien Māri passierten. An mesopotamischen Orten, mit denen syrische Fürsten in Kontakt standen, werden Ekallātum, Šubatenlil, Kaḫat, Karanā, Qabrā, Arrapḫā, Ešnunna, Babylon, das Land Elam sowie nicht zuletzt Māri selbst genannt.[36] Euphrat und Ḫabūr spielten dabei als Routen nach dem südlichen oder nördlichen Mesopotamien eine Rolle. Die Boten hatten in erster Linie Botschaften ihrer Fürsten und deren "Brüder" zu übermitteln sowie Geschenke zu überreichen, wie sie zum normalen "diplomatischen" Verkehr dieser Zeit gehörten.[37] Gelegentlich liessen sie ihrerseits ihren Auftraggebern von fremden Höfen Nachrichten zukommen.[38] Zugleich dienten die Boten auch den ökonomischen Interessen ihrer Herkunftsländer, und in den von ihnen vorgetragenen und überreichten Schreiben wurden - wie die Māri-Texte deutlich machen - auch wirtschaftliche Angelegenheiten behandelt.[39] Des öfteren scheint es zum Festhalten von Boten oder auch Handelskarawanen gekommen zu sein. Es sollte damit wohl weniger ein politischer Druck auf den fremden Fürsten ausgeübt werden, der an einem raschen Weiterziehen der Karawane interessiert war, sondern dürfte eher der Sicherung gewisser finanzieller Leistungen gedient haben, die von den Durchziehenden zu entrichten waren. Andererseits konnten auch politische Konstellationen eingetreten sein, die es als nicht ratsam erscheinen liessen, fremde Boten oder Kaufleute in bestimmte Gebiete ziehen zu lassen.

Die Zeit der Archive von Māri stellt sich als eine Periode vielfältiger Beziehungen zwischen den einzelnen syrischen Teilstaaten dar sowie dieser Bereiche mit Mesopotamien, Ägypten und der Ägäis sowie auch Palästina. Es wird zum ersten Male ein entwickelter "internationaler Austausch" fassbar, an dem Syrien - nicht zuletzt aufgrund seiner geographischen Lage - Anteil hatte. Dieser Austausch war gewiss wesentlich umfangreicher, als die Texte von Māri von der Peripherie her, d.h. nicht aus dem eigentlich syrischen Bereich selbst, deutlich zu machen vermögen.

Anmerkungen

1 Dazu zuletzt K.A. Kitchen, Or NS 36 (1967) 39 ff.

2 Vgl. zuletzt H. Lewy, XVe RAI (Liège 1967) 13 ff. und ebenda W. Röllig, 97 ff.

3 G. Dossin, Syria 32 (1955) 1 ff.

4 Vgl. seine "Diskus"-Inschrift, F. Thureau-Dangin, RA 33 (1936) 49 ff. Kol. I 1 f.

5 Zu ^{D}Lim als Wettergottheit s. W. Röllig, Biblische Zeitschrift 12 (1968) 123 ff. entgegen E. Lipiński, XVe RAI (Liège 1967) 151 ff., der in ^{D}Lim eine Sonnengottheit und alte Bezeichnung der Sonne sehen möchte. In Anbetracht der bei eingewanderten Nomaden starken Wettergottverehrung (s. JCS 19, 1965, 93) dürfte die Annahme von W. Röllig vorzuziehen sein.

6 Vgl. zuletzt A. Malamat, Festschrift B. Landsberger (Chicago 1965) 367 ff.

7 AHw 196 und CAD E, 75 f. vorsichtiger: wertvolles (Bau)holz.

8 Offen bleiben muss, inwieweit hier auch an ein gewisses "historisches" Verhältnis zum Steppenbereich und den westlich davon gelegenen Gebieten, die ebenfalls von halbnomadischen Stämmen aufgesucht wurden, zu denken wäre.

9 So auch A. Malamat, a.a.O. 369 f.

10 Es ist aufgrund dessen vielleicht daran zu zweifeln, ob Ịaḫdun-lim tatsächlich so weit vorstiess; weder seine Jahresdaten (s. G. Dossin, Studia Mariana , 1950, 52) noch seine eigene Korrespondenz oder die des Zimrilim weisen darauf hin, dass ein Feldzug bis zum Mittelmeer stattgefunden hat. Andererseits weist A. Malamat (a.a.O. 369 f.) mit Recht darauf hin, dass die übrigen Details des Textes eher für eine Glaubwürdigkeit sprechen.

11 Dazu auch A. Malamat, a.a.O. 368.

12 Vgl. zur Situation GS I 113 f. Die Gebiete dieser Fürsten, die zugleich eine Siedlung und einen Stamm beherrschten (vgl. dazu schon A. Alt, ZDPV 64, 1941, 34), was sich in ihrem Titel ausdrückte (s. H. Klengel, Saeculum 17, 1966, 211), dürften oberhalb von Terqa am Euphrat gelegen haben, doch ist eine genauere Lokalisierung nicht möglich (vgl. oben S. 90 f.).

13 G. Dossin, Studia Mariana (1950) 52 Nr. 4. Zu Emār s. GS I 275 ff., II 447 f.

14 Der Bereich dieses Fürsten ist wohl zwischen Karkemiš und Emār

zu suchen, vgl. schon dazu GS I 19 und 27 Anm. 20.

15 F. Thureau-Dangin, RA 33 (1936) 49 ff.

16 IAK 22 ff. (Šamšiadad Nr. 1) = KAH I 2 und Dupl., vgl. dazu R. Borger, Einleitung in die assyrischen Königsinschriften (Leiden/Köln 1961) 14 f.

17 Bei einer Datierung der Regierung des Šamšiadad I. in die Jahre 1815 - 1783 nach der mittleren Chronologie, vgl. zuletzt H. Lewy, XVe RAI (Liège 1967) 13 ff., gelangen wir noch in das ausgehende 19. Jahrhundert zurück.

18 Vgl. jetzt die in RS 26.142:4' = Ugaritica V Nr. 170 bezeugte Schreibung La-ab-a-na.

19 Dazu s. auch Malamat, Festschrift B. Landsberger (Chicago 1965) 371. Daneben wären noch Belege in literarischen Texten zu nennen, die entweder der altbabylonischen Zeit entstammen oder inhaltlich auf sie zurückgehen; s. Th. Bauer, JNES 16 (1957) 253 f. und E. Reiner, JNES 15 (1956) 132 f., vgl. A. Malamat, a.a.O. 372 f.

20 Dazu Tocci, La Siria sowie GS I und II passim.

21 = Tell Waqqāṣ im SW des Ḥūle-Sees, entdeckt von J. Garstang und ausgegraben unter Leitung von Y. Yadin, s. Hazor I-IV, 1958 ff. In Māri erwähnt in ARM VI 23, 78, VII 236; vgl. auch EA 148, 227 und 228. Zu Ḫaṣōr in der Geschichte s. A. Malamat, JBL 79 (1960) 12 ff.

22 Dass an der Stelle von Ḥama zur Zeit von Māri eine Siedlung bestanden hat, haben die Ausgrabungen unter H. Ingholt ergeben (s. oben S. 66 Anm. 22). Dass es eine eigene politische Einheit darstellte, ist nicht erwiesen. Archäologisch sowie aufgrund der ägyptischen Ächtungstexte können noch eine ganze Reihe von Siedlungsplätzen dieser Zeit wahrscheinlich gemacht werden.

23 Vgl. zu diesen Fragen jetzt G. Buccellati, Cities and Nations of Ancient Syria (Rom 1967) 64 ff.

24 So auch G. Buccellati, a.a.O. 65.

25 Vgl. dazu H. Klengel, WZB 8 (1958/59) 218 und ArOr 30 (1962) 596, ferner G. Buccellati, a.a.O. 89.

26 Zuletzt dazu H.B. Huffmon, Amorite Personal Names in the Mari Texts (Baltimore 1965).

27 I. J. Gelb, JCS 15 (1961) 39 f.

28 Vgl. W.F. Albright, JPOS 8 (1928) 223 ff. und M. Noth, ZDPV 65 (1942) 9 ff., die zu dem Ergebnis kommen, dass es im 19./18. Jahr-

hundert in Syrien eine recht einheitliche "Herrenschicht" gegeben hat, die der gleichen Bevölkerungsgruppe zugehörte wie die Dynastie des Ḫammurapi von Babylon (d.h. den Amurritern).

29 Vgl. etwa ARM I 24: Koalition gegen Jamḫad; ARM V 16: Bündnis gegen Orte in Jamḫad, usw.

30 Unterscheidungen, wie sie aufgrund sprachlicher Kriterien von der modernen Wissenschaft herausgearbeitet wurden und häufig mangels anderer Merkmale auch zur historischen Periodisierung herangezogen werden, können nicht als den alten Völkern bewusste oder geschichtlich wirksame Faktoren betrachtet werden. Gegensätze zwischen Bevölkerungsgruppen, wie sie auch in der schriftlichen Überlieferung des 2. Jahrtausends Widerhall gefunden haben, beruhten auf Unterschieden in der sozialökonomischen, kulturellen und politischen Entwicklung. Die Amurriter dürften sich ebenfalls ihres einheitlichen Ethnos kaum bewusst geworden sein.

31 Die Erwähnung eines aus Qatna (Qa-ta-nim^{KI}) stammenden LÚ DUMU? NAR? in einem Text aus Chagar Bazar/ Tell Šāgher Bazār (A. 378), s. O. Loretz, Festschrift W. von Soden (1969) 200 Nr. 1, könnte auf Beziehungen zwischen den "Häusern" des Šamšīadad und Išḫīadad zurückzuführen sein.

32 Vermittlung bei der Anforderung von Truppenkontingenten, von Pferden und Holz; Austausch von Geschenken (s. GS I 16 f. und 20 f. sowie ARM XIII 7).

33 Zu Amurru s. GS II 182; es wird in noch unveröffentlichten Māri-Texten erwähnt, wobei der Kontext deutlich machen dürfte, dass hier zwar ein bereits enger umgrenzter Bereich gemeint ist, jedoch keine politische Einheit, vgl. die 4 Amurru-"Könige" in A. 2760.

34 Zum Botenverkehr s. vor allem J.M. Munn-Rankin, Iraq 18 (1956) 68 ff. und V. Korošec, XVe RAI (Liège 1967) 142 ff.

35 Zur Frage einer Erwähnung Ägyptens in den Māri-Texten s. A. Alt, ZDPV 70 (1954) 130 ff.

36 Zu den Lokalisierungen s. in GS I und II passim. Zu Kaḫat = Tell Barri s. G. Dossin, AAS 11/12 (1961-62) 197 ff. Für Karanā wird jetzt aufgrund von Textfunden der von einer englischen Expedition untersuchte Tell er-Rimah vorgeschlagen, s. St. Page, Iraq 30 (1968) 87 ff.

37 Dazu J.M. Munn-Rankan, Iraq 18 (1956) 96 ff.

38 Gegen eine Betrachtung der an fremden Höfen sich aufhaltenden

Boten als ständige Gesandte jetzt V. Korošec, XVe RAI (Liège 1967) 144.

39 Vgl. dazu schon GS I 9 ff. und GS II 11 ff.- Boten und Kaufleute reisten offenbar häufig gemeinsam, wobei möglicherweise die Kaufleute von einer Art "Immunität" der Boten zu profitieren suchten.

3. Kapitel

DER KAMPF DER MÄCHTE UM SYRIEN

Die im folgenden zu betrachtende Periode syrischer Geschichte ist charakterisiert durch die Auseinandersetzungen der Syrien benachbarten Staaten um den Besitz dieses wirtschaftlich wie strategisch bedeutenden Bereiches. Die geschichtliche Entwicklung Syriens wurde in dieser Zeit in wachsendem Masse von aussen her bestimmt, und die Heere der rivalisierenden Mächte trafen sich auf syrischem Boden. Die syrischen Staaten selbst waren nicht in der Lage, sich mit Erfolg der Expansion der Staaten zu widersetzen, die in Anatolien, Obermesopotamien und am Nil entstanden waren. Eine Ausnahme bildete lediglich - zu Beginn dieser Periode - das Königtum von Ḫamḫad, das sich eine Zeitlang dem hethitischen Angriff entgegenzustellen vermochte.

a) Die Zeit des Grosskönigtums von Ḫamḫad und die Ausbreitung der Ḫurriter.

Die Nachrichten der königlichen Archive von Māri setzen etwa um die Mitte des 18. Jahrhunderts infolge der Zerstörung Māris durch babylonische Truppen aus.[1] Der etwa ein Jahrhundert umfassende Zeitraum bis zum Einsetzen der Nachrichten aus den Archiven von Boğazköy/Ḫattuša um die Mitte des 17. Jahrhunderts (= etwa 1600 nach der Kurzchronologie) gehört zu den dunkelsten Perioden der syrischen Geschichte des 2. Jahrtausends. Unsere Kenntnisse basieren fast ausschliesslich auf dem Material des älteren Alalah-Archivs (VII), das bald nach dem Ende von Māri zu sprechen beginnt und wohl zur Zeit des hethitischen Vorstosses nach Nordsyrien endet.[2] Da sich die Texte fast ausnahmslos Angelegenheiten wirtschaftlicher Natur widmen, und zwar vor allem solchen, die den Bereich von Alalah selbst betreffen, ist die Aussage für die politische Geschichte von Alalah sowie Jamhad und vollends für die anderer syrischer Staaten sehr gering. Ursache dafür ist nicht zuletzt der Umstand, dass sich Alalah unter der Oberherrschaft der Könige von Jamhad befand, wodurch die politische Bewegungsfreiheit Alalahs eingeengt wurde und aussenpolitische Probleme kaum einen schriftlichen Niederschlag finden konnten. Diese Bezeugung einer Oberherrschaft Jamhads über den Bereich von Alalah sowie die Kenntnis einer Reihe von Königsnamen Jamhads und - wenn auch noch nicht beweiskräftig zu klären - auch die Abfolge der Herrscher von Halap sind die wesentlichen Resultate einer historischen Betrachtung des Materials aus Alalah VII. Darüber hinaus geben mehrere Jahresdaten von Jamhad-Königen, die auf Alalah-Texten überliefert sind, Auskunft über einige Unternehmungen dieser Herrscher; durch weitere Zeugnisse können diese Aktionen nicht präzisiert werden. Dieses Bild einer politischen Vormachtstellung von Jamhad im nördlichen Syrien wird ergänzt durch Nachrichten aus Boğazköy-Texten, deren Bericht über Syrien einsetzte, als die Hethiter nach Nordsyrien vordrangen und Syrien in den Vordergrund der hethitischen Expansion rückte. Halap erscheint hier als vorrangiges Angriffsziel und wichtigster Gegner in Nordsyrien. Es ist also wohl berechtigt, diesen dunklen Zeitabschnitt mit dem Namen Jamhads zu kennzeichnen, bis vielleicht neue Textfunde eine bessere und umfassendere Aussage gestatten.

Wie die Texte aus Alalah VII zeigen, bedeutete ihr Einsetzen keinen neuen Abschnitt in der Geschichte des nördlichen Syrien. Ein

Vergleich der Situation, wie sie sich aufgrund der Mari-Texte darstellen lässt, mit der Aussage von Alalaḫ VII zeigt keine historische Zäsur, sondern ein Fortbestehen sowohl der dominierenden Stellung Jamḫads als auch der politischen Zersplitterung Syriens, wenn auch über letzteres den Texten keine sicheren Angaben zu entnehmen sind. Das Ende von Māri, herbeigeführt durch eine zweite Unternehmung des Ḫammurapi von Babylon,[3] hat auf die geschichtliche Entwicklung in Syrien selbst keine unmittelbaren Auswirkungen gehabt. Vielleicht hat dieses Ereignis im wirtschaftlichen Bereich Konsequenzen gezeitigt, da Māri eine wichtige Station im Handelsverkehr zwischen Syrien und Mesopotamien darstellte und namentlich im Zwischenhandel mit Zinn eine Rolle gespielt hatte.[4] Vielleicht war es Jamḫad möglich, aus dem Zusammenbruch des Königreiches von Māri Nutzen zu ziehen und sich Bereiche östlich des Euphrat einzuverleiben, die zuvor von Māri kontrolliert worden waren, jetzt aber weit vom Zentrum der babylonischen Macht entfernt lagen. Abbael, der erste durch eigene Texte aus Alalaḫ VII bezeugte König von Jamḫad, vermochte jedenfalls über Irrite östlich des Euphrat (vielleicht am Belīḫ?) zu verfügen (AT +1, +456). Die Entwicklung Jamḫads zu einem Grosskönigtum, die bereits zur Zeit des Jarimlim I. eingesetzt hatte (s. oben), wurde durch die Ereignisse am Regierungsende des Zimrilim von Māri nicht beeinträchtigt. Abbael hatte auch Hoheitsrechte gegenüber dem wichtigen Euphrathafen Emār (GS I 276 f.). Da er Jarimlim zum Regenten in Alalaḫ einsetzte, scheint sein Herrschaftsgebiet den grössten Teil Syriens zwischen Mittelmeer und Belīḫ umfasst zu haben; auch Karkemiš, das nach Aussage einer allerdings nicht genauer datierbaren Steininschrift (GS I 31) unter eigenen Fürsten stand, wird sich dem Einfluss Jamḫads nicht entzogen haben (vgl. GS I 35 f.). Wenn Niqmepa von Jamḫad dann die Eroberung der Stadt Arazik (s. oben S. 90) überliefert, so könnte das auf einen Rückgang der Macht Jamḫads östlich des Stromes deuten, falls es sich nicht um die Niederwerfung einer lokal begrenzten Revolte handelte. Für einen Jarimlim (III.) von Jamḫad wird durch ein anderes Jahresdatum ein Sieg über Qatna(?) bezeugt.[5] Falls die Lesung des GN als Qatna hier berechtigt ist, dann wird dadurch für Qatna auch nach der Periode von Māri die Existenz als eigenes Fürstentum angezeigt. Die Stadt dürfte als eine Station auf dem Karawanenweg vom Euphrat nach Syrien via Palmyra eine Rolle gespielt haben. Dafür kann auch ein altbabylonischer Brief herangezogen werden, der Qatna/Qatana als Alternative für den Karawanenweg über Imār/Emār erwähnt.[6] Ein anderer altbabylonischer Text (VS XVI 24, s. GS I 150) spricht für Kontakte zwischen Ḫalap und Babylon zu einer Zeit, als bereits die Hethiter nach dem nördlichen Syrien vorzudringen begannen.

Nach all dem erscheint es jedenfalls als nicht unangemessen, wenn in einem späteren Text (Talmišarruma-Vertrag, KBo I 6 Z. 11) davon gesprochen wird, dass die Herrscher von Jamḫad das "Grosskönigtum" (šarrūtu rabītu) innehatten, bevor Ḫattušili I. Nordsyrien durchzog. Dass die Könige von Jamḫad selbst diesen Titel führten, ist wenigstens durch die letzten Herrscher der Zeit des Alalaḫ VII-Archivs bezeugt.[7] Bei diesen Belegen handelt es sich allerdings nicht um eine Führung des Titels LUGAL.GAL nach aussen hin, sondern gegenüber dem LUGAL von Alalaḫ (vgl. GS I 158 f.), der Ḫalap unterstellt war. Dieses Unterstellungsverhältnis wird besonders deutlich durch AT +6 ausgedrückt, eine testamentarische Verfügung des Ammitakum von Alalaḫ, ausgefertigt in Gegenwart des Jarimlim von Jamḫad, der als der "Herr" (bēlu) des Ammitakum bezeichnet wird. Ammitakums Nachfolger wird als künftiger "Diener" (ardu) des Königs von Jamḫad deklariert.[8] Andererseits gibt es einige Hinweise darauf, dass die Oberhoheit von Jamḫad in Alalaḫ zwar respektiert wurde, sich die eigene Autorität des Herrschers von Alalaḫ aber schon zu dokumentieren suchte: Ammitakum nennt sich in seinen Urkunden dem König von Ḫalap gegenüber LÚ, während in internen Dokumenten der Titel eines LUGAL für ihn bezeugt ist; er datiert bereits mit eigenen Datenformeln (AT +35), und in der testamentarischen Verfügung findet sich der Hinweis darauf, dass er von seinen Eltern - also nicht vom Jamḫad-König - zum Herrscher bestimmt worden sei (AT +6:9 f.).[9] Es zeigt sich darin wenigstens ein gesteigertes Selbstbewusstsein. Eigenständige Beziehungen zu anderen Herrschern sind nicht überliefert; hier wären lediglich die Eheschliessungen mit auswärtigen Prinzessinnen zu notieren, die Anzeichen einer eigenständigen, wenn auch wohl mit Jamḫad koordinierten Aussenpolitik sein könnten: Ammitakum ging die Ehe mit der Tochter des Regenten von Apišal ein (AT +409), während sein Sohn die Tochter des Herrschers von Ebla heiratete (AT +35, s. dazu GS I 205). Vielleicht darf der etwas weitere Spielraum, der eigenen Entscheidungen der Könige von Alalaḫ und wohl auch anderer Fürsten, die unter der Oberhoheit Jamḫads standen, in der Spätzeit des Grosskönigtums von Jamḫad gelassen wurde, mit der aussenpolitischen Situation in einen Zusammenhang gebracht werden, so vor allem mit dem Vordringen der Hethiter über den Taurus?

Mit der Oberhoheit über Alalaḫ reichte der Einflussbereich der Könige von Jamḫad etwa bis an die Küste des Mittelmeeres. Hier blühte das Königtum von Ugarit, dessen archäologischer Befund auf intensive Handelskontakte der Hafenstadt mit Ägypten und der ägäischen Welt weist (s. GS II 333). Ein bislang singulärer Beleg (AT +358) bezeugt Handelskontakte zwischen Ugarit und Alalaḫ. Nach dem archäologischen Material kann auch für Gubla/Byblos (GS II 433) eine Periode wirtschaftlicher Blüte und enger Bindungen zu Ägypten angenommen werden; in den Alalaḫ-Texten ist der Name Gublas nicht belegt. Dagegen sind Beziehungen zum mittelsyrischen Tunip bezeugt, das zudem als Produzent bestimmter Exportgüter auch in Mesopotamien bekannt war.[10] Auch Qatna wird in Alalaḫ VII-Urkunden erwähnt (AT⁺259, s. GS II 106 f.) und erscheint wohl in einem Jahresdatum der Zeit des Ammitakum (AT ⁺6). Die Weiterexistenz von Qatna (vgl. dazu bereits oben S. 159) wird auch durch die etwas späteren Inventarlisten bestätigt, die bei den Grabungen auf Tell el-Mišrife entdeckt wurden (s. dazu unten). In Alalaḫ-Texten werden Pferde und Personal aus dem Lande Amurru notiert (GS II 182 f.), doch scheint Amurru auch jetzt keine politische Einheit dargestellt zu haben, sondern bezeichnete eher eine Landschaft, die von mehreren Fürsten beherrscht wurde (vgl. A. 2760, s. GS II 182). Wir dürfen daher wohl in Ugarit, Gubla/Byblos, Tunip und Qatna Staatsgebilde sehen, die ausserhalb des Bereiches der Oberhoheit Jamḫads existierten. Über weitere Fürstentümer Mittel- und Südsyriens ist den Alalaḫ-Texten der Schicht VII nichts zu entnehmen. Ebla, mit dem die Alalaḫ-Dynastie eine eheliche Verbindung einging (s.oben), besass offenbar eigene Fürsten, über deren Verhältnis zum nahen Jamḫad jedoch nichts überliefert ist. Wenn es tatsächlich zu einer für Jamḫad siegreichen Auseinandersetzung mit Qatna gekommen ist (AT ⁺6) und Ebla dem Tell Mardīḫ gleichgesetzt werden darf, dann ist anzunehmen, dass auch Ebla unter der Oberhoheit von Jamḫad gestanden hat.

Das politische Bild Syriens zwischen der Zeit der Māri-Archive und dem Eindringen der Hethiter nach Nordsyrien lässt sich also nur sehr unvollkommen zeichnen. Es scheint, dass sich das politische Gefüge gegenüber dem, wie es aus den Māri-Texten deutlich wurde, kaum wesentlich verändert hat. Zu behandeln wäre in diesem zeitlichen Rahmen jedoch ein ethnisches Problem, die Ausbreitung der Ḫurriter in Syrien (vgl. zur politischen Einflussnahme der Ḫurriter unten Abschnitt c). Die Ḫurriter[11] traten als ein neues Bevölkerungselement nicht-semitischer Herkunft zu den Amurritern und früheren Bewohnern Syriens hinzu.[12] Das muss in verstärktem Umfang gerade in diesem "dunklen" Zeitabschnitt syrischer Geschichte vor sich gegangen sein: Am Ende des 3. und Anfang des 2. Jahrtausends können sie bereits im nördlichen Mesopotamien nachgewiesen werden,[13] und aus Māri sind nicht nur einige Texte in ḫurritischer Sprache bekannt,[14] sondern auch die ḫurritischen Namen von zwei Fürsten des nördlichen Syrien: Des Šennam von Uršu und des Anišḫurpi von Ḫaššu.[15] In einigen Orten Nordsyriens dürften die Ḫurriter also schon im 19./18. Jahrhundert die politische Führung übernommen haben, und zwar insbesonderen in solchen des nordöstlichen Landesteils. Diese frühesten Zeugnisse für eine Anwesenheit von Ḫurritern in Syrien[16] deuten zudem auf die Richtung, aus der die Einwanderung bzw. Infiltration - denn für einen massierten Einbruch liegen bislang keine Zeugnisse vor - der Ḫurriter erfolgte. Der Weg ging vom nördlichen Mesopotamien bzw. von SO-Kleinasien nach S bzw. SW.[17] In den Texten von Alalaḫ IV, also etwa um die Mitte des 2. Jahrtausends, treten uns die Ḫurriter bereits als wohl stärkstes Bevölkerungselement entgegen, und die Könige von Ḫurri-Mitanni repräsentierten ein im wesentlichen ḫurritisches Staatswesen Obermesopotamiens, das seinen politischen Einfluss bis nach Alalaḫ ausdehnen konnte.[18] Amenophis II. zählt eine Zahl von 36300 Ḫurritern in einer Beuteliste auf, die auf Unternehmungen in Syrien/Palästina Bezug nimmt (Urk. IV 1309),[19] und für das spätbronzezeitliche Ugarit ist durch ḫurritische Texte ein Anteil der Ḫurriter an der Bevölkerung der Hafenstadt bzw. ihrer Umgebung wahrscheinlich gemacht.[20] Dazwischen, also etwa in der Zeit von 1750 bis 1500, muss eine starke Ausbreitung der Ḫurriter wenigstens im nördlichen Syrien erfolgt sein. In den Texten von Alalaḫ VII finden sich ḫurritische PN, Monatsnamen, Glossen und Sprachformen,[21] und vielleicht darf mit I.J. Gelb (JCS 15, 1961, 39) sogar angenommen werden, dass damals wohl das Ḫurritische die gesprochene Sprache bei Hofe war, während die Regenten selbst dem westsemitisch-amurritischen Element zugehörten. Als die Hethiter nach Nordsyrien vorstiessen, stellte sich ihnen das nördliche Syrien offenbar als bereits so weit ḫurritisiert dar, dass sie unter den ihnen auch aus Kleinasien bekannten Ḫurritern in Nordsyrien auch offenbar die westsemitische Bevölkerung mit einbegriffen.[22] Soweit man sehen kann, handelte es sich bei der Ausbreitung der Ḫurriter wohl um eine weitgehend friedliche Unterwanderung, und nur gelegentlich kam es zur politischen Machtübernahme durch die Zuwanderer.[23] Nach den Namen der syrischen Fürsten zu urteilen, blieben in allen wesentlichen Zentren die westsemitisch-amurritischen Dynastien an der Spitze, wenn auch an den Höfen die Ḫurriter zuweilen einflussreiche Positionen innegehabt haben mögen. Für eine klarere Darstellung der Situation fehlt es noch an genaueren Informationen, da das inschriftliche Material aus Alalaḫ VII nicht notwendigerweise auch für das übrige Syrien relevant sein muss. Ein archäologischer Nachweis der Ḫurriter ist schwierig und am ehesten noch aus dem Keramik-Material ablesbar.[24]

In diesem Zusammenhang gewinnt eine weitere Frage Bedeutung, und zwar das Verhältnis der Ḫurriter und ihrer Ausbreitung in Syrien sowie Palästina zu den zeitweilig Ägypten beherrschenden Hyksos. Bereits A. Alt[25] hat darauf hingewiesen, dass in Syrien keine Massenbewegung in Richtung auf Ägypten feststellbar ist; zudem ist die Ansicht, dass es sich um die Invasion eines fremden Volkes handele, jetzt allgemein aufgegeben worden.[26] Die Ansicht, die Ḫurriter seien die eigentlichen Träger der Hyksos-"Bewegung" gewesen,[27] ist mit verschiedenen - und recht einleuchtenden - Argumenten angefochten worden: Einmal haben sich die Hyksos-Namen als teils semitisch, teils ägyptisch oder anderssprachig, aber kaum als ḫurritisch erwiesen,[28] zum anderen sprechen chronologische Erwägungen dagegen: Während die Hyksos ihre politische Herrschaft in Ägypten mit der Eroberung von Avaris etwa um 1720 (nach Neferhotep-Sebekhotep IV.) errichteten, liegt die eigentliche Ausbreitung der Ḫurriter vom Nordrand Mesopotamiens nach SW erst etwas danach.[29] Eine indo-arische Beteiligung an der Hyksos-Herrschaft der XV. und XVI. Dynastie in Ägypten kann wohl wegen des Fehlens indo-arischer PN unter den Hyksosnamen und der recht späten Beimischung von Ariern zum ḫurritischen Element[30] abgelehnt werden. Es dürften also in erster Linie Gruppen von Semiten gewesen sein, die im Rahmen einer "progressiven Infiltration" nach Ägypten gelangt und schliesslich zur zeitweiligen politischen Herrschaft aufgestiegen waren; es ist anzunehmen, dass diese Semiten vorrangig der westsemitisch-amurritischen Gruppe angehörten, wie sie durch die ägyptischen Ächtungstexte für Syrien und Palästina südlich des Eleutheros bezeugt ist.[31] Eine einheitliche ethnische Zugehörigkeit wird für die "Hyksos" nicht angenommen werden können.

So wären für die Zeit zwischen dem Ende der Archive von Māri und dem Einsetzen der hethitischen Nachrichten über die Verhältnisse in Nordsyrien zwei Umstände hervorzuheben: Die Konsolidierung des bereits während der Māri-Zeit entstandenen Grosskönigtums von Jamḫad sowie die Ausbreitung des ḫurritischen Bevölkerungselements. Beide Faktoren haben in der Auseinandersetzung mit den vordringenden Hethitern eine Rolle gespielt.

b) Das Vordringen der Hethiter nach Nordsyrien.

Mit diesem Abschnitt wird wiederum ein kurzer - hier nur zwei Generationen umfassender - und auch räumlich nicht das ganze Syrien umgreifender Bereich syrischer Geschichte vorgestellt. Quellenmässige Grundlage sind dabei in erster Linie die Texte aus Boğazköy, wie sie - in zum Teil auch jüngerer Überlieferung - auf uns gekommen sind. Daneben können noch einige wenige Angaben aus den jüngsten Texten von Alalaḫ VII herangezogen werden.

Um die Mitte des 17. Jahrhunderts (mittlere Chronologie) fühlte sich der König des in Zentralanatolien entstandenen Hethiterstaates stark genug, um über die Barriere des Taurus-Gebirges nach SO vorzustossen.[32] Ḫattušili I., der zweite uns mit Namen bekannte König des älteren Ḫattistaates[33] und eigentliche Begründer des hethitischen Reiches, ist der erste anatolische Herrscher, dessen Eindringen in das nördliche Syrien uns glaubhaft überliefert ist.[34] Die Gründe für diese Richtung der Expansion dürften zunächst im ökonomischen Bereich zu suchen sein: Durch Syrien verliefen wichtige Transit-Handelwege, deren Besitz oder Kontrolle ein wesentlicher Gewinn war. Syrien war ferner - nicht zuletzt wohl durch die Beteiligung syrischer Kaufleute am Handel der altassyrischen Niederlassungen in Kleinasien - als ein reiches Land bekannt; im Gegensatz zu Kleinasien, wo die Beute bei erfolgreichen militärischen Unternehmungen im wesentlichen aus Herden von Rindern und Schafen bestand, konnten in Syrien Edelmetalle, handwerkliche Produkte und andere begehrte Güter gewonnen werden, wie sie dann auch in den Berichten über die hethitischen Syrienzüge unter der Beute notiert werden. Auch im Hinblick auf seine strategische Position wird Syrien einen Anreiz auf die Hethiter ausgeübt haben.[35] Durch den Besitz eines längeren Küstenstreifens am Mittelmeer , wie er nach einigen Textzeugnissen der Hethiter selbst angestrebt wurde,[36] konnte sich Ḫatti nicht nur in den Seehandelsverkehr dieser Zeit - unter Nutzung fremder Schiffe - einschalten, sondern es schloss zugleich an Traditionen an, die wohl auf die Zeit des Sargon und Narāmsīn von Akkad zurückgingen. Während Feldzüge in Kleinasien, bei denen man sich mit einer Reihe von lokalen Fürsten und Stammesführern auseinanderzusetzen hatte, wenig geeignet waren, dem Ḫattikönig Prestige und "internationales" Ansehen einzubringen, bot Syrien auch in dieser Hinsicht einen grösseren Anreiz. Offen muss freilich bleiben, inwieweit solche Erwägungen, wie sie auch aus der hethitischen historischen Überlieferung abgeleitet werden können, Ḫattušili I. bereits vor seinem Eindringen in die nordsyrisch-obermesopotamische Sphäre und ihre Traditionen vor Augen standen. Manches, was dann in den hethitischen Texten Niederschlag fand, mag zusammen mit der altbabylonischen Variante der Keilschrift und syrischen Schreibern nach Ḫatti gelangt sein. Nicht ganz auszuschliessen wäre auch - wenn es sich auch schwer fassen lässt - ein "historisches Verhältnis" der Hethiter zum nordsyrisch-obermesopotamischen Raum. Sicher ist jedenfalls, dass das Vorgehen Ḫattušilis I. in späterer Zeit als mehr als nur ein Raubzug betrachtet wurde; es war der Eintritt Ḫattis in die politischen Machtkämpfe Vorderasiens und sein erstes Engagement südlich des Taurus - ein Umstand, der in teils historischen, teils literarischen Kompositionen einen Widerhall gefunden hat (GS I 146 ff.).

Als bisher klarste Darlegung des Verhältnisses des Ḫattušili I. zu Syrien, hier insbesondere zu Ḫalap, konnte bis zur Entdeckung der neuen Bilingue des Ḫattušili im Jahre 1957 ein Passus aus der historischen Einleitung des Talmišarruma-Vertrages gelten, demzufolge Ḫattušili das (Gross)königtum von Ḫalap "erfüllte".[37] Vielleicht dürfen wir darin eine Art kultischer Vorbereitung der späteren Eroberung Ḫalaps durch Muršili I. sehen, was sich in die Tendenz der hethitischen Historiographie gut einfügen würde: Da es dem Ḫattušili nicht gelang, Ḫalap einzunehmen, obgleich es das Hauptanliegen seiner Eroberungen in Nordsyrien gewesen sein muss, konnte in der späteren Rückschau durch diese Formulierung wenigstens ein positiver Eindruck von Ḫattušilis Aktivität gegenüber Ḫalap erweckt werden. Genauere Auskunft über Ḫattušilis Unternehmungen in Syrien, zugleich eine räumlich weiter ausgreifende - denn hier fehlt die konkrete Zielsetzung des Textes gegenüber einem einzelnen Fürsten -

Darstellung, bietet die bereits erwähnte hethitisch-akkadische Bilingue (KBo X 1-3).[38] In annalenartiger Form wird hier ein Überblick über die wohl ersten sechs Regierungsjahre des Ḫattušili gegeben.

Der Text beginnt - was Syrien betrifft - mit der Bemerkung, dass Ḫattušili "im nächsten Jahr" (= Jahr 2?) gegen Alḫalḫa/Alalḫa zog, das wir mit dem Alalaḫ = Tell Atçana gleichsetzen dürfen. Alalaḫ wurde "vernichtet",[39] wobei man vielleicht an eine Eroberung der Stadt selbst denken könnte, da anderenfalls mit einer Schreibung KUR ^{URU}A. zu rechnen wäre; Sicherheit ist hier allerdings nicht zu erlangen.[40] Fraglich bleibt, inwieweit eine "Vernichtung" hier eine Zerstörung der Stadt und damit auch das Ende des Archivs von Alalaḫ VII bedeutete.[41] In dem Bericht des Ḫattušili I. nimmt die "Vernichtung" von Alalaḫ nur einen untergeordneten Platz ein, und ein Abtransport von Beute wird nicht erwähnt. Anschliessend ist Ḫattušili in nördlicher bzw. nordöstlicher Richtung weitergezogen, und zwar über Uršu/Ḫaršuḫa, Igakališ/Ikakali und Tišḫinija/Tašḫinija, zurück dann wieder über Uršu.[42] Mit Tišḫinija scheint Ḫattušili wieder in das südöstliche Kleinasien gelangt zu sein, doch kehrte er noch einmal um und "vernichtete" auf dem Rückweg das Land(!) Uršu. Es könnte das bedeuten, dass er zu seiner Einbruchsstelle nach Nordsyrien zurückkehrte, d.h. wohl zum Amanus und nach Kilikien.[43] Ḫattušili I. wandte sich also gegen Bereiche, die mit Ḫalap verbündet oder diesem unterworfen waren, vermied jedoch - so jedenfalls nach seinem eigenen Bericht - eine Berührung mit Ḫalap selbst.[44] Südlichster Punkt wäre wohl Alalaḫ gewesen, Uršu der wichtigste Gegner während der Unternehmung dieses Jahres. Dass der Erfolg in Nordsyrien kurzlebig war, wird in der Bilingue selbst überliefert: Während sich Ḫattušili gegen das kleinasiatische Arzaḫa gewandt habe, sei in seinem Rücken der "Feind des Landes Ḫanigalbat" bzw. "Ḫurri" in Ḫatti eingedrungen, was einen allgemeinen Abfall von Ḫattušili zur Folge gehabt habe. Die Bedrängnis wird hier besonders hervorgehoben und gewiss übersteigert - es heisst, nur Ḫattuša selbst sei ihm übriggeblieben - um die nachfolgende Wiederherstellung hethitischer Macht durch Ḫattušili umso deutlicher von diesem Niedergang abzusetzen.[45] Drei Jahre später erschien Ḫattušili erneut in Syrien, wobei als erstes Ziel Zarunti/Zaruna erscheint, das auch in der Autobiographie des Idrimi belegt ist und wohl ebenso wie die anderen dort erwähnten Orte im N oder NO von Gaziantep zu suchen sein wird (GS I 230). Sodann marschierte das hethitische Heer nach Ḫaššu, wobei sich ihm am Adalur-Gebirge (s.oben S. 32 f.) feindliche Truppen entgegenstellten; sie kamen aus Ḫaššu, aus anderen syrischen Orten sowie - worauf in der Bilingue besonders verwiesen wird - aus Ḫalap. Dieser Sieg, den eine wohl erste Berührung Ḫattušilis mit Truppen aus Ḫalap brachte, hat auch in weiteren Texten eine Widerspiegelung gefunden, die allerdings teilweise sehr bruchstückhaft überliefert sind. Es könnte gerade dieses Ereignis gewesen sein, dass späterhin Ḫattušili I. als der König betrachtet wurde, der die Eroberung Ḫalaps einleitete. So wird in einem in althethitischer Fundlage entdeckten Fragment (KUB XXXVI 100 + KBo VII 14, s. GS I 146 f.) ein Aufgebot Ḫalaps in Zusammenhang mit Ḫaššu erwähnt, und in KUB XXXI 5, einem Text, der wenigstens sprachlich in althethitische Zeit weist, wird eine Auseinandersetzung mit einem Ỵarimlim (von Ỵamḫad) erwähnt.[46] Da der in KUB XXXVI 100 + KBo VII 14 genannte PN Zukrāši wohl mit dem in AT +6 erwähnten PN identisch und anscheinend auch in KUB XXXI 5 Z. 8 gemeint ist (GS I 146), lässt sich ein Synchronismus der in diesen Texten berichteten Ereignisse annehmen. Es ergibt sich das Bild einer Auseinandersetzung des Ḫattušili I. mit Ỵarimlim (III.) von Ḫalap, die sich im nördlichen Syrien unweit von Ḫaššu abspielte.[47] Die Einnahme von Ḫaššu durch die hethitischen Truppen, auf die auch in einem didaktischen Passus eines anderen Textes hingewiesen wird (s.

KBo III 27),[48] wird in der neuen Bilingue Ḫattušilis I. ausführlich geschildert.[49] Ḫattušili musste, um nach Ḫaššu zu gelangen, zunächst den Puran-Fluss[50] überschreiten; Ḫaššu wurde sodann erobert und geplündert. Dabei fielen Gold- und Silbergegenstände in grösserer Menge in die Hände der Hethiter, was als Hinweis auf eine Wohlhabenheit mindestens der Tempel dieses nordsyrischen ḫurritischen Zentrums gewertet werden kann. Unter den wertvollen Kultgegenständen, die aus Ḫaššu nach Ḫatti gebracht wurden, befand sich auch ein Bild des Wettergottes von Ḫalap, der in Nordsyrien besondere Verehrung genoss.[51] Der Kult nordsyrischer (ḫurritischer) Gottheiten wurde spätestens zu diesem Zeitpunkt nach Ḫatti verpflanzt. Die aus Ḫaššu fortgeführten Götterbilder wurden in Ḫatti, wie berichtet wird, mit Gold eingefasst - hier ging es also nicht um den Edelmetallwert der Beutestükke, sondern um deren religiös-kultische und zugleich symbolische Bedeutung. Nicht zuletzt auch aufgrund dieser Übertragung nordsyrisch-ḫurritischer Kulte nach Ḫatti haben die Hethiter auch späterhin Hoheitsrechte über Nordsyrien abgeleitet, und ganz speziell wurde es wohl als eine Art kultischer Einleitung der Eroberung Ḫalaps verstanden. Im folgenden wird dann noch der Sieg über die Stadt Ḫaḫḫu berichtet, der nach einer Überquerung des Euphrat erfolgte; Ḫattušili unterlässt es hier nicht, auf eine Parallele zu Sargon von Akkad zu verweisen.[52] Die Könige von Ḫaššu und Ḫaḫḫu wurden dann vor einen Lastwagen gespannt, um ihre Demütigung augenfällig zu machen.[53] Es ist möglich, dass sie durch hethitische Statthalter ersetzt wurden.[54] Der Bericht der Bilingue endet mit der Darstellung dieser Ereignisse;es ist nicht zu erschliessen, was - im Hinblick auf Syrien - danach erfolgte. Einmal könnte in diesen späteren Jahren - Sicherheit ist hier nicht zu gewinnen - die in einem historisch-erzählenden Literaturwerk berichtete Belagerung von Uršu stattgefunden haben (s. KBo I 11), zum anderen ist es gut möglich, dass es noch zu weiteren

Kämpfen mit Ḫalap gekommen ist; denn Ḫattušili I. wird das Ziel, diese mächtigste nordsyrische Stadt zu erobern, kaum nach seinem wohl 6. Regierungsjahr aufgegeben haben.[55] Hierfür könnte vielleicht KBo III 57 herangezogen werden (GS I 149), wonach Muršili I. das "Blut" (?) seines Adoptivvaters Ḫattušili rächte, indem er Ḫalap eroberte. Möglicherweise wird hier - falls die Ergänzung des Wortes richtig ist - auf eine Verwundung Bezug genommen, die Ḫattušili bei den Kämpfen um Ḫalap erhalten hat; es muss dahingestellt bleiben, ob er daran dann verstorben ist.[56] Im Edikt KBo III 27, das die Nachfolge des Muršili regelte (GS I 148), wird Ḫalap dem Kronprinzen als wohl wichtigste militärische Aufgabe nach seiner Regierungsübernahme gestellt.

Muršili I. hat diese Aufgabe dann gelöst. Es ist anzunehmen, dass auch Ḫalap sich der drohenden Gefahr bewusst war und deshalb versuchte, weitere Bundesgenossen zu gewinnen. Sollten deshalb vielleicht Abgesandte nach Babylon gesandt worden sein, das schon einmal während der Māri-Zeit in eine Allianz mit Ḫalap eingetreten war?[57] Ein annalistischer Bericht über diese Syrien-Unternehmung des Muršili I. liegt bislang nicht vor. Zur Verfügung stehen nur mehr oder weniger knappe Notizen,[58] wobei KBo III 57 deutlich hervorhebt, dass Muršilis Vorgehen gegen Ḫalap Teil eines Programms war, das bereits in der Zeit Ḫattušilis I. entwickelt worden war. Auch in der historischen Einleitung des Talmišarruma-Vertrages (KBo I 6) wird zunächst auf Ḫattušilis vorbereitende Unternehmungen hingewiesen und dann über die Vernichtung des Königtums Ḫalap und seines Landes berichtet. Damit war die stärkste Macht im nördlichen Syrien ausgeschaltet, die nicht nur den Hethitern selbst eine Zeitlang erfolgreich Widerstand geleistet hatte, sondern auch an der Spitze einer Koalition nordsyrischer Fürstentümer gestanden hatte. Es ist anzunehmen, dass Muršili vor seinem Weiterzug nach Mesopotamien sich den Rücken sicherte und weitere nordsyrische Zentren bis hin zum Euphrat - wie etwa auch Karkemiš - unterwarf.[59] Ob auch Alalaḫ von diesen Ereignissen berührt wurde, ist nicht sicher.[60] Das nördliche syrische Binnenland - über die Situation an der Küste ist keine Aussage möglich - gelangte damit unter die Herrschaft der Hethiter. Mittel- und Südsyrien werden ebensowenig wie der Küstenbereich von den hethitischen Texten berührt und bleiben daher im Dunkeln.

Nordsyrien ist auch nach der Eroberung Ḫalaps durch Muršili I. nicht ein fester Bestandteil des hethitischen Reiches geworden. Es scheint, dass Muršili auch in den späteren Jahren noch Kämpfe in Syrien zu bestehen hatte.[61] Im Erlass des Telipinu wird für Muršilis Nachfolger, Ḫantili, eine militärische Aktivität im nördlichen Syrien angedeutet,[62] und zwar offenbar vor allem im Gebiet des Euphratbogens. Wir dürfen darin wohl einen Hinweis auf eine Schwächung der hethitischen Position sehen, auch wenn die hethitische Oberhoheit in Nordsyrien wiederhergestellt wurde.

In der Folgezeit ging die Hethiterherrschaft hier jedenfalls verloren. Ursache dafür waren einmal die inneren Verhältnisse in Ḫatti selbst; durch eine Serie von Königsmorden wurde die Stellung der Zentralgewalt geschwächt, was augenblicklich Konsequenzen auch für den auswärtigen Besitzstand Ḫattis hatte. Zum anderen war hethitischerseits wohl nicht versucht worden, die nordsyrischen Besitzungen auch administrativ fest in das hethitische Reich einzubeziehen; wahrscheinlich zu machen ist lediglich die Einsetzung von Militärgouverneuren.

c) Die Ausdehnung von Ḫurri-Mitanni.

Dass etwa zur Zeit des älteren Alalaḫ-Archivs (Schicht VII) sich die ḫurritische Bevölkerung in Syrien stark ausbreitete, ist bereits dargelegt worden. Die ḫurritische Besetzung syrischen Territoriums tritt uns auch in einer Reihe von Texten entgegen, die das Vordringen der Hethiter nach Nordsyrien widerspiegeln - seien es solche aus althethitischer Zeit selbst oder Rückerinnerungen aus der Grossreichsperiode.[63] Die Situation erfährt eine zusätzliche Aufhellung durch die Texte aus dem jüngeren Alalaḫ-Archiv (Schicht IV), die durch ihre Verweise auf die Könige von Ḫurri-Mitanni, durch ḫurritische PN, Glossen und Ḫurrismen im Akkadischen deutlich die ḫurritische Einflussnahme auf Alalaḫ zeigen. Schliesslich hat Idrimi in seinem autobiographischen Bericht ein besonders aufschlussreiches Zeugnis für die Rolle von Ḫurri-Mitanni im nördlichen Syrien geliefert.

In der neuen Bilingue des Ḫattušili I. (KBo X 1-3) wird für das dritte Jahr des Berichtszeitraums ein Vordringen des Feindes aus Ḫanigalbat bzw. Ḫurri notiert. Wenn auch die Frage der Abfassung der Bilingue und des zeitlichen Verhältnisses der akkadischen und hethitischen Version zueinander noch einer endgültigen Klärung bedarf, so ist doch damit der historisch früheste Hinweis auf eine militärische Auseinandersetzung zwischen Hethitern und Ḫurritern gegeben.[64] Zwar dürfte, wie bereits erwähnt, Ḫattušilis Bericht im Sinne einer propagandistischen Tendenz übertrieben worden sein, doch ist anzunehmen, dass wenigstens das östliche Kleinasien in die Hände der Ḫurriter gefallen ist. Bei seinem Gegenstoss, der sowohl in der Bilingue als auch in weiteren Texten überliefert wird, hat Ḫattušili I. nicht nur in Kleinasien, sondern auch in Nordsyrien gegen den ḫurritischen Feind gekämpft; auch Muršili I. hat sich hier dann Ḫurriter-Truppen gegenübergesehen.[65] Der PN Zukrāši (s. GS I 146), den der Truppenführer Ḫalaps trägt, kann ḫurritisch gedeutet werden,[66] und Muršili I. hat, wie in KBo III 57 (GS I 149) berichtet wird, nach der Eroberung von Ḫalap alle "Ḫurriter-Städte" zerstört sowie - nach dem Telipinu-Erlass (GS I 149 f.) - in Zusammenhang mit seinem Feldzug gegen Ḫalap und Babylon auch die Ḫurriter geschlagen.[67]

Es bliebe nun die Frage zu stellen, inwieweit diese Ḫurriter hier nicht nur ein Bevölkerungselement repräsentierten, sondern auch ḫurritische Staatswesen beiderseits des Euphrat.

In der Bilingue wird weder in Zusammenhang mit Alalaḫ, für dessen Schicht VII eine ḫurritische Bevölkerungsbeimischung angenommen werden kann, noch in Verbindung mit Uršu, das aus Māri-Texten als ḫurritisch regiertes Staatswesen bekannt ist, auf Ḫurriter hingewiesen. Bei dem Einbruch der Ḫurriter nach Kleinasien handelte es sich, so scheint es, um Aktionen mehrerer ḫurritischer staatlicher Einheiten. Schliesslich ging Ḫattušili I. gegen Ḫaššu vor, das wenigstens während der Zeit von Māri einen ḫurritischen Fürsten hatte und durch das nach Ḫatti fortgebrachte Kultinventar als ḫurritisches Zentrum der Zeit Ḫattušilis ausgewiesen ist. Šanda aus Ḫurma, der mit dem Titel eines "Hofjunkers" (DUMU É.GAL) in Ḫaššu lebte bzw. eingesetzt worden war (KBo III 34 Z. 24),[68] soll nach Aussage einer Sammlung von Anekdoten über Verfehlungen sich vor den Ḫurritern gefürchtet(?) haben und daher vom hethitischen König bestraft worden sein, und es scheint, dass mit diesen Ḫurritern nicht das in und um Ḫaššu ansässige Element allein gemeint sein kann. In der Erzählung über die Belagerung von Uršu (KBo I 11) werden neben den "Ḫurri-Truppen" (ERÍN.MEŠ Ḫur-ri) auch ein "Sohn des Wettergottes" bzw. ein "Diener des Sohnes des Wettergottes" erwähnt; ferner wird auf einen Kampf der "Söhne des Sohnes des Wettergottes" verwiesen. Die Interpretation dieser Aussagen bereitet Schwierigkeiten,[69] doch könnten sie einen Prozess andeuten, der sich im obermesopotamischen Raum vollzog und sich auch auf Nordsyrien auswirkte: Die Herausbildung eines dominierenden ḫurritischen Staatswesens unter einem König, der die anderen Anführer der ḫurritischen Einheiten unter seine Oberherrschaft brachte. Dass eine Reihe von kleineren politischen Einheiten der Ḫurriter existierten, könnte auch durch KBo III 60 angedeutet werden, die "literarische Gestaltung eines sagenhaften Stoffes",[70] die wegen der Nennung des PN Zuppa und der Erwähnung der Ergreifung von Boten des Königs von Ḫalap in einen Zusammenhang mit dem Text über die Belagerung von Uršu zu stellen ist. In Kol. III 14′ff. werden Ḫurri-Könige (LUGAL.MEŠ ERÍN.MEŠ Ḫur-ri) belegt, von denen vier mit Namen erscheinen.

In Verbindung mit dieser vorwiegend literarischen Überlieferung, die die Situation gewiss nicht korrekt und auch aus späterer Sicht wiedergibt, wäre folgendes zu erwägen: Soweit wir sehen können, war zur Zeit des hethitischen Vordringens nach Nordsyrien unter Ḫattušili I. und Muršili I. das Land in eine Reihe politischer Einheiten aufgesplittert, von denen Ịamḫad als "Grosskönigtum" die zweifellos bedeutendste war. Die Herrscher von Ịamḫad trugen, wie aus den Texten von Alalaḫ VII deutlich wird, westsemitisch-amurritische PN. Derselben Bevölkerungsgruppe gehörten - wiederum nach der freilich nicht ganz zuverlässigen Aussage der PN - auch die Fürsten von Alalaḫ an, und zwar sowohl zur Zeit von Alalaḫ VII als auch IV. Für Karkemiš wird in den hethitischen Texten und den Urkunden aus Alalaḫ kein Königsname überliefert; der in AT +268 erwähnte Bote des Regenten von Karkemiš, Nakkušše, trägt einen wohl ḫurritischen PN,[71] während die aus Karkemiš selbst überlieferten, zeitlich aber nicht genauer anzusetzenden PN Bînami(?) und Abda(?)lim/Abdi(?)lim (s. GS I 31 f.) offenbar westsemitisch sind.[72] Die Königsnamen von Uršu und Ḫaššu sind aus dieser Zeit nicht bekannt, könnten aber ḫurritisch gewesen sein (s.oben). Für Ugarit gibt es bislang keinen Hinweis darauf, dass die regierende Dynastie anders als westsemitisch-amurritisch gewesen wäre,[73] und auch für Gubla/Byblos ist nicht anzunehmen, dass hier - nach den amurritischen Herrschern der Māri-Zeit - ein Übergang der Macht an die Ḫurriter stattgefunden hätte. Für Qatna bezeugen die Inventare aus dem Ninegal-Heiligtum (GS II

107 und 133 f.) die Herrschaft einer westsemitischen Dynastie bei sonst starkem ḫurritischem Einfluss, und der aus diesen Texten belegte PN eines Fürsten von Qadeš, Durușa, ist wohl ebenfalls als nicht-ḫurritisch anzusprechen.[74] Somit lässt sich also, sieht man von den möglicherweise zu erschliessenden ḫurritischen Herrschaften Uršu und Ḫaššu ab, für das Syrien der Zeit des hethitischen Vordringens bzw. kurz danach keine grössere ḫurritische Staatsbildung in Syrien nachweisen oder eine Anzahl kleinerer politischer Einheiten der Ḫurriter ansetzen. Wahrscheinlich zu machen ist dagegen die Ausbildung eines ḫurritischen Staatswesens von grösserer Bedeutung im oberen Mesopotamien, und es ist nicht auszuschliessen, dass ḫurritische Truppen von hier aus gegen das hethitische Vordringen in Syrien eingesetzt wurden. Andere Ḫurriter-Kontingente dürften im Dienst der westsemitisch-amurritischen Fürsten Syriens gestanden haben.

Diese Herausbildung eines Ḫurri-Staates in Obermesopotamien, an der, wie einige Königsnamen anzeigen könnten, auch indo-arische Elemente Anteil hatten,[75] wird durch die Urkunden aus Alalaḫ IV und die Inschrift des Idrimi bestätigt, ferner durch Texte aus Nuzi.[76] Mit den Vorgängern des Sauššatar/Sauš(sa)tat(t)ar, der seinerseits ein Zeitgenosse des Niqmepa von Mukiš war (GS I 286), könnten wir etwa drei bis vier Generationen zurückgelangen und dann vielleicht - nach der mittleren Chronologie - bis in die erste Hälfte des 16. Jahrhunderts kommen, der Zeit kurz nach dem Sieg des Muršili I. über Ḫalap und Babylon. Es ist nicht ausgeschlossen, dass die obermesopotamischen Ḫurriter aus dieser Situation politischen Nutzen zogen. Vor der Zeit des Idrimi von Alalaḫ (um 1500) ist jedoch kein Einfluss von Ḫurri-Mitanni westlich des Euphrat, d.h. in Syrien, sicher nachzuweisen.

Der erste Herrscher von Ḫurri-Mitanni, der in den Texten aus Alalaḫ IV erscheint und dessen Einflussnahme auf einen grossen Teil des nördlichen Syrien historisch fassbar wird, trägt den PN Parattarna und war nach Ausweis der Idrimi-Inschrift (Z. 43 f., vgl. 45 f.) šarru dannu šar ṣabē^{MEŠ} Ḫurri^{KI} , "mächtiger König, König der Ḫurri-Leute".[77] Dieser Titel allein bedeutet noch keinen sicheren Nachweis eines bereits konsolidierten Staatswesens, doch ist andererseits eine Einflussnahme des Parattarna bis nach dem osttigridischen Nuzi feststellbar[78] und es darf angenommen werden, dass Parattarna über die Rolle eines Stammesführers bereits weit hinausgewachsen war.[79] Idrimi selbst verweist (Z. 47 ff.) auf Beziehungen seiner Vorgänger zu den Ḫurri-Königen und bewertet sie als positiv, während Ereignisse, die sich zur Zeit seines Vaters abspielten und die Fürstenfamilie zur Flucht aus Ḫalap zwangen, mit feindlichen Unternehmungen von Ḫurri-Mitanni in eine Verbindung gebracht werden könnten (GS I 228). Dem späteren Vertragsschluss zwischen Idrimi und dem König von Ḫurri-Mitanni ging jedenfalls eine mehrjährige "Feindschaft" voraus, die Idrimi offenbar an der Rückkehr nach dem nördlichen Syrien hinderte. Nach seiner Rückkunft hatte er sich der Oberhoheit des Parattarna zu fügen, und Ḫalap war wohl in den direkten Besitz von Ḫurri-Mitanni übergegangen.[80] Den Feldzug gegen einige hethitische Grenzorte in Südostkleinasien machte Idrimi vielleicht im Gefolge des Ḫurri-Königs mit oder führte ihn in dessen Auftrag durch (GS I 230 f.). Durch die Oberhoheit über Mukiš/Alalaḫ erstreckte sich der politische Einfluss von Ḫurri-Mitanni bis an die Mittelmeerküste heran (GS I 277 ff.). Diese Oberhoheit scheint allerdings noch in recht lockerer Form bestanden zu haben (vgl. GS I 229); Idrimis Nachfolger Niqmepa scheint dagegen bereits stärker an den Mitanni-König gebunden gewesen zu sein, als der jetzt Sauššatar genannt wird.[81] Dieser tritt deutlicher als Oberherr Alalaḫs in den Texten aus Alalaḫ IV hervor (GS I 232 f.), und auf ihn wird wohl in AT 2 verwiesen: Niqmepa deutet hier an, dass er dem König der Ḫurri-Leute eidlich verpflichtet sei (Z. 74). Ob auch Ugarit, wo zur Zeit des Niqmepa von Alalaḫ ein gewisser Ibira regierte,[82] unter den politischen Einfluss von Ḫurri-Mitanni geriet, ist nicht festzustellen. Es scheint aber, dass der ägyptische Handelspartner mindestens ein starkes Gegengewicht darstellte.[83] Direkter politischer Einfluss Ägyptens ist hier spätestens seit Thutmosis III. anzunehmen (s. dazu unten). Irtešub von Tunip (GS I 220) hat offenbar nicht unter der Oberhoheit des Sauššatar von Ḫurri-Mitanni gestanden, da Niqmepa im Vertrag AT 2 nur auf seine eigene Eidesleistung gegenüber dem Ḫurri-König verweist (vgl. zur Situation GS II 89).

Soweit bisher gesehen werden kann, lässt sich für die Zeit bis zum frühen 15. Jahrhundert eine Oberhoheit von Ḫurri-Mitanni nur für das nördliche Syrien einschliesslich Ḫalap und Alalaḫ sichern. Da Idrimi auch über Niḫa und Ama'u regierte, kam auch dieses weiter südlich gelegene Gebiet unter mitannische Oberhoheit; unter Niqmepa, dessen Herrschaftsgebiet an Ugarit und Tunip grenzte, dürfte sich darin kaum etwas verändert haben (GS I 234). Inwieweit Qatna mit Ḫurri-Mitanni in Berührung kam, bleibt noch offen; eine mitannische Einflussnahme lässt sich hier vielleicht aus späteren Quellen vermuten (s. dazu unten).

Zur Zeit von Thutmosis I. und dann vor allem des Thutmosis III. (s. unten Abschnitt d) gab es den zeitweilig erfolgreichen ägyptischen Versuch, das gesamte Syrien zu erobern; unter Thutmosis III. führte es während des 8. Feldzuges zu einem Kampf zwischen den Ägyptern und Ḫurri-Mitanni in der Nähe von Ḫalap/Aleppo. Etwas später wohl haben auch die Hethiter versucht, nach Überwindung ihrer inneren Schwierigkeiten wieder Positionen im nördlichen Syrien zurückzuerobern. Bereits für Telipinu ist durch seinen Erlass (KBo III 1 II 16 f.) eine "Vernichtung" des nordsyrischen Ḫaššu(ṷa) überliefert, die allerdings historisch sonst nicht fassbar ist; die Nachrichten über Ḫaššu(ṷa) setzen danach aus.[84] Für Tudḫaliịa II. (bzw. I.) wird in einem späteren Text berichtet, er habe Ḫalap "zerstört" (KBo I 6 und Dupl.).[85] Wenn auch für eine Beurteilung der hethitischen Syrienbeziehungen zwischen Telipinu und Šuppiluliuma I. bisher kaum Anhaltspunkte vorliegen, so darf man wohl doch annehmen, dass die hethitischen Erfolge in Syrien recht begrenzt und von geringer historischer Tragweite gewesen sind. An der prinzipiellen mitannischen Oberhoheit über Nordsyrien wurde dadurch offenbar nichts verändert.

Ein Überblick über den Zeitraum zwischen dem Tod des Muršili I. von Ḫatti und dem Erscheinen des Thutmosis III. im nördlichen Syrien zeigt, dass die Könige von Ḫurri-Mitanni ihren Einfluss über einen grossen Teil Syriens auszudehnen vermochten. Ḫalap, das sich nach der Eroberung durch Muršili I. unter Führung einer weiteren westsemitisch-amurritischen Dynastie wieder Einfluss im nördlichen Syrien gesichert hatte, ging zur Zeit des Idrimi (um 1500) seiner früheren Bedeutung verlustig; ein grösserer Teil des früher von Ḫalap aus kontrollierten Bereiches wurde nunmehr von Alalaḫ aus regiert, das seinerseits unter mitannischer Oberhoheit stand. Für das mittlere und südliche Syrien lässt sich nur schwer eine Aussage machen, doch scheint es, dass in diesem Bereich der politische Einfluss Mitannis geringer war und vielleicht sogar die Küste nicht erreichte. Der Abfall von Ägypten, auf den Thutmosis III. zu Beginn seiner Annalen verweist (Urk. IV 647 ff.), bedeutet dabei nicht notwendigerweise einen Anschluss an Mitanni; vielmehr dürften die syrischen Fürsten - und insbesondere die Regenten der Hafenstädte - das Ziel angestrebt haben, zwischen den Mächten ein möglichst hohes Mass an politischer Selbständigkeit zu erlangen. Der bei Thutmosis III. nachfolgend gebotene Hinweis auf das Räuberunwesen und auf lokale

Fehden könnte damit in Einklang gebracht werden. Für das syrische Binnenland könnten die Texte aus Qatna mit ihren ḫurritischen Termini (GS II 133) auf die Anwesenheit von Ḫurritern deuten, und bei dem Angriff, der aus Qatna gegen die Truppen des Amenophis II. vorgetragen wurde (Urk. IV 1311), mag mindestens ein ḫurritisch-mitannischer Rückhalt anzunehmen sein. Südlich der Senke von Ḥoms dürften die Ägypter zweifellos auch politisch dominiert haben.

d) Die Vorstösse der ersten Könige der 18. ägyptischen Dynastie nach Syrien.

Nach dem Ende der Hyksosherrschaft in Ägypten begann eine Syrien erreichende ägyptische Expansionspolitik unter Thutmosis I. (1525-1512).[86] Für seine Aktivität in Syrien sowie auch für die seiner späteren Nachfolger Thutmosis III. und Amenophis II. stehen bislang aus Syrien selbst keine sicher zuzuweisenden Nachrichten zur Verfügung, die das einseitig aus ägyptischer Sicht und von der ägyptischen Geschichtsauffassung her gegebene Bild der hieroglyphischen Quellen ergänzen oder korrigieren könnten. Desgleichen fehlt es an Material aus Anatolien oder Mesopotamien, das für diese Problematik herangezogen werden könnte. Inwieweit der archäologische Befund in syrischen Ruinenstätten hierfür aussagekräftig werden kann, bleibt unklar.

Den deutlichsten Hinweis auf einen bis Nordsyrien führenden Feldzug des Thutmosis I. bietet bisher Thutmosis III. in seinen Annalen (Urk. IV 697),[87] wonach dieser König am Euphrat eine Stele neben der des Thutmosis I. errichten liess.[88] Da der Euphratübergang des Thutmosis III. in der Nähe von Karkemiš erfolgte (s. unten),[89] müsste wohl auch die Stele des Thutmosis I. dort gestanden haben - es sei denn, dass Thutmosis III. seine Inschrift nicht sogleich nach Erreichen des Stromes anbringen liess, sondern während seiner Fahrt stromab. Ob sich die Feststellung in der Biographie des Oberastronomen Imn-m-h;.t, es gebe (jenseits des Euphrat?) "ein Land, das Mitanni genannt wird", auf diese Unternehmung des Thutmosis I. bezieht, ist umstritten.[90] Vielleicht ist hier auch die Notiz in dem Bericht des Soldaten I'ḥ-mśw P;-n-nḫb.t (Urk. IV 36)[91] heranzuziehen, die ein Beutemachen im Lande Nahrina vermerkt. Einen ägyptischen Sieg über den "Feind" im Lande Nahrina meldet der Soldat I'ḥ-mśw (Urk. IV 9 f.)[92]. Wenn somit ein Vordringen der Ägypter unter Thutmosis I. bis in das nördliche Syrien wahrscheinlich gemacht werden kann, so bleibt die Frage nach der Route des Marsches sowie nach der politischen Wirkung des Unternehmens. Für den Verlauf des Feldzuges ergäben sich zwei Möglichkeiten: Eine Anlandung von Truppen etwa in der Nähe der Eleutheros-Mündung mit nachfolgendem Marsch durch die Senke von Ḥoms nach Mittel- und Nordsyrien, oder ein Feldzug durch Palästina nach Norden. Letzteres würde im Hinblick darauf, dass es sich immer noch um einen Gegenstoss gegen die Herkunftsgebiete der "Hyksos-Könige" handeln konnte, etwas mehr für sich haben. Umstritten in seiner zeitlichen Zuweisung ist Urk. IV 103 f.[93] ; es könnte hier ein Bericht über eine Elefantenjagd in Niḭa rekonstruiert werden, die vielleicht in Zusammenhang mit dem Feldzug des Thutmosis I. nach Nordsyrien stattfand. Das Gebiet am mittleren Orontes scheint dann auch bei Thutmosis I. schon eine Rolle gespielt zu haben, womit ein Fixpunkt für den Verlauf des Unternehmens gewonnen wäre.[94] Ob die Rückkehr des Idrimi aus dem Exil in irgendeiner Beziehung zum Syrienzug des Thutmosis I. gestanden hat (vgl. fragend GS II 67), hängt nicht zuletzt von der noch ungesicherten chronologischen Einordnung dieser Ereignisse ab.[95]

Nach dem Unternehmen des Thutmosis I. konnte Ḫurri-Mitanni seinen Einfluss auf weite Teile Syriens erneut zur Geltung bringen. Das wird auch durch die Berichte der Zeit des Thutmosis III. (1504-

1450)[96] deutlich. Während für Thutmosis II. und die Regentschaft der Hatschepsut keine ägyptischen Unternehmungen in Syrien bekannt sind, hat Thutmosis III. in seinem 29. Regierungsjahr als Heerführer den Boden Syriens betreten. Das war jedoch nicht die erste Auseinandersetzung des Königs mit syrischen Fürsten; diese hatte vielmehr bereits im Jahre 22/23 des Thutmosis III. stattgefunden, also kurz nach Übernahme der Alleinregierung. Es war seine erste eigene Unternehmung, und sie gipfelte in der Schlacht bei Megiddo.[97] Der Hauptgegner war dabei der Fürst von Qadeš, der an der Spitze einer Koalition syrisch-palästinensischer Fürsten und Stammeshäuptlinge stand, deren Gesamtzahl in der Ǧebel Barkal-Steleninschrift (Urk.IV 1234 ff.) mit 330 angegeben wird; es wird dabei darauf verwiesen, dass jeder dieser Anführer eine eigene Armee mit sich geführt habe. Die Rolle, die der Fürst von Qadeš, indem wir wohl den Regenten der Stadt am Orontes sehen dürfen (GS II 156 ff.), in der Schlacht von Megiddo spielte, lässt annehmen, dass Qadeš um die Mitte des 2. Jahrtausends eine bedeutende Position im politischen Gefüge Syriens innehatte; in den Annalen des Thutmosis (Urk. IV 649) wird erwähnt, dass er alle Fürsten bis hin nach Nahrina (und M[itanni]?) zu einer einheitlichen Aktion gegen Thutmosis III. zusammengebracht habe. Die Angabe über die Stärke der Gegner dürfte übertrieben sein, doch ist wohl gesichert, dass dem ägyptischen König unter der Führung des Fürsten von Qadeš eine ganze Reihe syrisch-palästinensischer Fürsten entgegentrat. Inwieweit sie im Auftrage des Mitanni-Königs handelten,[98] ist nicht festzustellen; dass die Aktion der syrischen Regenten im Sinne Mitannis war, dürfte auf der Hand liegen. Nach einem erfolgreichen Abschluss der langwährenden Belagerung von Megiddo und der Entgegennahme des Treueides der Besiegten - der Fürst von Qadeš fand sich jedoch nicht unter ihnen - hat Thutmosis den Feldzug nicht bis auf syrisches Gebiet fortgesetzt. W. Helck (Beziehungen

127 ff.) hat aus einer Kombination der ersten beiden Abschnitte der grossen topographischen Liste des Thutmosis III. aus dem Amon-Tempel in Karnak (Simons, Lists I a,b) mit den Nachrichten über diesen Feldzug des Königs Sonderunternehmungen ägyptischer Abteilungen zu erschliessen versucht. Eine davon habe nach der Anlandung von Truppen an der Küste beim Rās eš-Šakka begonnen und dann bis in die Nähe von Qadeš geführt, danach zurück durch die Biqā' und über den Antilibanon bis Damaskus und in das Ḥaurān-Gebiet den Weg genommen. Von dort sei die Heeresabteilung über den oberen Jordan und vorbei am Tiberias-See zur Hauptmacht bei Megiddo gezogen. In den Inschriften selbst ist eine solche Unternehmung bislang nicht zu belegen.

Der Feldzug des Jahres 29 = 5. Feldzug (Urk. IV 685 ff. = Breasted, Anc. Rec. II § 454 ff.) führte in die Eleutheros-Ebene, die als Ausgangsgebiet für weitergehende Aktionen in Mittel- und Nordsyrien von Bedeutung war. In Ullaza(?)[99] traf Thutmosis auf eine Besatzung aus Tunip (Urk. IV 686); der Ort wurde erobert und geplündert. Anschliessend kaperten die Ägypter zwei Handelsschiffe[100] und "zerstörten" die Stadt Ardata (Urk. IV 687). Dem Kontext entsprechend ist darunter nicht die Einnahme und Zerstörung der Stadt selber zu verstehen, sondern eine Plünderung des umgebenden Gebietes und eine Vernichtung der landwirtschaftlichen Kulturen. Dasselbe geschah dann noch einmal während des Feldzuges des nächsten Jahres (Urk. IV 689 f. = Breasted, Anc. Rec. II § 463 ff.), als die Umgebungen der Städte Qadeš, Ṣumur und Ardata verwüstet wurden (vgl. GS II 158). Der 6. Feldzug hatte also gleichfalls die Eleutheros-Ebene und die wichtige Senke von Ḥoms zum Ziele und sollte gewiss dazu dienen, eine günstige Ausgangsbasis für weitere Unternehmungen zu schaffen. Nachrichten über Ereignisse des Jahres 31/32 (Urk. IV 691 = Breasted, Anc. Rec. II § 470) bezeugen Beute aus Tunip, darunter als Gefangener ein Sohn des Fürsten Tunips, die in Ullaza gemacht wurde.

Das weist darauf hin, dass Ullaza in der Zwischenzeit wieder von den Ägyptern frei war und von Truppen aus Tunip besetzt wurde (s. GS II 90). Thutmosis III. vermochte die Stadt erneut zu erobern, und wie die Ǧebel Barkal-Stele (Urk. IV 1237 = Helck, Urkunden 9 f.) andeutet, hat der Ort hinfort den Ägyptern als Garnison und als (weiterer) Umschlagplatz für Zedernholz des Libanon gedient. W. Helck (Beziehungen 140) hat in Zusammenhang mit der Bemerkung im Bericht über den 7. Feldzug (vgl. ANET 239), dass nun jeder Hafen gut mit Lebensmitteln (für den militärischen Nachschub) versorgt war, zu dem der ägyptische König gelangt sei, mit Recht sowohl darauf geschlossen, dass der Zug gegen Ullaza auf dem Seewege durchgeführt wurde, als auch darauf, dass nunmehr eine Kette von Stützpunkten für militärische Zwecke aufgebaut worden war, die die Grundlage für weiterreichende Aktionen in Syrien bilden konnte.[101]

Diese Unternehmungen begannen bereits im nächstfolgenden Jahr des Thutmosis, dem Jahre 33. Dieser (8.) Feldzug wurde die nach Umfang und Wirkung bedeutendste Unternehmung des Thutmosis III. in Syrien.[102] Die verschiedenen Inschriften, die die Ereignisse in einer zum Teil nicht chronologisch geordneten Rückerinnerung darbieten, lassen einige Schwerpunkte der Darstellung erkennen, auf die es den Berichterstattern besonders ankam. Der Weg, den das ägyptische Heer durch Syrien nahm, ist daraus in wenigstens groben Zügen zu rekonstruieren. So wird zunächst eine Schlacht im Lande Nahrina hervorgehoben; die Annalen (Urk. IV 697 = Breasted, Anc. Rec. II § 479) erwähnen zusammenfassend die Verwüstung von Siedlungen des Gegners und führen dann die umfangreiche Beute auf. Sie greifen dabei allerdings auch auf Unternehmungen aus, die bereits am Euphrat stattfanden. Die Ǧebel Barkal-Stele (Urk. IV 1230 f. = Helck, Urkunden 7) verweist darauf, dass nach einer siegreichen Schlacht gegen Mitanni Städte und Dörfer in Nahrina verwüstet wurden, während sich der gegnerische König nur durch die Flucht zu retten vermochte. Die landwirtschaftlichen Kulturen des eroberten Gebiets wurden vernichtet und Gefangene sowie Beute nach Ägypten gesandt. In der Biographie des Amenemhab werden diese Ereignisse genauer lokalisiert, und zwar am "Wacholder-Hügel" westlich von Ḫalap (Urk. IV 891).[103] Der Weg, den das ägyptische Heer bis zu diesem Punkt genommen hatte, ist aufgrund der Inschriften nicht zu fixieren.[104] Hier könnte die grosse Ortsliste des Thutmosis III. (Simons, Lists I c) vielleicht weiterhelfen, die nach Ansicht von W. Helck (Beziehungen 150 f.) rückläufig angeordnet ist. Da das Ende der Liste zerstört ist, gelangen wir mit ihr nur bis etwa in die Nähe von Ḥama westlich des Orontes.[105] Weiter südliche Orte sind nicht sicher zu ermitteln, und die von Amenemhab erwähnten Kämpfe im Negev (Urk. IV 890 = Breasted, Anc. Rec. II § 580) müssen nicht notwendigerweise auf dem Weg nach Norden, d. h. dem Hinweg, stattgefunden haben, da die Anordnung der Ereignisse bei Amenemhab nicht konsequent chronologisch ist. W. Helck (Beziehungen 149) plädiert für die Küste an der Eleutheros-Mündung als Ausgangspunkt des Feldzuges, was im Hinblick auf die Vorbereitung des Unternehmens durch Angriffe gerade auf dieses Gebiet einige Wahrscheinlichkeit haben könnte. Der Sieg des Thutmosis III. über das mitannische Heer und gewiss auch die nordsyrischen Verbündeten bzw. Hilfskontingente in der Nähe von Ḫalap bleibt damit der erste bisher sicher fassbare Höhepunkt des 8. Feldzuges. Wer der mitannische Gegner des Thutmosis III. gewesen ist, wird in den Quellen nicht erwähnt und dürfte bis zu einer Klärung der grundsätzlichen chronologischen Fragen dieser Epoche besser offengelassen werden. Saušsatar, der Oberherr des Niqmepa von Alalaḫ, war möglicherweise bereits verstorben (vgl. GS I 234). Der mitannische König hat sich offenbar über den Euphrat zurückgezogen (Urk. IV 1232 = Helck, Urkunden 7). Die nächsten ägyptischen Aktionen spielten sich "im Lande Karkemiš" ab (Urk. IV 891 = Breasted, Anc. Rec. II § 583) und waren mit einer Überquerung des Euphrat verbunden (s. GS I 38). Dieses Ereignis hat in den ägyptischen Inschriften einen weiten Widerhall gefunden: In den Annalen (Urk. IV 697 = Breasted, Anc. Rec. II § 478) wird auf die Aufstellung einer Stele östlich des Flusses verwiesen, und in der Ğebel Barkal-Stele (Urk. IV 1232 = Helck, Urkunden 7) wird zunächst die Tatsache hervorgehoben, dass die Schiffe für die Überquerung des Stromes im Libanon hergestellt und auf Wagen zum Euphrat transportiert wurden. Offenbar hatten die sich zurückziehenden mitannischen Truppen dafür gesorgt, dass den Ägyptern keine Euphratboote in die Hände fielen. Da kaum anzunehmen ist, dass Thutmosis diese Schiffe oder besser: Boote bereits mit sich geführt hatte, ist mit einem längeren Aufenthalt des Thutmosis III. im nördlichen Syrien zu rechnen. Vielleicht kann die relativ grosse Zahl von nordsyrischen GN in der topographischen Liste I c damit in eine Verbindung gebracht werden. An der Spitze seines Heeres setzte der ägyptische König dann über den Strom und errichtete auf dem östlichen Ufer sein Denkmal; in Anbetracht der Situation dürfte diese Unternehmung mehr symbolischen Wert besessen haben als militärischen. Die Stele war auf dem westlichen Ufer aus dem Felsen gehauen worden und wurde über den Fluss auf das flache Ostufer gebracht - später ist sie dann wohl von mitannischer oder syrischer Hand wieder beseitigt worden? Die Überquerung des Euphrat wird als hervorragendes Ereignis auch kurz in einigen weiteren Inschriften erwähnt.[106] Da sich der Mitanni-König zurückgezogen hatte und es für Thutmosis III. offenbar zu riskant war, weiter nach Obermesopotamien hinein vorzudringen, fuhr er den Euphrat ein Stück abwärts, wohl etwa von Karkemiš bis in die Gegend von Emār (Meskene).[107] Dabei wurde das Land ringsum geplündert und die Städte an beiden Flussufern wurden "zertreten, indem er sie mit Feuer für ewig zerstört hatte" (Urk. IV

1246 = Helck, Urkunden 13). Vom Euphrat ging der Weg dann zurück, und zwar zunächst nach Nija, wo Thutmosis Jagd auf Elefanten machte - ein Ereignis, das alle Berichte als wohl dritten Höhepunkt des Feldzuges für überlieferungswürdig halten.[108] Über die Ankunft in Nija bzw. die Haltung der Bewohner des Ortes wird in diesen Berichten nichts erwähnt, und es hat den Anschein, dass es dort zu keinen militärischen Auseinandersetzungen kam. Vielleicht war Nija bereits auf dem Hinweg nach Nordsyrien berührt und unterworfen worden; denn es ist wenig wahrscheinlich, dass sich hier der ägyptische Einfluss seit dem Erscheinen des Thutmosis I. gehalten haben sollte, zumal Thutmosis III. zuvor Kämpfe sogar im weiter südlich gelegenen Bereich der Senke von Homs hatte führen müssen.

In den Annalen wird sodann über die Versorgung der Hafenplätze sowie Tributleistungen Bericht gegeben; bei letzteren handelte es sich wohl eher um Übersendungen von Geschenken der Babylonier und Hethiter, die dann in Ägypten als Tribute registriert wurden, sowie um den Tribut von Nahrina, überbracht von den Fürsten des Landes als Zeichen ihrer Unterwerfung(Urk. IV 699 ff. = Breasted, Anc. Rec.II § 482 ff.). Mehr über den weiteren Verlauf des Feldzuges ist der Inschrift des Amenemhab zu entnehmen: Es kam zu einem Kampf bei Zinzar (ṯnḏr) = Qal'at Seğar am Orontes, doch wird der Gegner nicht näher bezeichnet. Vielleicht ist dann - wenn hier Urk. IV 188 einzufügen wäre (Helck, Beziehungen 151) - auch Qatna von den Truppen des Thutmosis berührt worden. Amenemhab berichtet noch über Kämpfe um Qadeš, und die Stadt wurde nunmehr genommen.[109] Dieser Umstand ist insofern erstaunlich, als dann zuvor die Stadt umgangen worden sein müsste oder inzwischen wieder abgefallen wäre. Sollte Thutmosis eine starke Stadt wie Qadeš unbesiegt in seinem Rücken gelassen haben, als er weiter nach Norden zog, oder sollte sich Qadeš gerade dann wieder erhoben haben, als Thutmosis in Nordsyrien siegreich war? Vielleicht wäre hier eher an eine chronologisch nicht korrekte ägyptische Berichterstattung zu denken. Allerdings wird in der Biographie des Amenemhab noch auf Kämpfe im Lande Taḫši verwiesen, also im SW von Qadeš in der nördlichen Biqā́(s. oben 57 f.; Urk. IV 892). Auf die gleichen Ereignisse könnte sich die Inschrift des Mn-mśw beziehen (Urk. IV 1442 = Helck, Urkunden 99), die die Plünderung von 30 Ortschaften in Taḫši überliefert.[110] Über den weiteren Marsch des ägyptischen Heeres ist nichts Sicheres bekannt, sofern hier nicht die in Urk. IV 890 (s. oben S. 184) erwähnten Kämpfe im Negev einzuordnen sind oder Ortsnamen der grossen topographischen Liste des Thutmosis (Simons, Lists I a,b) herangezogen werden können. Beim Zug durch die eigentlichen ägyptischen Besitzungen wird sich wahrscheinlich weniger Gelegenheit für überlieferungswürdige Taten des Königs geboten haben.

Der Feldzug des Jahres 33 ist demnach ein sehr erfolgreiches Unternehmen gewesen: Aus der ägyptischen Sphäre Syriens heraus und gestützt auf die Nachschubbasen an der Küste ist Mittel- und Nordsyrien siegreich durchquert worden. Der Hauptgegner, der König von Ḫurri-Mitanni, wurde bei Ḫalap besiegt, allerdings nicht niedergeworfen. Es ist anzunehmen, dass Ḫurri-Mitanni bald nach dem Abzug der ägyptischen Truppen - von der Zurücklassung ägyptischer Besatzungstruppen im syrischen Binnenland ist nichts bekannt- seinen Einfluss wieder geltend zu machen vermochte. Von syrischer Seite selbst vermochte den Ägyptern kaum wirksamer Widerstand entgegengesetzt zu werden; das Land war in eine Zahl kleiner Fürstentümer aufgesplittert, von denen Qadeš und Tunip offenbar noch die bedeutendsten waren. Dass durch den Feldzug des Thutmosis Nordsyrien nicht Bestandteil des ägyptischen Reiches wurde, bezeugen auch die ägyptischen Nachrichten über die Aktivität des Thutmosis III. in Syrien selbst.

So war Thutmosis bereits in seinem nächstfolgenden Jahr (Jahr 34) wiederum in Syrien; die Annalen (Urk. IV 704 = Breasted, Anc. Rec. II § 490) erwähnen vielleicht Nuḫašše, doch ist die Identität des GN mit dem des Bereiches zwischen Ḥama und Ḥaleb noch nicht gesichert (GS II 22). Zu einem erneuten Zusammentreffen mit Ḫurri-Mitanni auf syrischem Boden kam es während des 10. Feldzuges (35. Regierungsjahr).[111] Der Ort, bei dem der Kampf stattfand, ist nicht sicher zu bestimmen; W. Helck (Beziehungen 152) möchte das 'á-r(a)-'á-na ('r'n) etwa 20 km NW Ḥaleb bei Erin suchen, doch beruht das nur auf einem lautlichen Anklingen an das Ar-ni-e bei Salmanassar III. (Luckenbill, ARAB I §§ 567, 614, 651). Es ist zweifelhaft, ob Thutmosis tatsächlich noch einmal so weit nach Norden vorgedrungen ist. Annalenangaben für die Jahre 36 und 37 fehlen, während unter dem Jahr 38 (13. Feldzug) wieder der GN erscheint, der möglicherweise mit Nuḫašše zu identifizieren ist (Urk. IV 716 f. = Breasted, Anc. Rec. II § 507), vgl. GS II 22. In den Nachrichten über die 5 Jahre nach dem erfolgreichen Vorstoss bis zum Euphrat scheinen sich die ägyptisch-mitannischen Auseinandersetzungen um den Besitz des nördlichen Syrien widerzuspiegeln; sie machen zugleich deutlich, dass von einer festen Herrschaft der Ägypter in diesem Bereich nicht die Rede sein kann. Vielmehr scheinen die Ägypter nunmehr aus dem Gebiet der Senke von Homs heraus Angriffe nach Norden vorgetragen zu haben. Aus den in den Annalen erneut gemachten Angaben über die Versorgung der Häfen geht dabei deutlich die Zugehörigkeit des Libanon-Gebiets zum ägyptischen Bereich und seine Rolle als Nachschubbasis hervor. In Urk. IV 531 ff. (s. ANET 243) wird in einem aus der Zeit des Thutmosis III. stammenden Text über eine Fahrt nach Gubla/Byblos berichtet, die der Gewinnung von Libanon-Holz galt.

Genauere Auskünfte über ägyptische Unternehmungen in Syrien sind in den Annalen erst wieder für das 42. Jahr (17. Feldzug) berichtet (Urk. IV 729 ff. = Breasted, Anc. Rec. II § 529 ff.). Der Feldzug scheint nach der Anlandung von Truppen wieder in der Eleutheros-Ebene begonnen zu haben und richtete sich zunächst gegen Irqata; sodann kam es zu einer Plünderung des Gebietes von Tunip (Urk. IV 729).[112] Der Weitermarsch vollzog sich durch die Senke von Ḥoms zum Gebiet von Qadeš, in dem Ortschaften erobert wurden, in denen vielleicht mitannische Truppen lagen. Eine Einnahme von Qadeš selbst wird nicht erwähnt (Urk. IV 730, vgl. GS II 143 und 159). Diese Nachrichten zeigen deutlich einen Rückgang der ägyptischen Macht bis etwa zu der Linie, die späterhin Grenzraum zwischen der mitannischen und ägyptischen Sphäre Syrien wurde.

Mit diesen Zeugnissen über Unternehmungen des Jahres 42, in denen der wichtige mittelsyrische Aufmarschbereich noch einmal gesichert werden sollte, brechen die Annalen des Thutmosis III. ab. In der aus dem Jahr 47 datierenden Ǧebel Barkal-Stele wird kein weiteres bedeutendes Ereignis mehr erwähnt, dass sich im syrischen Bereich abgespielt hätte.[113] Es wird deutlich, dass die Ägypter ihre Eroberungen nördlich der Senke von Homs im syrischen Binnenlande nicht zu halten vermochten; an der Küste dürfte ihre unmittelbare politische Herrschaft kaum wesentlich über das Gebiet an der Eleutheros-Mündung (Nahr el-Kebīr) hinausgegangen sein, wenn hier auch die Ägypter als seefahrende Macht und wichtiger Handelspartner der Levantestädte noch weiter nördlich Einfluss besessen haben mögen, so etwa auch in Ugarit. Es ist nicht ganz ausgeschlossen, dass sich in Ugarit sogar eine kleine ägyptische Besatzung befand; vielleicht war deren Hauptaufgabe der Schutz des ägyptischen Handels.

Die Frage nach der zeitlichen Einordnung des Vorstosses des Hethiterkönigs Tudḫaliia II. (bzw. I.) nach Nordsyrien hängt von der Lösung chronologischer Probleme in grösserem Rahmen ab. Die einzige Quelle, die dafür bisher zur Verfügung steht, ist die mehr als ein Jahrhundert später abgefasste historische Einleitung des Talmišarruma-Vertrages (KBo I 6 und Dupl.).[114] Demzufolge soll Ḫalap zunächst mit den Hethitern "Frieden geschlossen" haben, dann aber zu Ḫurri-Mitanni abgefallen sein; die Rache des Hethiterkönigs habe dann sowohl Ḫalap als auch Mitanni getroffen. Die Darstellung ist jedoch unter Berücksichtigung der Tendenz zu betrachten, die die historische Einleitung des Vertrages dem König von Ḫalap gegenüber hatte; die wirklichen Vorgänge lassen sich daraus kaum erschliessen. Ein "Abfall" von Ḫatti bedeutete zudem nicht notwendigerweise, dass Ḫatti bis zu diesem Zeitpunkt tatsächlich die Herrschaft über den jeweiligen Bereich besessen hätte, sondern konnte sich auch auf eine weiter zurückliegende Zeit - etwa die des Ḫattušili I. und Muršili I. - beziehen. Ein wenigstens zeitweiliger hethitischer Erfolg in Nordsyrien ist allerdings nicht auszuschliessen; ob er eine günstige Situation, etwa die Bindung mitannischer Kräfte im Abwehrkampf gegen die Ägypter, auszunutzen vermochte, bleibt noch dahingestellt.

Der Sohn und Nachfolger des Thutmosis III., Amenophis II. (1450 -1425), hat ebenfalls in Syrien Krieg geführt.[115] In das Jahr 3[116] des Amenophis II. ist ein Bericht auf einer Stele aus Amada datiert (Urk. IV 1287 ff. = Helck, Urkunden 28 ff.), der einen Sieg über 7 Fürsten im Lande Taḫši erwähnt.[117] So haben sich wieder Kämpfe in der nördlichen Biqā' abgespielt, nahe der Nordgrenze des ägyptischen Einflusses im syrischen Binnenland. Weitere Unternehmungen sind - und zwar recht ausführlich - dann für das Jahr 7 berichtet; Quellen sind die Steleninschriften des Amenophis II. aus Memphis und Karnak.[118] Amenophis zog demnach in diesem Jahr[119] nach Syrien "auf seinem ersten siegreichen Feldzug, um seine Grenzen zu erweitern und um Belohnungen zu geben seinen Verbündeten."[120] Durch Palästina gelangte Amenophis II. zum Orontes, der etwa in der Gegend von Qadeš durch eine Furt überschritten wurde. Hier kam es zu einem Gefecht mit Truppen, die nach Aussage der Karnak-Stele (Urk. IV 1311) aus der Stadt Qatna kamen; vgl. zur Situation GS II 133. Die Feinde wurden geschlagen, ihren Anführer "fällte" der ägyptische König "mit seiner Axt eigenhändig".[121] Der gegnerische Anführer gehörte vielleicht nicht zur in Qatna regierenden Dynastie, sondern war ein ḫurritisch-mitannischer Truppenführer.[122] Um eine Auseinandersetzung mit dem König von Ḫurri-Mitanni handelte es sich hier nicht, doch könnte sie etwas weiter nördlich erfolgt sein, etwa im Lande Nuḫašše, und wurde wegen eines für die Ägypter nicht glücklichen Ausganges nicht erwähnt? Der Bericht der Stelen notiert dann jedenfalls ein "Südwärtsziehen", bei dem das nördlich von Qatna gelegene Niia erreicht wurde (Urk. IV 1303 = 1312).[123] Der Fürst und die Bewohner Niias setzten den Ägyptern keinen Widerstand entgegen, und von hier aus unternahm Amenophis eine Expedition gegen die Stadt ʾkt, die vielleicht mit Ugarit identifiziert werden darf.[124] Träfe das zu, dann lag in Ugarit eine ägyptische Truppe stationiert (vgl. oben S. 189). Der Rückweg erfolgte über einige nicht genauer zu lokalisierende Orte nach Qadeš, also wieder zum Orontes.[125] Da in diesem Zusammenhang verschiedene Kriegstaten berichtet werden, darf man annehmen, dass sich die Ägypter hier ausserhalb der eigentlichen ägyptischen Zone Syriens befanden. Vor Qadeš empfing Amenophis II. den Fürsten bzw. "Grossen" (wr) dieser Stadt, der einen Treueid leistete (GS II 160); Qadeš galt dann auch in der Folgezeit als ein nördlicher Grenzposten der Macht Ägyptens in Syriens Binnenland. Nach der Huldigung von Qadeš folgte südlich davon, im Nordeingang der Biqāʿ, eine Jagd, die mit einem Wettbewerb im Bogenschiessen verbunden war.[126] Sodann unternahm Amenophis II. einen Zug nach Ḫašabu in der Biqāʿ (s. oben S. 62); wenn die Inschrift (Urk. IV 1304) korrekt berichtet, dann hätte das Erscheinen des Königs allein bereits genügt, um hier die ägyptische Herrschaft wieder zu festigen.

Die anschliessende Beuteliste, die u.a. 16 Streitwagenkämpfer (mar-ịannu-Leute) als Gefangene nennt, lässt allerdings daran zweifeln und annehmen, dass es sich hier - im ägyptischen Herrschaftsbereich Syriens - um eine kompliziertere Situation handelte, als die Steleninschrift anzeigen will. Amenophis II. ist danach offenbar den Leontes (Nehr el-Litani) abwärts marschiert und dann den Küstenweg nach Ägypten gezogen.

Der auf den Stelen noch berichtete Feldzug des Jahres 9 hat offenbar nicht Gebiete berührt, die zu Syrien gehörten.[127] Für die späteren Jahre des Königs sind ebenfalls keine Syrienfeldzüge mehr überliefert.[128] Der Einfluss von Ḫurri-Mitanni über Nord- und Mittelsyrien bis zur Senke von Ḥoms wird sich weiter gefestigt haben. Bereits zur Regierungszeit des Amenophis II. hat sich vielleicht eine Neuorientierung der ägyptischen Syrienpolitik bemerkbar gemacht.[129] Ob - wie die ägyptische Überlieferung glauben machen will - die erste Kontaktnahme zwischen Mitanni und Ägypten von Mitanni ausging, bleibt ungewiss. Ägypten dürfte zur Einsicht gelangt sein, dass Mittel- und Nordsyrien nicht auf die Dauer zu gewinnen waren; gegenüber der ägyptischen Expansion zur Zeit des Thutmosis III. und der ersten Jahre des Amenophis II. stellte das Arrangement mit Mitanni zweifellos einen Rückzug dar, doch war das Gebiet nördlich der Senke von Ḥoms ohnedies nicht fester ägyptischer Besitz geworden. Für Mitanni mochte bei seiner Fühlungnahme mit den Ägyptern vor allem der Umstand eine Rolle gespielt haben, dass die Hethiter wieder erstarkten und damit zu rechnen war, dass sie bald einen Angriff gegen mitannisches Gebiet beginnen würden. Es kam jedenfalls in der Folgezeit zur Aufnahme friedlicher Beziehungen zwischen beiden um Syrien rivalisierenden Mächten, wodurch auch den syrischen Fürsten hinfort weniger politischer Spielraum verblieb als zuvor, als sie die Gegnerschaft zwischen Mitanni und Ägypten für ihre eigenen Ziele nutzen konnten. Dieser Spielraum wurde erst dann wieder grösser, als durch das Vordringen der Hethiter nach Syrien eine neue Situation entstand.

Eine Opferliste aus Karnak erwähnt für Thutmosis IV. "Beute Seiner Majestät im elenden [Nahr]ina bei seinem 1. siegreichen Feldzug" (Urk. IV 1554 = Helck, Urkunden 147). Ob diese Notiz als Hinweis auf einen Feldzug des Thutmosis IV. bis Nordsyrien gewertet werden darf, ist sehr zweifelhaft. Möglicherweise ist hier einfach in der vom ägyptischen Geschichtsbild geforderten Form eine Reise des Königs nach Syrien zum Empfang der Huldigung der Vasallen gemeint; R. Giveon (JNES 28, 1969, 59) hält es für möglich, dass dieses Unternehmen (Feldzug?) mit der Hochzeit des Thutmosis IV. mit einer Tochter des Mitanni-Königs direkt oder indirekt in eine Verbindung zu bringen ist. Auf Nahrina verweisen noch weitere Inschriften der Zeit des Thutmosis IV.: Urk. IV 1560 (Helck, Urkunden 150), eine "Völker-Liste", nennt Nahrina neben Babylonien, Tunip, Qadeš und Taḫši, also neben Bereichen, die entweder von Ägypten unabhängig waren oder aber durch ihre Rolle im Grenzbereich eine gewisse Eigenständigkeit und Bedeutung zu haben schienen. Abgaben aus Nahrina werden in Urk. IV 1597 f. (Helck, Urkunden 170) dargestellt, überbracht von den "Grossen" dieses Landes.[130] Auf der Stele eines Streitwagenoffiziers (Urk. IV 1617 = Helck, Urkunden 179) wird erwähnt, dass dieser im Gefolge des Königs bis nach Nahrina gelangt sei, und eine Grabinschrift eines Polizeiobersten (Urk. IV 1620 = Helck, Urkunden 180) nennt unter der vorgeführten Beute "die Kinder der Grossen von Nahrina".[131] Ein sicherer Hinweis auf einen militärischen Vorstoss des Thutmosis IV. bis Nordsyrien, was unvermeidlich einen Zusammenstoss mit Mitanni gebracht hätte, ist diesen Angaben nicht zu entnehmen.[132]

Spätere Dokumente bezeugen dagegen für Thutmosis IV. friedliche

Beziehungen zu Mitanni; wie es heisst (EA 29:16 ff.), habe er nach mehrmaliger Werbung die Tochter des Artatama (I.) zur Gemahlin erhalten. Dynastische Verbindungen mit Mitanni sind auch Amenophis III. und Amenophis IV. eingegangen: Amenophis III. nahm eine Tochter (Giluḫepa) des Šuttarna zur Frau (EA 17:26 ff., 29:18 ff.), und zwar, wie eine Inschrift auf einem ägyptischen Gedenkskarabäus bezeugt, in seinem 10. Regierungsjahr (Urk. IV 1738 = Helck, Urkunden 234). Weiterhin ehelichte er eine Tochter des Tušratta (EA 29:21 ff. und EA 19-24). Der Harem wurde dann von Amenophis IV. übernommen. Die Briefe EA 17 - 29 zeigen freundschaftliche Kontakte zwischen Mitanni und Ägypten.[133] Dass sie aufgrund einer vertraglichen Regelung erfolgten, wird weder aus den rückschauenden EA-Briefen noch aus den zeitgenössischen ägyptischen Inschriften überliefert. Die dynastischen Verbindungen setzten mindestens die Einstellung von Kampfhandlungen sowie die Anerkennung des status quo in Syrien voraus. Ein exakter Verlauf der Grenze zwischen beiden Einflusszonen Syriens, der mitannischen im Norden und der ägyptischen im Süden, ist nicht anzugeben, und es ist möglich, dass zwischen beiden Zonen sich ein Grenzbereich befand, dessen Orte sich einer gewissen Eigenständigkeit erfreuten, da sie ihre Position auszuspielen vermochten. Zu solchen Orten dürfen wir wohl Tunip und Qadeš rechnen. Was Ugarit betrifft, so hielt es seine engen Verbindungen zu Ägypten aufrecht und dürfte ebenfalls eine Art Sonderstatus besessen haben. Nach dem Zeugnis der Einleitung des Talmišarruma-Vertrages hat später dann der Hethiterkönig Šuppiluliuma Karkemiš, Ḫalap und Nuḫašše dem König von Mitanni, Qadeš und Amurru dagegen dem von Ägypten abgewonnen.[134]

e) Syrien unter mitannischer und ägyptischer Oberhoheit.

Für eine Beurteilung der politischen Organisation Syriens während der mitannisch-ägyptischen Vormachtstellung (etwa 1500 - 1350) wäre auf das Briefarchiv von el-ʿAmārna, auf ägyptische Inschriften und einige Texte aus Boğazköy zu verweisen; aus Syrien selbst stammen die Urkunden des jüngeren Alalaḫ-Archivs (IV), einige Texte aus dem mittelsyrischen Qatna und ein Brief aus Ugarit.[135] Dennoch erweist sich dieses Material nur als unzureichend, insbesondere für eine Aufhellung der Situation im mitannischen Bereich.

Wie aus den Alalaḫ-Texten und der Inschrift des Idrimi zu entnehmen ist, wurde die Unterwerfung unter die Oberhoheit des Königs von Ḫurri-Mitanni durch einen Treueid geregelt: Idrimi schwor einen Eid dem Parattarna, was schriftlich fixiert wurde (Idrimi Z. 45 ff.), und offenbar wird dabei auf ein früheres eidliches Verhältnis zu Mitanni verwiesen; auf die Eidesleistung gegenüber Ḫurri-Mitanni nimmt auch AT 3:40 ff. Bezug. Im Tunip-Vertrag des Niqmepa von Alalaḫ (AT 2:74 f.) erscheint gleichfalls eine Notiz, die die Gültigkeit des Eides auch für den Nachfolger Idrimis andeutet. Es ist anzunehmen, dass sich die Könige von Ḫurri-Mitanni auch von anderen syrischen Fürsten Eide schwören liessen. Diese eidliche Bindung liess den syrischen Fürsten offenbar aber noch einen gewissen Spielraum für eigne politische Entscheidungen, sofern diese nicht gegen das Interesse von Ḫurri-Mitanni verstiessen. So sind auch mehrere vertragliche Regelungen von Alalaḫ-Königen mit benachbarten Bereichen überliefert: Idrimi schloss einen Vertrag mit dem Fürstentum Kizzuṷatna (AT 3), Niqmepa mit Tunip (AT 2), und AT 4 könnte einen Vertrag mit Ugarit dargestellt haben.[136] Nach dem Zeugnis des Talmišarruma-Vertrages hat Ḫalap, obgleich es bereits zum Bereich Mitannis gehörte, mit Tudḫaliįa (II. bzw. I.) von Ḫatti "Frieden geschlossen" (islim),[137] sich dann aber wieder von den Hethitern losgesagt. Ihre Vertragsfähigkeit scheinen die syrischen Fürsten in der mitannischen Einflusszone demnach wohl behalten zu haben, wenn man diese inschriftlichen Hinweise verallgemeinern darf. Ebenso verblieb ihnen, wie die Urkunden aus Alalaḫ IV deutlich machen, eine weitgehende lokale Autonomie, wenn auch der König von Ḫurri-Mitanni als höchste Berufungsinstanz auftreten konnte.[138] Der Treueid wird auch eine militärische Gefolgschaftsleistung des Vasallen eingeschlossen haben, und vielleicht darf bereits das Unternehmen des Idrimi gegen hethitische Grenzorte als Erfüllung einer solchen Verpflichtung betrachtet werden. Ebenso wird von den Vasallen eine Abgabe gefordert worden sein; möglicherweise ist die in AT 395 notierte Silberzahlung nordsyrischer Bereiche unter diesem Blickwinkel zu betrachten. Ein Eingreifen des Königs von Ḫurri-Mitanni in territoriale Fragen und Fehden syrischer Fürsten liegt aufgrund seiner Funktion als Oberherr auf der Hand; ein Beispiel dafür bezeugt die Einleitung des Talmišarruma-Vertrages Vs. 23 ff. (KBo I 6). Fernerhin muss mit einer Stationierung von mitannischen Truppen an bestimmten strategisch wichtigen Punkten gerechnet werden. Es ist möglich, dass der ursprüngliche Treueid zu einer detaillierteren vertraglichen Regelung ausgebaut worden ist, doch gibt es dafür bisher keine Hinweise; eine Provinzbildung in Nord- und Mittelsyrien ist nicht zu erkennen. Eine besondere Rolle spielte offenbar die Stadt Tunip als Grenzposten gegenüber der ägyptischen Sphäre (s. GS II 88 ff.). Insgesamt ergibt sich für den mitannischen Bereich nur ein sehr schemenhaftes Bild, das nur aufgrund neuer Textfunde klarer zu werden vermag.

Was die ägyptische Sphäre betrifft, so ist das Verhältnis der ägyptischen Zentralgewalt zu den einzelnen syrischen Fürsten bereits mehrfach Gegenstand von Untersuchungen gewesen; Grundlage bildete die EA-Korrespondenz.[139] Diese Quellen beleuchten die Situation gegen Ende des hier zu betrachtenden Zeitraumes, dürften aber teilweise auch frühere Verhältnisse widerspiegeln. Aus der Periode nach der ʿAmārna-Zeit liegen bislang keine ähnlich aussagekräftigen Nachrichten für die Verwaltung der ägyptischen Besitzungen in Syrien vor, so dass nicht beurteilt werden kann, inwieweit sich das System ägyptischer Herrschaft hier wandelte. Für die Zeit des Thutmosis III. und Amenophis II. sind den ägyptischen Inschriften mehrfach Hinweise auf Eidesleistungen der Unterworfenen zu entnehmen.[140] Der Eid wurde dann bei einem Herrscherwechsel erneuert. Nach der Schlacht von Megiddo und der erfolgreichen Belagerung der Stadt durch die Ägypter hatten die syrisch-palästinensischen Fürsten Thutmosis III. einen Eidschwur zu leisten, in dem sie sich auf Lebenszeit zur Loyalität verpflichteten (Urk. IV 1235 f. = Helck, Urkunden 9), und Amenophis II. empfing während des Feldzuges des Jahres 7 den Treueid des Fürsten von Qadeš, der damit seine Unterwerfung unter Ägypten erneuerte (Urk. IV 1304 und 1313 = Helck, Urkunden 36 f.). Dass Qadeš dann als Festung gegenüber der Mitanni-Zone eine besondere Rolle spielte, wurde bereits erwähnt (vgl. auch GS II 156 ff.). Die lokalen Fürsten entstammten entweder der einheimischen Dynastie und wurden nach dem Treueid in ihrer Würde seitens des Pharao bestätigt oder wurden vom ägyptischen König selbst eingesetzt.[141] Sie galten als Beauftragte des ägyptischen Königs bzw. als seine Beamte, die wie diese ein- und abgesetzt werden konnten; eine Garantie der legitimen Thronfolge, wie sie in den Vasallenverträgen der Hethiter überliefert ist, oder eine beiderseitige Verpflichtung sind nicht bezeugt. Es scheint, dass die ägyptischen Könige danach strebten, in ihren asiatischen Besitzungen die gleichen Verhältnisse herzustellen wie im Nillande selbst, was im Widerspruch zu den Ambitionen der syrischen Fürsten stand.[142]

Jeweils eine Anzahl von lokalen Fürsten unterstand einem ägyptischen Beamten, der ihnen gegenüber weisungsbefugt war und als Vertreter des ägyptischen Königs Streitfälle zwischen den Fürsten entschied.[143] Innerhalb der ägyptischen Sphäre Syriens lassen sich aufgrund der EA-Briefe zwei Bereiche erkennen, die jeweils einem ägyptischen Beamten unterstellt waren; einer davon im Norden (= Amurru) mit Sitz des rābiṣu in Ṣumur, der andere in der südlichen Biqā' und dem Gebiet um Damaskus (Ube/Upe) mit Sitz des Beamten in Kumidi.[144]

Es dürfte die Hauptaufgabe des rābiṣu-Beamten gewesen sein,[145] in seinem Bereich die Interessen des ägyptischen Königs zu vertreten und dafür zu sorgen, dass die ägyptische Oberhoheit nicht angetastet wurde; auch die Entrichtung der Abgaben durch die Vasallen wird eine wichtige Rolle in der Kompetenz des Beamten gespielt haben.[146] Andererseits war es den Fürsten möglich, sich direkt an den ägyptischen König zu wenden. Sie waren ihm gegenüber zu Gehorsam und Loyalität verpflichtet,[147] hatten ihre Gebiete für den ägyptischen König zu "beschützen", Neuigkeiten mitzuteilen, für die Verpflegung ägyptischer Truppen Sorge zu tragen und vor allem Abgaben an den Königshof zu senden. Gelegentlich teilte ihnen der Pharao spezielle Wünsche mit, vgl. etwa die an Gubla/Byblos gerichtete Anforderung von Buchsbaumholz (EA 126). Aziru von Amurru erklärt in mehreren seiner Briefe, er wolle - ebenso wie die anderen Regenten - alle vom König gewünschten Lieferungen machen.[148]

Diese Verpflichtungen gegenüber dem Pharao, wie sie wohl in Zusammenhang mit der Eidesleistung übernommen wurden, werden allerdings gewiss nur dann korrekt eingehalten worden sein, wenn sich die ägyptische Oberhoheit auch militärisch genügend stark repräsentierte. Das konnte einmal durch die Stationierung ägyptischer Besatzungstruppen geschehen, wie sie für einige Plätze Syriens bezeugt sind.[149] Aus Urk. IV 1312[149a] geht hervor, dass es bereits zur Zeit des Amenophis II. eine solche Truppe in 'kt (= Ugarit?) gab, aus Urk. IV 1237 (Helck, Urkunden 9 f.) wird eine ägyptische Besatzung für Ullaza erkennbar. Nach der Behauptung des Ribaddi lagen vor der 'Amārna-Zeit Wachmannschaften (amēlūti maṣṣarti) in Gubla/Byblos (EA 81, 90, 125, 138), und ferner gab es solche auch in Ṣumur, der Residenz des rābiṣu-Beamten (EA 114, 115). Als Abdiaširta Ṣumur betrat, um den Ort von den Kriegern Šeḫlals zu "befreien", fand er im Palast des ägyptischen Beamten nur noch wenige Wachsoldaten vor (EA 62, vgl. EA +371); später ist auch für Tyros eine Wachtruppe erwähnt.[150] Nach EA 103 gab es in der Stadt Irqata - trotz ihrer Bedeutung - keine ägyptischen Truppen, und den Ribaddi-Briefen zufolge fehlte es an ihnen auch in Gubla/Byblos, als die Aktivität des Aziru gegen diese Stadt begann. Wie es demnach scheint, lagen ägyptische Besatzungstruppen - oder besser: Wachmannschaften nur an einigen wenigen Orten und waren dort auch nicht ständig stationiert. Zudem handelte es sich offenbar um recht kleine Trupps, wenn man das Zeugnis der EA-Briefe zugrundelegt. In EA 139 wird der ägyptische König ersucht, er solle doch 30-50 Leute nach Gubla/Byblos entsenden, was wohl bereits als eine ziemliche Streitmacht betrachtet wurde.[151] W. Helck (Beziehungen 262 f.) dürfte wohl nicht fehlgehen, wenn er die Ansicht vertritt, dass die "Besatzungstruppen" vor allem dazu dienten, um den vom Pharao eingesetzten Regenten selbst zu bewachen; sie werden daher bei ihm im Palast gewohnt haben. Ferner könnten sie die Funktion gehabt haben, den ägyptischen Handel zu schützen. Für militärische Aktionen selbst waren "Feldtruppen" nötig, die aus Ägypten gesandt wurden und deren Versorgung Sache der einzelnen Fürsten war. Ansonsten aber waren, worauf in den EA-Briefen ägyptischerseits immer wieder hingewiesen wurde, die einzelnen Regenten innerhalb ihrer Gebiete selbst für den militärischen Schutz verantwortlich.[152] Ägyptische Festungen sind für Syrien erst aus etwas späterer Zeit bekannt.[153]

Die sicherste Stütze sowohl für die mitannische als auch die ägyptische Oberhoheit in Syrien dürfte die politische Aufsplitterung des Landes gewesen sein. Zwar dürfen die zahlreichen syrischen Ortsnamen, die in den ägyptischen topographischen Listen aufgeführt werden, nicht mit eignen politischen Einheiten gleichgesetzt werden, doch geht man gewiss nicht fehl, die Zahl der zu dieser Zeit existierenden syrischen Staatswesen recht hoch anzusetzen. Wenn Thutmosis III. berichtet, dass ihm bei Megiddo insgesamt 330 Fürsten Palästinas und Syriens mit ihren eignen Truppen entgegengetreten seien (Urk. IV 1234 = Helck, Urkunden 8), dann darf diese Zahlenangabe als Übertreibung gelten.[154] Ebenso kann aus der Nennung von 350 PN asiatischer Anführer in einer Karnak-Liste der Zeit des Thutmosis III. (Urk. IV 779 ff.) nicht auf die Existenz einer gleichen Zahl von Staatswesen und Stammesverbänden geschlossen werden. Amenophis II. hat nach Aussage der Amada-Stele (Urk. IV 1297 = Helck, Urkunden 31) allein im Gebiet von Taḫši "sieben" Häuptlinge besiegt. Die Texte der Zeit des Thutmosis III. und des Amenophis II., vor allem aber dann die EA-Briefe, bezeugen eine ganze Reihe von Ortschaften unter eigenen Fürsten bzw. Regenten,[155] die ausser dem Ort selbst noch dessen Umgebung regierten, zuweilen auch die Vorherrschaft unter mehreren Regenten erlangt hatten. Weitere eigne politische Einheiten werden aus den Texten überliefert, die das Vordringen der Hethiter nach Nordsyrien beschreiben.[156] Es dürfte wohl nicht ein Zufall sein, dass die Zahl dieser staatlichen Einheiten im stärker landschaftlich aufgegliederten mittleren und südlichen Syrien grösser war als im Norden des Landes. Während der ʿAmārna-Zeit bildete sich in einem ökonomisch und strategisch wichtigen Bereich Syriens aus der ägyptischen "Nordprovinz" das Fürstentum Amurru heraus, vgl. dazu schon MIO 10, 1964, 57 ff. Hinzu sind noch eine Reihe von halbnomadischen Stämmen zu rechnen, die zwar keine Staatswesen darstellten, aber doch andererseits ausserhalb der übrigen politischen Einheiten standen.

Unter diesen zahlreichen syrischen Fürstentümern haben im Binnenland vor allem Tunip und Qadeš, an der Küste dagegen Ugarit und Tyros eine besondere Rolle gespielt. Für die Bedeutung von Tunip und Qadeš sprechen einige ägyptische Zeugnisse;[157] eine Erklärung dafür darf wohl nicht zuletzt in der strategisch günstigen Position beider Orte im Grenzbereich zwischen der mitannischen und ägyptischen Sphäre gesehen werden. Als in der ʿAmārna-Zeit das Fürstentum Amurru entstand, konnte es seinerseits seine Rolle als Grenzbereich zwischen der hethitischen und ägyptischen Zone ausnutzen, während Tunip und Qadeš an Bedeutung verloren. Für die Küstenstädte Ugarit und Tyros ist durch EA 89:48 ff. nicht nur Reichtum, sondern auch eine politische Sonderstellung bezeugt,[158] während das gleichfalls wirtschaftlich bedeutende Gubla/Byblos enger an Ägypten gebunden gewesen sein dürfte. In den Küstenstädten wird die Kaufmannschaft einen grösseren Einfluss auf die politische Haltung der Stadt ausgeübt haben, während im Binnenlande offenbar die marịannu-Leute[159] (Streitwagenkämpfer) Einfluss besassen. In einigen EA-Briefen wird für Küstenstädte die Existenz einer "Stadt" als Repräsentation der reichen Familien angedeutet (vgl. EA 59, 100 usw.), die sich auch in politische Angelegenheiten einschaltete und gewiss zuweilen in Gegensatz zum Regenten geraten ist; für Arugd ist bislang überhaupt kein Regent bezeugt.[160] Neben Stadtstaaten, die sich nur auf die unmittelbare Umgebung des Ortes selbst beschränkten, gab es andere - so etwa Ugarit - die sich ein grösseres Territorium zu unterwerfen vermochten.[161] Es handelt sich dann praktisch um die Ausdehnung des Stadtstaates über ein grösseres Territorium.[162] Einen weiteren Typ des Staates im bronzezeitlichen Syrien repräsentierte etwa Amurru; hier waren mehrere städtische Zentren und ihre Bereiche in einem

Territorialstaat zusammengeschlossen, für den sich bislang kein dominierendes Zentrum nachweisen lässt.[163] Ferner ist noch mit einer Kombination von Stadt und Stamm zu rechnen, insbesondere an den Randzonen des Kulturlandes.[164] Syrien bietet somit sowohl von seiner politischen Aufgliederung her als auch von der inneren Struktur der einzelnen Staatswesen ein recht farbiges Bild, das allerdings noch nicht in schärferen Konturen erfasst werden kann.

Was die ethnische Situation um die Mitte des 2. Jahrtausends betrifft, so wäre zunächst zu notieren, dass die überlieferten PN von Fürsten bzw. Regenten vorwiegend westsemitisch-amurritisch sind; in geringerem Umfang erscheinen ḫurritische PN, und die Zahl der indo-arischen PN beläuft sich nur auf einige wenige.[165] Es ist wohl kein Zufall, dass sich die ḫurritischen Herrschernamen mehr im Binnenland konzentrieren, d.h. dort, wo der politische Einfluss von Ḫurri-Mitanni grösser war als im Küstenbereich. Das semitische Element wird durch eine ständige Infiltration aus dem Steppengebiet immer wieder Zuwachs erhalten haben, und die (halb)nomadischen Sutū erscheinen des öfteren in den Quellen. Idrimi von Alalaḫ hatte auf seiner Flucht von Emār durch die Wüstensteppe nach Syrien bei den Sutū-Nomaden übernachtet, sie also in ihrem eigentlichen Streifgebiet angetroffen,[166] und Amenophis II. nennt in einer Beuteliste die grosse Zahl von 15200 š;św = "Wanderern", die wir mit den Sutū wohl gleichsetzen dürfen.[167] Auch in den EA-Briefen werden die Sutū mehrfach genannt;[168] sie hielten (wohl in der Steppe) Boten des assyrischen Königs an den Pharao auf (EA 16:37 ff.), beteiligten sich nach Aussage des Ribaddi an einem Überfall auf Gubla/Byblos (EA 122:31 ff.) und werden in EA 169:29 ff. in Zusammenhang mit der langen Abwesenheit des Aziru in Ägypten erwähnt; wie es heisst, wurden sie wegen der Abwesenheit des Aziru unruhig. Birịaẓaza will EA 195:24 ff. zufolge mit seinen Kriegern, den SA.GAZ-Leuten und den

Sutū den ägyptischen Truppen entgegenziehen, was (Halb)nomaden - wie schon aus den Māri-Texten bezeugt - im Militärdienst sesshafter Fürsten zeigt. SA.GAZ-Leute und Sutū werden auch in EA 318 nebeneinander belegt, doch wird wohl nicht immer korrekt zwischen ihnen unterschieden worden sein. Diese SA.GAZ sind den in den Quellen häufig genannten ḫāpiru-Leuten gleichzusetzen, die als ein politisch unruhiges und räuberisches Element vor allem in den EA-Texten bezeugt sind (ägypt. ʿpr). Wir dürfen unter ihnen wohl eine niedrige soziale Schicht verstehen, die sich zum Teil aus Elementen zusammensetzte, die aus ihrem territorialen und sozialen Zusammenhang gerissen waren. [169] Ihnen werden vor allem die Randzonen des Kulturlandes sowie die Gebirgsgebiete Lebensmöglichkeiten geboten haben, und die zahlreichen Fehden zwischen den einzelnen lokalen Fürsten dürften ihnen willkommene Möglichkeit zu Räubereien - teils im Dienste eines Fürsten, teils auf eigene Faust - geboten haben.

Anmerkungen

1 So nach der mittleren Chronologie; nach der Kurzchronologie Anfang des 17. Jahrhunderts.

2 Zur Frage, ob die Eroberung Alalaḫs durch Ḫattušili I. das Ende der Schicht VII bedeutete, s. GS I 211 f. und G.G. Giorgadze, VDI 1/1964, 12. G. Giorgadze nimmt an, dass Alalaḫ VII erst zur Zeit des Muršili I. ein Ende fand.

3 Dazu zuletzt H. Lewy, XVe RAI (Liège 1967) 13 ff. und W. Röllig, ebenda 97 ff.

4 Dazu vorläufig J. Bottéro, ARM VII S. 336 f.

5 Oder Ešnunna? Wenn das Ereignis nicht mit einer Hilfeleistung für Babylon zu verbinden ist, dann erscheint Qatna als historisch wahrscheinlicher; vgl. GS I 143 und II 106.

6 A. Ungnad, Babylonische Briefe aus der Zeit der Ḫammurapi-Dynastie (Leipzig 1914) Nr. 147 = R. Frankena, Briefe aus dem British Museum (Leiden 1966) Nr. 177. Der Beleg für Qatna ist in GS II 106

zu ergänzen.

7 GS I 173 Anm. 127. Zu LUGAL.GAL in Ḫamḫad s. B. Landsberger, JCS 8 (1954) 53 Anm. 89; A. Draffkorn, JCS 13 (1959) 97 Anm. 16; J. R. Kupper, CAH II/1 (1963) 32 ff.; M.-J. Seux, Épithètes royales akkadiennes et sumériennes (Paris 1967) 292 und P. Artzi, JNES 27 (1968) 165 f. Anm. 18.

8 Vgl. GS I 206 f.- Von G. Buccellati, Cities and Nations of Ancient Syria (Rom 1967) 46 f. wird dieses Verhältnis als eine Vasallität Alalaḫs dargestellt. Der Terminus "Sekundogenitur" erscheint jedoch treffender. Das Verhältnis Ḫamḫad - Alalaḫ erinnert hier eher an die Beziehungen zwischen Ḫatti und Karkemiš ab Šuppiluliuma als etwa an Ḫatti - Amurru o.ä.

9 Vgl. dazu schon GS I 157 f. und 212 f.

10 AT +252, +253, +269, +276, +280, vgl. GS II 79 f. und 88 und ferner ARM V 63 sowie TIM I 20.

11 Vgl. dazu - mit Literatur - den Überblick bei F. Imparati, I Ḫurriti (Florenz 1964) sowie A. Kammenhuber, Arier 109 ff. und passim. Zur Sprache zuletzt I.M. D'jakonov, Jazyki drevnej Perednej Azii (Moskau 1967) 113 ff. und J. Friedrich, in: Handbuch der Orientalistik I,II 1/2,Lief. 2: Altkleinasiatische Sprachen (Leiden/Köln 1969) 1 ff.

12 Zum Folgenden vor allem I.J. Gelb, JCS 15 (1961) 27 ff.

13 I.J. Gelb, Hurrians and Subarians (Chicago 1944) 52 ff., vgl. Kammenhuber, Arier 123.

14 F. Thureau-Dangin, RA 36 (1939) 1 ff. und E. Laroche, RA 51 (1957) 104 ff.

15 Vgl. schon GS I 260 und 269. Zu Adalšenni von Burundum in Nordmesopotamien s. A. Finet, RA 60 (1966) 17 ff.

16 Vgl. dazu G.G. Giorgadze, VDI 1/1969, 76 ff. zur Anwesenheit von Ḫurritern in Ḫaššu(ṷa).

17 Für frühere Aufenthaltsorte bzw. die Herkunft der Ḫurriter könnten vielleicht aus dem sprachlichen und archäologischen Material Transkaukasiens Hinweise entnommen werden.

18 Vgl. Kammenhuber, Arier 61 ff. sowie GS I 227 ff.; ferner Kupper, Nomades 232 ff.

19 Dazu zuletzt E. Edel bei K. Galling, Textbuch zur Geschichte Israels (Tübingen ^{2}1968) 35 mit Literatur. Zu ḫr (ḫù-rú) in ägyptischen Texten s. Helck, Beziehungen 275 und vgl. E. Edel, ZDPV 69 (1953) 171 f.

[20] Vgl. E. Laroche, PRU III (1955) 327 ff. und ders., Ugaritica V (1968) 447 ff. Es handelt sich dabei um Textzeugnisse einer religiös-gelehrten Tätigkeit, nicht um Dokumente des täglichen Lebens.

[21] I.J. Gelb, Hurrians and Subarians (Chicago 1944) 64 f. sowie JCS 15 (1961) 39.

[22] G.G. Giorgadze, VDI 1/1969, 71 ff.; Belegstellen s. dort. Nach KBo III 57 (vgl. GS I 149) "vernichtete" Muršili I. nach seiner Eroberung Ḫalaps "alle Städte der Ḫurriter", was gewiss nicht allein auf Orte mit ausschliesslich oder vorwiegend ḫurritischer Bevölkerung zu beziehen ist.

[23] Es lässt sich nicht feststellen, auf welche Weise diese Machtübernahmen bzw. Neubildungen von politischen Zentren vor sich gegangen sind.- Es muss auch hier berücksichtigt werden, dass die PN zwar oft die einzige Handhabe darstellen, um ethnische Veränderungen auch in der politischen Führungsschicht zu erkennen, sie aber nicht immer als beweiskräftige Hinweise auf die ethnische Zugehörigkeit ihrer Träger gelten können.

[24] B. Hrouda, Die bemalte Keramik des zweiten Jahrtausends in Nordmesopotamien und Nordsyrien (Berlin 1957) 38 ff.

[25] A. Alt, Die Herkunft der Hyksos in neuer Sicht (Berlin 1954) 17.

[26] Vgl. T. Säve-Söderbergh, JEA 37 (1951) 53 ff.; J. von Beckerath, Untersuchungen zur politischen Geschichte der Zweiten Zwischenzeit in Ägypten (Glückstadt 1964) 109 ff.; J. Vercoutter, in: Fischer Weltgeschichte 2 (Frankfurt/Main 1965) 350 ff.; J. van Seters, The Hyksos. A New Investigation (New Haven/London 1966). Literatur bis 1962 s. bei A.H. Gardiner, Geschichte des Alten Ägypten (Stuttgart 1965) 526.

[27] So Helck, Beziehungen 92 ff., insbesondere 103 f., sowie ders., AfO 22 (1968-69) 95. Vgl. auch F. Imparati, I Ḫurriti (Florenz 1964) 12 f.

[28] Zuletzt dazu J. van Seters, a.a.O. 183 ff.

[29] Kupper, CAH II/1 (1963) 37 f.; M. Liverani, Introduzione alla storia dell'Asia anteriore antica (Rom 1963) 155; J. van Seters, a.a.O. 185.

[30] J. van Seters, a.a.O. 185; Kammenhuber, Arier 112.

[31] Zuletzt A. Goetze, JCS 4 (1959) 144 f. und I.J. Gelb, JCS 15 (1961) 39, vgl. auch J. van Seters, a.a.O. 190.

[32] Zum Folgenden vgl. neben der älteren Arbeit von R.S. Hardy, AJSL

58 (1941) 177 ff. vor allem O.R. Gurney, CAH II/6 (1962) 9 ff.; H. Otten, in: Fischer Weltgeschichte 3 (Frankfurt/Main 1966) 112 ff. und ders., Saeculum 15 (1964) 115 ff.; G.G. Giorgadze, VDI 1/1964, 3 ff.

33 Zuletzt dazu Kammenhuber, Arier 30.

34 Zu Anumḫirbi und seinem möglichen Zug bis zum Atalur-(Adalur-)Gebirge H. Otten, Saeculum 15 (1964) 116 f.

35 Zu diesen Gründen der hethitischen Expansion nach Syrien s. bereits G.G. Giorgadze, VDI 1/1964, 4 f. Die inneren Gründe lassen sich im Material nicht fassen und auch nicht erschliessen.

36 Vgl. den Telipinu-Erlass und die aitiologische Erzählung von der Überquerung des Taurus, s. dazu H. Otten, Saeculum 15 (1964) 117 f.

37 KBo I 6 und Dupl.,Vs. 12, s. GS I 148 f. und H. Klengel, ZA NF 22 (1964) 213 ff.

38 Vgl. die vorläufige Inhaltsangabe bei H. Otten, MDOG 91 (1958) 75 ff. und ders., Saeculum 15 (1964) 118 ff.; Duplikate s. bei E. Laroche, OLZ 57 (1962) 27 f. Wichtige Bemerkungen dazu von A. Goetze, JCS 16 (1962) 24 ff.und H.G. Güterbock, JCS 18 (1964) 1 ff.

39 a-na ^{URU}Al-ḫa-al-ḫa al-li-ik-ma ú-ḫal-lik-šu: KBo X 1 Vs. 6 f. In der hethit. Fassung (KBo X 2 Vs. I 15 f.): I-NA ^{URU}A-la-al-ḫa pa-a-[un] na-an ḫar-ni-in-ku-un, vgl. GS I 208.

40 Anders G.G. Giorgadze, VDI 1/1964, 12, der annimmt, dass es sich hier nur um ein Vordringen in das Land Alalaḫ handelte und die Stadt erst später, zur Zeit des Muršili I., erobert wurde.

41 Vgl. GS I 211 f. Zweifel an der Gleichsetzung haben A. Goetze, JCS 16 (1962) 27 sowie G.G. Giorgadze, VDI 1/1964, 12 und VDI 3/1967, 117.

42 Vgl. GS I 262 zu KBo I 1 Vs. 9 f. und 2 I 16 ff., ferner A. Goetze, JCS 16 (1962) 27.

43 Vgl. O.R. Gurney, CAH II/6 (1962) 15 f. Eine andere Rückkehrroute wäre die, die in altassyrischer Zeit von den Händlern benutzt wurde und über Uršu und Mama nach Kaneš führte, vgl. A. Goetze, JCS 7 (1953) 69 f. Der Weg Ḫaḫḫum - Temelkiįa dürfte ausscheiden, da Ḫaḫḫum erst später im Annalenbericht eine Rolle spielt, es sei denn, der GN wurde hier nicht erwähnt, was aber unwahrscheinlich ist.

44 G.G. Giorgadze, VDI 1/1964, 12 betrachtet gewiss mit Recht den

Kampf gegen Uršu als Teil der Auseinandersetzung mit dem eigentlichen Gegner, Ḫalap. Die Verbindung zwischen Ḫalap und Uršu ist auch in einem literarischen Text über die Belagerung von Uršu (s. KBo I 11) hergestellt, wobei die Identifizierung dieses Ereignisses mit dem in der Bilingue berichteten Angriff auf Uršu noch unsicher ist. Die Belagerung könnte einerseits aus historiographischen Gründen im offiziellen Bericht der Bilingue übergangen worden sein, während der literarische Text auch negative Momente leichter darstellen konnte, andererseits ist es möglich, dass die in KBo I 11 berichtete Belagerung erst nach dem Berichtszeitraum der Bilingue stattfand. G.G. Giorgadze, a.a.O. nimmt an, dass Ḫattušili I. gegen Igakališ und Tišḫinija zog, während die Belagerung stattfand, und dann auf dem Rückweg Uršu selbst angriff. Nach KBo I 11 Vs. 21′(vgl. H.G. Güterbock, ZA NF 10,1938, 116 f. und 131 f.) hielt sich der hethitische König dagegen in der Zeit der Belagerung zunächst in Luḫuzzantija (Lauazantija) auf, also in Kizzuuatna (vgl. Garstang-Gurney, Geography 52), in einem von der Bilingue nicht erwähnten Ort.

45 KBo X 1 Vs. 11 (Ḫanigalbat) und KBo X 2 I 24 (Ḫurri), vgl. dazu H. Otten, MDOG 91 (1958) 79 Anm. 16.

46 Dazu vgl. auch G.G. Giorgadze, VDI 1/1964, 13 f.- Das Fragment KBo XII 13 mit der Erwähnung des Jarimlim gehört nach A. Goetze, JCS 18 (1964) 89 mit KUB XXXVI 100 + zusammen; vgl. ferner KUB XXXVI 103 mit einem Beleg desselben PN Jarimlim, ferner zu diesen Texten GS I 146 ff.

47 KBo III 56, das in GS I 146 als vielleicht ein Duplikat zu KUB XXXVI 103 bezeichnet und damit in den oben geschilderten Zusammenhang gestellt wurde, wird von G.G. Giorgadze, VDI 1/1964, 16 historisch anders interpretiert. Er ergänzt in Z. 6 den PN Ḫattušili (I.), was bedeuten würde, dass bereits dieser König gegen Ḫalap vorgegangen sein soll. Das könnte sich zwar in dem Zeitraum nach den in der Bilingue berichteten Ereignissen abgespielt haben, doch ist die Ergänzung des PN unsicher. Möglich ist auch die Einsetzung des PN des Muršili (I.) und eine Verbindung mit KBo III 57.

48 Dazu s. GS I 148 sowie H.G. Güterbock, ZA NF 10 (1938) 99; ders., Cahiers d'Histoire Mondiale II (1954) 384; G.G. Giorgadze, VDI 1/1964, 14; H. Otten, Saeculum 15 (1964) 120.

49 KBo X 1 Vs. 34 ff., X 2 II 17 ff.

50 Trotz des Vorschlags von H.G. Güterbock, JCS 18 (1964) 3 f., in dem Puran-Fluss den Euphrat zu sehen, wird hier doch eine Identifizierung mit einem Nebenfluss des Euphrat - vielleicht dem Sağūr - vorgezogen, vgl. auch G.G. Giorgadze, VDI 1/1969, 76 Anm. 41.- F. Cornelius, XIe RAI (Leiden 1964) 55 denkt an den Seyhan.

51 H. Klengel, JCS 19 (1965) 90, vgl. ders., ZA NF 22 (1964) 215.

52 H.G. Güterbock, JCS 18 (1964) 1 ff. und schon A. Goetze, JCS 16 (1962) 26.

53 Zur Lage s. A. Goetze, JCS 7 (1953) 68 f. und M. Falkner, AfO 18 (1957-58) 10 f.; zur Textsituation A. Goetze, JCS 16 (1962) 26 und H.G. Güterbock, a.a.O. 2.

54 Falls der in einer hethitischen Palastchronik (KBo III 34 I 24) erwähnte Šanda mit dem hethitischen Truppenführer identifiziert werden könnte, der bei der Belagerung von Uršu befehligte, dann könnte vermutet werden, dass Šanda in Ḫaššu Statthalter geworden war und dann den Befehl gegen Uršu übernahm, dort aber "die Ḫurriter fürchtete". Vgl. dazu H.G. Güterbock, ZA NF 10 (1938) 133 f. und zuletzt Laroche, Noms 156 Nr. 1096, die eine Identität befürworten.

55 Dazu G.G. Giorgadze, VDI 1/1964, 15 f.

56 G.G. Giorgadze, a.a.O. 16 ff. bringt den Tod des Ḫattušili I. mit der in der ersten Ḫattušili-Bilingue erwähnten Erkrankung des Königs (F. Sommer - A. Falkenstein, Die hethitisch-akkadische Bilingue des Ḫattušili I. (Labarna II.), München 1938, Kol. I 2 und Kolophon) und einer vorangegangenen Verwundung im Kampf um Ḫalap in Verbindung.

57 VS XVI 24, s. dazu GS I 150. Vgl. auch H. Otten, Saeculum 15 (1964) 121 f. und GS I 160 f.

58 KBo I 6 und Dupl., KBo III 57 und Dupl., KBo III 1 + 68 und Dupl., KUB XXIV 3 + XXXI 144 und Dupl., s. GS I 148 ff.

59 Vgl. eine Bemerkung (KBo III 57), er habe alle Städte der Ḫurriter vernichtet, s. oben Anm. 22.

60 G.G. Giorgadze, VDI 1/1964, 20, setzt in diesen Zusammenhang die entscheidende, die Siedlung Alalaḫ VII sowie das Archiv beendende Eroberung der Stadt; vgl. GS I 214.

61 Möglicherweise deutet KUB XXXI 64, wo sowohl Ḫaššu(ḫa) als auch die Ḫurriter erwähnt werden, auf Kämpfe in Nordsyrien unter Muršili I. nach dessen Eroberung von Ḫalap; vgl. G.G. Giorgadze, a.a.O. 19.- Eine Datierung der im Text geschilderten Ereignisse ist

allerdings nicht zu sichern, vgl. schon GS I 271.

62 KBo III 1 + 68 und Dupl., s. GS I 31 f.

63 Vgl. den knappen Überblick bei Kammenhuber, Arier 32 f.

64 Zum Folgenden zuletzt G.G. Giorgadze, VDI 1/1969, 71 ff.

65 Vgl. KBo III 40 Vs. 12′ und [16′?]; KBo III 46 Vs. 17 ff. und KBo III 54 Vs. 4 (zu KBo III 46 vgl. E. Laroche bei Bottéro, Ḫabiru 72 Anm. 1, wobei aber zweifelhaft sein dürfte, ob dieses Šukzi mit dem Šuksi/Tell Sukās gleichzusetzen ist); KBo I 11 Vs. 15′ und Rs. 35.31; KUB XXIII 117 Z. 4; vgl. GS I 271 und P. Meriggi, WZKM 58 (1962) 77 f.; KUB XXXI 64 I 6 und II 27 ff., vgl. GS I 271; KBo III 56 Z. 4 ′und 8′, vgl. GS I 146.

66 Kammenhuber, Arier 32, mit Vorbehalt.

67 Vgl. etwa H. Otten, Saeculum 15 (1964) 120.

68 Dazu s. oben Anm. 54 und G.G. Giorgadze, VDI 1/1969, 77 f. zu KBo III 34 Z. 24, ferner s. GS I 273 Anm. 12.

69 Vgl. dazu H.G. Güterbock, ZA NF 10 (1938) 135 gegenüber GS I 262.

70 H.G. Güterbock, a.a.O. 105.

71 Vgl. dazu N. van Brock, RHA 65 (1959) 131.

72 Dazu auch J. Sasson, RHA 79 (1966) 158.

73 Vgl. GS II 333 ff. und Kammenhuber, Arier 110.

74 GS II 144 und 156; s. den PN in den Qatna-Inventaren J. Bottéro, RA 43 (1949) 7 f.

75 Zuletzt dazu Kammenhuber, Arier 62 ff., die die Rolle der Indo-Arier als recht gering einschätzt.- Ḫurri-Mitanni ist hier als Bezeichnung eines Staates verwendet, der in den Texten sowohl als Ḫurri als auch als Mitanni (neben Nahrina und Ḫanigalbat) bezeichnet werden konnte, s. auch M. Liverani, OA 1 (1962) 253 ff.

76 Kammenhuber, Arier 68.

77 Z. 43 f., vgl. Z. 45 f. und dazu A. Goetze, JCS 11 (1957) 67, ferner schon W.F. Albright, BASOR 118 (1950) 17 Anm. 27 sowie B. Landsberger, JCS 8 (1954) 55.

78 HSS XIII 165, vgl. Kammenhuber, Arier 68 Anm. 213.

79 Es ist bei einer Wertung des Titels šarru dannu bei Idrimi aber zu berücksichtigen, dass Idrimi dem Parattarna unterlegen war, er also einen dementsprechenden Titel diesem beilegte, ohne dass sicher ist, ob dieser selbst ihn trug. Ferner ist auf die Bedeutung von šarru = Stammeshäuptling, Scheich, etwa in den Māri-Texten hinzuweisen, womit šarru nicht a priori Titel von Herrschern von Staaten ist. Für eine bereits zur Māri-Zeit vorange-

schrittene wirtschaftliche Entwicklung des mitannischen Kerngebietes vgl. die Texte vom Tell Šāgher Bazār, s. C.J. Gadd, Iraq 4 (1937) 178 ff. und 7 (1940) 22 ff. sowie O. Loretz, Festschrift W. von Soden (Neukirchen-Vluyn 1969) 199 ff.

80 Dass es nach Aussage der Idrimi-Inschrift Tešub war, der - wie günstige Orakel zeigten - sich dem Flüchtling wieder zuwandte, nicht die in Alalaḫ vorrangig verehrte IŠTAR, könnte vielleicht als weiterer Hinweis auf Ḫalap als frühere Residenz gewertet werden.- Das lange Exil wird kaum nur auf die Haltung der Bevölkerung Ḫalaps zurückzuführen sein.

81 König von Mitanni (Ma-i-ta-ni), vgl. dazu zuletzt Kammenhuber, Arier 68.

82 GS I 232 sowie GS II 335 f.

83 Für Kontakte mit Mitanni könnte die Entdeckung einer Axt sprechen, die in die Mitte des 2. Jahrtausends datiert und als mitannisch angesprochen wird, s. Cl.F.-A. Schaeffer, Ugaritica I (1939) 107 ff. und dazu GS II 335 f.

84 Zu einem Synchronismus Telipinu - Idrimi s. F. Cornelius, XIe RAI (Leiden 1964) 55 ff.

85 Ḫattušili II. ist in KBo I 6 nach H. Otten, Die hethitischen historischen Quellen und die altorientalische Chronologie (Wiesbaden 1968) 14 f. zu streichen, da hier ein neuer Abschnitt beginne und auf Ḫattušili I. zurückgegriffen werde.

86 Zum Folgenden s. die Darstellung bei Helck, Beziehungen 109 ff.; seiner Interpretation der Quellen - vor allem der vorderasiatischen - kann allerdings nicht immer gefolgt werden.

87 Breasted, Anc. Rec. II § 478; zur Wertung der Annalen s. M. Noth, ZDPV 66 (1943) 156 ff. und H. Grapow, Studien zu den Annalen Thutmosis III. und zu ihnen verwandten historischen Berichten des Neuen Reiches (Berlin 1949).

88 In GS I 46 Anm. 32 zu korrigieren Grossvater (statt Vater).

89 Urk. IV 891, vgl. GS I 46 f. Anm. 36.

90 Vgl. H. Brunner, MIO 4 (1956) 323 ff. sowie Helck, Beziehungen 117; Helck weist den Beleg der Zeit des Amenophis I. zu.

91 Breasted, Anc. Rec. II § 85; K. Sethe, Urkunden der 18. Dynastie, bearbeitet und übersetzt (Leipzig 1914) 19 f.; vgl. Helck, Beziehungen 117.- Falls tatsächlich Teile einer Liste des Ramses III. (u.a. mit einem Beleg für Mitanni) auf ein Vorbild aus dem Anfang der 18. Dynastie zurückgehen (Helck, Beziehungen 248), wür-

de das von Interesse sein.

92 Breasted, Anc. Rec. II § 81; K. Sethe, a.a.O. 5.

93 Breasted, Anc. Rec. II § 125, vgl. dazu GS II 61.

94 Ob auch Alalaḫ dabei berührt wurde, muss noch offen bleiben (vgl. GS I 218 Anm. 45). In diesem Zusammenhang darf vielleicht der Fund eines Ringes des Thutmosis III. in Hama notiert werden, vgl. Porter-Moss, Bibliography VII 392.

95 Nach der Datierung des Thutmosis I. in die Jahre 1525 - 1512 und der - allerdings umstrittenen - Ansetzung des Idrimi von Alalaḫ um 1500 (GS I 245 Anm. 53) würde sich ein Zusammenhang zwischen dem ägyptischen Sieg in Syrien und der Rückkehr des Idrimi konstruieren lassen. Wenn dann Idrimi nur mit Genehmigung des Parattarna König in Alalaḫ werden konnte, wäre das als Anzeichen der nur ephemeren Bedeutung des Unternehmens des Thutmosis I. zu sehen. Das kann allerdings nur unbewiesene Vermutung bleiben.

96 So nach der Cambridge Ancient History, rev. Edition (CAH). Nach W. Helck (Beziehungen 97 ff.) u.A. :1490 - 1436.

97 Dazu vgl. die von J.A. Wilson, ANET 234 ff. zusammengestellten und übersetzten Texte sowie Helck, Beziehungen 120 ff. Letzte Übersetzung bei E. Edel in K. Galling, Textbuch zur Geschichte Israels (Tübingen [2]1968) 14 ff.

98 So Helck, Beziehungen 119 ff.

99 So nach Helck, Beziehungen 139; vgl. dazu oben S. 12.

100 Nach Helck, Beziehungen 140, geschah das in der Gegend der Mündung des Nahr el-Barid.

101 Dazu A. Alt, BBLAK 68 (1950) 97 ff., vgl. T. Säve-Söderbergh, The Navy of the Eighteenth Egyptian Dynasty (Uppsala 1944) 33 ff.

102 Urk. IV 696 ff. = Breasted, Anc. Rec. II § 476 ff., ferner Urk. IV 1243 ff. = Helck, Urkunden 12 ff., Urk. IV 1227 ff. = Helck, Urkunden 5 ff., Urk. IV 889 ff. (Biographie des Amenemhab) = Breasted, Anc. Rec. II § 574 ff. Zusammenstellung der einschlägigen Nachrichten bei J.A. Wilson, ANET 239 ff., vgl. dazu R. Faulkner, JEA 32 (1946) 39 ff. und A. Alt, ZDPV 70 (1954) 33 ff. sowie Helck, Beziehungen 140 ff.

103 Breasted, Anc. Rec. II § 582, vgl. GS I 176 und 182 f.

104 Die Ergänzung des GN Qatna in den Annalen durch Voranstellung von Urk. IV 188 (vgl. GS II 107) ist nicht gesichert; vgl. etwa Helck, Beziehungen 141 gegenüber J.A. Wilson, ANET 239 Anm. 14.

105 Ob in Ḥama entdeckte Skarabäen des Thutmosis III. (Porter-Moss,

Bibliography VII 392) in Zusammenhang mit den militärischen Unternehmungen dieses Königs dorthin gelangten, muss bei so leicht zu verbringenden Gegenständen zweifelhaft bleiben; vgl. etwa die Auffindung von Skarabäen des Thutmosis III. und anderer ägyptischer Könige in Obermesopotamien, s. Porter-Moss, Bibliography VII 396.

106 Erment-Stele Urk. IV 1245 f. = Helck, Urkunden 13 f.; Biographie des Amenemhab Urk. IV 891 = Breasted, Anc. Rec. II § 583; Würdenträgerinschriften Urk. IV 1370 = Helck, Urkunden 64 f. und Urk. IV 1467 = Helck, Urkunden 112. Vgl. dazu schon GS I 46 f. Anm. 36. Zu notieren wären ferner eine Obeliskeninschrift des Thutmosis III. (Urk. IV 587 = Breasted, Anc. Rec. II § 631) sowie die Notiz in einer Siegeshymne aus Karnak (Urk. IV 613 = Breasted, Anc. Rec. II § 656.

107 Dazu Helck, Beziehungen 150 f.- Die Liste des Thutmosis III. (Simons, Lists I c) bietet einige GN, die wohl zwischen Karkemiš und Emār zu lokalisieren sind (vgl. oben S. 86 f.)

108 Urk. IV 698 = Breasted, Anc. Rec. II § 481 (Annalen); Urk. IV 1233 = Helck, Urkunden 8 (Ǧebel Barkal-Stele); Urk. IV 1245 = Helck, Urkunden 13 (Erment-Stele); Urk. IV 893 f. = Breasted, Anc. Rec. II § 588 (Biographie des Amenemhab); vgl. GS II 61 f. und zur Situation ebenda 68.

109 Urk. IV 892 und 894 f. = Breasted, Anc. Rec. II §§ 585 und 589 f., vgl. GS II 158.

110 Vgl. auch Helck, Beziehungen 152. - A.H. Gardiner, Geschichte des Alten Ägypten (Stuttgart 1965) 220 hält es nicht für ausgeschlossen, dass es Amenophis II. war, der anstelle seines Vaters handelte, und zwar als Mitregent.

111 Urk. IV 709 ff. = Breasted, Anc. Rec. II § 497 ff., vgl. Helck, Beziehungen 152. Ein weiteres Gefecht wird Urk. IV 712 erwähnt.

112 Vgl. dazu GS II 90, ferner EA 59:5 ff. und die Geschenkszene Urk. IV 929.

113 Dazu Helck, Beziehungen 153 f.(kleinere Inschriften mit Nachrichten betreffend Syrien).

114 GS I 177. Nach H. Otten, Die hethitischen historischen Quellen und die altorientalische Chronologie (Wiesbaden 1968) 14 f. ist der nach Tudḫalija erwähnte Ḫattušili der erste Träger dieses Königsnamens, Ḫattušili I.

115 Zusammenstellung der Quellen bei J.A. Wilson, ANET 245 ff. und

dazu Helck, Beziehungen 155 ff.; vgl. ferner E. Edel bei K. Galling, Textbuch zur Geschichte Israels (Tübingen [2]1968) 28 ff. mit weiterer Literatur.

116 Vgl. dazu Helck, Beziehungen 171 Anm. 106. J.A. Wilson, ANET 245 Anm. 1 folgt der Ansicht, Jahr 7 wäre mit dem "Jahr des ersten Feldzuges" gleichzusetzen.

117 Urk. IV 1297, vgl. dazu Helck, Beziehungen 155.

118 Urk. IV 1300 ff. und 1310 ff. = Helck, Urkunden 32 ff., vgl. dazu E. Edel, ZDPV 69 (1953) 97 ff.; A. Alt, FF 26 (1950) 85 ff. und ZDPV 70 (1954) 39 ff.; Helck, Beziehungen 155 ff.

119 = 5. Jahr der Alleinregierung?, s. Helck, Beziehungen 171 Anm. 106.

120 Die Diskrepanz zwischen der Überlieferung für das Jahr 3 und dieser Nachricht über den ersten siegreichen Feldzug im Jahre 7 hat W. Helck (Beziehungen 171 Anm. 106) dadurch erklärt, dass man auf Stelen gern den jeweils geschilderten Feldzug als den "ersten" bezeichnete, vgl. auch J.A. Wilson, ANET 245 Anm. 1. Bedenken hat E. Edel, ZDPV 69 (1953) 158 ff. Für drei Feldzüge auch A. Badawi, Annales du Service des Antiquités de l'Égypte 42 (1943) 5 sowie A. Alt, FF 26 (1950) 85. A.H. Gardiner, Geschichte des Alten Ägypten (Stuttgart 1965) 220 sowie schon A. Alt, FF 26 (1950) 85 und ders., ZDPV 70 (1954) 41 Anm. 29 halten eine Mitregentschaft des Amenophis II. mit Thutmosis III. in dessen letzten Jahren nicht für ausgeschlossen und erwägen damit, das Jahr 3 des Amenophis II. noch in die Regierungszeit des Thutmosis III. zu setzen und vielleicht mit den in Urk. IV 1442 erwähnten Ereignissen zu identifizieren.- Zu berücksichtigen wäre in diesem Zusammenhang wohl noch, dass es sich bei dem Feldzug des Jahres 7 nach dem Bericht der Stele um eine siegreiche Erweiterung der Grenzen handelte, während sich die Kämpfe des Jahres 3 in Taḫši, also im offiziell ägyptischen Bereich, abspielten. Kann vielleicht die Bezeichnung als "erster" Feldzug im Hinblick auf diesen Aspekt gewählt worden sein?

121 Als Beute werden in der Memphis-Stele (Urk. IV 1303) neben zwei "Grossen" (wr) noch 6 marịannu-Leute (dazu jetzt Kammenhuber, Arier 220 ff.) genannt mitsamt ihren Streitwagengespannen und ihren Waffen. Die Karnak-Stele (Urk. IV 1311) notiert 1 marịannu mit Gespann und Rüstung, und vielleicht dürfen wir in diesem den von Amenophis II. "gefällten" Anführer der Gegner sehen, s. auch

E. Edel, ZDPV 69 (1953) 164.

[122]Vgl. dazu oben Anm. 121.

[123]Zur Situation GS II 68.- W. Helck, AfO 22 (1968-69) 21 ff. möchte einen fragmentarischen Text (Urk. IV 1317 ff.) unter allem Vorbehalt als Hinweis auf einen Vorstoss bis Ḫalap/Aleppo werten, doch ist die Argumentation sehr schwach.

[124]Dazu GS II 336 und 339 Anm. 28 mit Literatur.

[125]Helck, Beziehungen 160 (Karte) lässt Amenophis II. den Orontes bei ṯrḫ erreichen; vgl. dazu E. Edel, ZDPV 69 (1953) 150 ff. und oben S. 22 Anm. 2.

[126]Vgl. dazu das Fragment Urk. IV 1317 ff. = Helck, Urkunden 41 f. (s. oben Anm. 123), vgl. A. Barucq, Annales du Service des Antiquités de l'Égypte 49 (1949) 183 ff. und dazu noch W. Helck, AfO 22 (1968-69) 21 ff., in dem das Schiessen auf einen kupfernen Ziegel erwähnt wird.

[127]Zur Lokalisierung dieser Orte s. A. Alt, FF 26 (1950) 86 f.; ders., ZDPV 70 (1954) 43 ff.; E. Edel, ZDPV 69 (1953) 156 f.; Helck, Beziehungen 159 ff. Die Unternehmungen gingen dabei im Norden nicht über das Gebiet am See Genezareth (Tiberias-See) hinaus, vgl. A. H. Gardiner, Geschichte des Alten Ägypten (Stuttgart 1965) 223.

[128]Urk. IV 1343 f. = Helck, Urkunden 50 (23. Jahr des Amenophis II.) erwähnt Alalaḫ, Taḫši und Byblos, vgl. GS I 224, 235 und II 427. Da die GN nur als Herkunftorte von (bereits früher nach Ägypten gebrachten) Personen erscheinen, können keine historischen Folgerungen abgeleitet werden.

[129]W. Helck, MDOG 92 (1960) 3 und ders., Urkunden 45 Anm. 1 sowie Beziehungen 161.

[130]Diese werden auch in einer Skarabäus-Inschrift erwähnt, s. A.W. Shorter, JEA 17 (1931) 23 und dazu F.A. Bannister - H.J. Plenderleith, JEA 22 (1936) 3. R. Giveon, JNES 28 (1969) 55 möchte hier an die Überbringung eines jährlichen Tributes denken.

[131]In zerstörtem Kontext erscheint Nahrina noch Urk. IV 1628 = Helck, Urkunden 184.

[132]Zu den asiatischen Beziehungen des Thutmosis IV. s. den Überblick bei R. Giveon, JNES 28 (1969) 54 ff.

[133]Die mehrmalige Werbung des Thutmosis IV. um die Tochter des Artatama möchte W. Helck (Beziehungen 162) darauf zurückführen, dass sich die mitannische Situation in Nordsyrien inzwischen - nach dem hethitischen Vorstoss - gebessert habe.

[134]KBo I 6 Vs. 33 ff. in der Bearbeitung von A. Goetze, MAOG 4 (1928-29) 61 f.; vgl. dazu den Mattiųaza-Vertrag KBo I 1 I 30 ff. = Weidner, PDK 2 ff. (s. dazu unten).

[135]RS 4.449 , s. dazu GS II 335.

[136]So mit M.L. Heltzer, VDI 3/1956, 30.

[137]KBo I 6 Vs. 15 ff., vgl. ZA NF 22 (1964) 214 und GS I 177.

[138]AT 13, 14, vgl. AT 112 und GS I 222 f.

[139]A. Alt, FF 25 (1949) 249 ff.; W. Helck, MDOG 92 (1960) 1 ff. und Beziehungen 256 ff.; ders., AfO 22 (1968-69) 27 ff.; ferner M. Abdul-Qader Mohammad, Annales du Service des Antiquités de l'Égypte 56 (1959) 105 ff. sowie M. Liverani, RA 61 (1967) 1 ff.

[140]Zu šḏf.t s. Helck, Beziehungen 256 f. und schon E. Edel, ZDPV 69 (1953) 165 f.

[141]Vgl. etwa EA 51 und s. GS II 23, ferner EA 99. Schon Thutmosis III. hat Fürsten eigner Wahl eingesetzt (Breasted, Anc. Rec. II § 467) und Brüder oder Kinder als Geiseln nach Ägypten bringen lassen, vgl. etwa Urk. IV 1309 = Helck, Urkunden 40 sowie Urk.IV 1305 = Helck, Urkunden 38; ferner EA 156:9 ff. und Urk. IV 1620 sowie Urk. IV 690 usw., vgl. Helck, Beziehungen 366.

[142]Helck, MDOG 92 (1960) 10 und M. Liverani, RA 61 (1967) 5 ff.

[143]Vgl. etwa EA 118:50 ff.- Zum Titel rābiṣu, sākinu/sōkinu bzw. im ägypt. "Vorsteher der nördlichen Fremdländer" s. GS II 245 und 259 Anm. 4.

[144]Residenzen waren offenbar Orte ohne lokale Dynastien, die dem König direkt unterstanden, vgl. Helck, Beziehungen 261; allerdings scheint in der EA-Zeit in Kumidi ein eigner Regent gesessen zu haben, vgl. oben S.63, der aber sonst keine Rolle spielte.

[145]Dazu zuletzt M. Abdul-Qader Mohammad, Annales du Service des Antiquités de l'Egypte 56 (1959) 114 ff., vgl. Helck, Beziehungen 264.

[146]Vgl. zu Abgaben Urk. IV 1236, 1247, 1255.

[147]Dazu M. Abdul-Qader Mohammad, a.a.O. 111 ff.

[148]EA 157:17 ff., 158:5 ff., 160:9 ff.36 ff.44, 161:55 ff., vgl. EA 157:37 ff.

[149]Vgl. dazu M. Abdul-Qader Mohammad, a.a.O. 125 ff.

[149a]= Helck, Urkunden 35 f., vgl. zu ägypt. 'w'j.t E. Edel, ZDPV 69 (1953) 164 f.

[150]Pap. Anastasi III Rs. 6, 2.3 und dazu E. Edel, ZDPV 69 (1953) 164. Ramses III. hat zur Abwehr der "Seevölker" neben den Fürsten auch

die Kommandanten der Garnisonen und die marịannu-Leute mobilisiert (s. J.A. Wilson, ANET 262 mit Literatur).

151 Für weitere Zahlenangaben s. die Zusammenstellung bei Helck, Beziehungen 263, vgl. ferner M. Abdul-Qader Mohammad, Annales du Service des Antiquités de l'Égypte 56 (1959) 109 f.

152 Wenn die syrischen Vasallen wiederholt dringend um die Entsendung ägyptischer Truppen baten, so kann das nicht immer wörtlich genommen werden. Gewiss verbarg sich dahinter neben der Betonung ihrer unbedingten Ergebenheit auch die Absicht, Ägypten mitverantwortlich zu machen, falls sich die Situation zu Ungunsten des Pharao veränderte.

153 Vgl. etwa Urk. IV 739 und 1241 sowie Helck, Beziehungen 329 f.

154 Im gleichen Bericht werden "Häuptlinge des Libanon" erwähnt (Urk. IV 1242); in der Beuteliste Urk. IV 1309 (= Helck, Urkunden 40) des Amenophis II. werden "127 Grosse von Retenu" erwähnt.- Zur Unzuverlässigkeit der Zahlenangaben vgl. zuletzt W. Helck, AfO 22 (1968-69) 27.

155 Die Titel dieser Herrscher lassen sich mit "König", "Grosser", "Fürst", "Regent" oder einfach "Mann" wiedergeben, ohne dass damit eine unterschiedliche Rangstellung ausgedrückt war, vgl. dazu E. Edel, ZDPV 69 (1953) 163 f.; M. Abdul-Qader Mohammad, a.a. O. 106 ff.; Helck, Beziehungen 515 ff. sowie zuletzt G. Buccellati, Cities and Nations of Ancient Syria (Rom 1967) 64 ff.

156 Insbesondere s. die Einleitung des Mattiụaza-Vertrages KBo I 1 Vs. 30 ff. (Weidner, PDK 10 ff.).

157 Vgl. dazu M. Liverani, RA 61 (1967) 6. W. Helck, AfO 22 (1968-69) 27 ff. erweitert seine These vom "Herzogtum Qadeš" dahingehend, dass er die Existenz eines Grossreiches des Fürsten von Qadeš im 15. Jahrhundert annimmt. Die Führerrolle von Qadeš in der Schlacht vom Megiddo gegen Thutmosis III. (Urk. IV 664 f.) kann allerdings nicht als zwingender Hinweis auf eine Reichsbildung von Qadeš betrachtet werden, wenn auch Qadeš ohne Zweifel eine wichtige Rolle in der Geschichte jener Zeit gespielt hat, s. GS II 156 ff.

158 Dazu schon O. Weber, EA S. 1180 f.

159 "Streitwagenkämpfer", "Ritter"; vgl. zum Terminus zuletzt Kammenhuber, Arier 220 ff., ferner schon E. Edel, ZDPV 69 (1953) 164 und Helck, Beziehungen 522 ff. In der Beuteliste Urk. IV 1305 = Helck, Urkunden 38 des Amenophis II. wird eine Zahl von 550 marịannu nebst ihren 240 Frauen erwähnt. Wenn auch diesen Angaben

nicht unbedingt vertraut werden kann, dürften sie vielleicht doch darauf deuten, dass viele der marḫannu-Leute unverheiratet waren, sich also wohl in noch jugendlichem Alter befanden? Weitere Belege s. bei Helck, Beziehungen 523 f.

[160] Inwieweit mit einer Ablösung des monarchischen Systems durch ein oligarchisches an einigen fortgeschrittenen Plätzen Syriens, vor allem an der Küste, gerechnet werden kann, bleibt noch unklar. W. Helck (Beziehungen 517) hat die meisten Texthinweise anders erklärt und nur im Falle von Arḫad der These eines oligarchischen Herrschaftssystems zugestimmt. Die Existenz der "Stadt" als Behörde bzw. Repräsentation der vornehmen (reichen) Geschlechter dürfte jedoch unbestreitbar sein, ebenso ihr massgeblicher Einfluss auf die Politik des Regenten insbesondere in den syrischen Küstenorten. In Ugarit allerdings scheint der König sich als Beherrscher eines grösseren Territoriums weitgehend eine Unabhängigkeit von dieser Institution gesichert zu haben.

[161] Zum Folgenden vgl. G. Buccellati, Cities and Nations of Ancient Syria (Rom 1967) 31 ff.

[162] Hinzuweisen wäre hier noch einmal darauf (vgl. GS I 41 f. und 262), dass in hethitischen Texten deutlich zwischen der Stadt selbst und ihrem "Land" unterschieden wird. Der Determinierung eines GN mit URU im hethitischen Schreibgebrauch darf allerdings keine massgebliche Bedeutung beigemessen werden, da sie sich auch bei eindeutigen Ländernamen findet.

[163] G. Buccellati, a.a.O. 63 ff. bezeichnet diesen Typ des Staates als "expanded territorial state".

[164] Dazu zuletzt G. Buccellati, a.a.O. 140 ff.

[165] Helck, Beziehungen 519 ff.; Kammenhuber, Arier 109 ff.

[166] Autobiographie Z. 13 ff.; vgl. zu den Sutū / Sutäern J.-R. Kupper, Nomades 83 ff. und ders., RA 55 (1961) 197 ff.

[167] Urk. IV 1309 = Helck, Urkunden 40, vgl. dazu GS II 22 f., ferner E. Edel, ZDPV 69 (1953) 170 ff. und Helck, Beziehungen 527.

[168] Dazu schon O. Weber, EA S. 1038 f.

[169] Die Literatur dazu ist zu umfangreich, als dass sie hier genannt werden könnte; vgl. vor allem Bottéro, Ḫabiru sowie GS II 247 ff.

4. Kapitel

DIE HETHITER IN SYRIEN

Die in der Überschrift dieses Kapitels gegebene Charakterisierung des letzten Zeitabschnitts syrischer Geschichte, der hier dargestellt werden soll, erscheint zunächst als nicht ganz korrekt. Einmal hatten die Hethiter bereits zur Zeit des Ḫattušili I. begonnen, ihre Macht nach Syrien auszudehnen, zum anderen ist es bekannt, dass die Ägypter auch in der Folgezeit einen Teil Syriens besassen. Doch es war den Hethitern bislang nicht gelungen, in Syrien festen Fuss zu fassen und ihre Herrschaft hier zu organisieren, und zum anderen ist über die Situation in den ägyptisch verbleibenden südlichsten Bezirken Syriens nach der ʿAmārna-Periode kaum noch etwas überliefert.

a) Der Kampf der Hethiter um Syrien von Šuppiluliuma bis Ḫattušili III. von Ḫatti.

Es ist bereits erwähnt worden, dass sich die Aussöhnung zwischen den um Syrien rivalisierenden Mächten Mitanni und Ägypten vor dem Hintergrund des allmählich wieder erstarkenden Hethiterstaates vollzog. Die militärischen Aktivitäten der Vorgänger des Šuppiluliuma in Richtung auf Syrien sind bislang nur schemenhaft fassbar.[1] Ihre Bewertung hängt noch von der chronologischen Einordnung des einschlägigen Quellenmaterials ab. Soweit man sehen kann, war der Vorstoss des Tudḫalija II. (bzw. I.) nach Nordsyrien ein mehr oder weniger ephemeres Ereignis ohne grössere Tragweite für die politische Entwicklung in Syrien. Die Situation änderte sich erst in den späteren Regierungsjahren des Šuppiluliuma, den wir als den eigentlichen Begründer des hethitischen Grossreiches bezeichnen können.

Die aussenpolitischen Verhältnisse hatten sich im Hinblick auf eine expansive Politik Ḫattis südlich des Taurus während der Regierungszeit des Šuppiluliuma positiv verändert. In Ägypten war nach dem Tode des Amenophis III. der junge Amenophis IV. auf den Thron gefolgt, der sich in Ägypten in zunehmendem Masse mit Schwierigkeiten auseinanderzusetzen hatte, die zum Teil in Zusammenhang mit seinen religiösen Reformbestrebungen standen. Dem syrischen Raum und den dortigen ägyptischen Besitzungen wurde zwar Aufmerksamkeit geschenkt, doch wurde die ägyptische Oberhoheit offenbar nicht mit genügendem militärischen Nachdruck zur Geltung gebracht.[2] In Syrien selbst gab es zahlreiche Fehden zwischen den einzelnen Fürsten; sie tasteten zwar die mitannische bzw. ägyptische Oberhoheit nicht an, doch bildeten sie insofern eine Gefahr, als sie von einer dritten Macht für deren expansive Ziele genutzt werden konnten. Es war damit zu rechnen, dass bei Erscheinen einer starken hethitischen Armee sich die Kleinfürsten einzeln den Hethitern unterwarfen, ohne sich zu einem festen Bündnis zusammenzuschliessen. Was Mitanni betraf, so hatte sich Šuppiluliuma nach einem anfänglichen Misserfolg[3] durch eine Reihe von Verträgen den Rücken gedeckt und damit eine günstigere machtpolitische Ausgangsbasis geschaffen. Nach einer Stabilisierung der Lage in Anatolien selbst konnte Šuppiluliuma daran denken, die schon seit Ḫattušili I. zum Programm hethitischer Politik gehörende Expansion nach Südosten über den Taurus hinaus in die Tat umzusetzen.

Als Quellen für die Ereignisse der nachfolgenden hethitischen Aktivität in Syrien sind vor allem die Texte aus Boğazköy/Ḫattuša zu nennen, darunter insbesondere die Staatsverträge mit ihren historischen Einleitungen sowie die res gestae des Šuppiluliuma und Muršilis II. Das Vordringen des Šuppiluliuma nach Syrien hat ferner in einer Reihe von ʿAmārna-Texten Widerhall gefunden; der "einjährige Feldzug", wie er am klarsten in der Einleitung des Mattiu̯aza-Vertrages (KBo I 1) berichtet wird, gehört noch in den durch die EA-Briefe dokumentierten Zeitraum, der als die "ʿAmārna-Zeit" im engeren Sinne des Wortes bezeichnet werden kann.[4] Ferner haben auch die Ausgrabungen in Rās Šamrā/Ugarit eine Reihe von Texten geliefert, die die hethitische Expansion im nördlichen Syrien bezeugen; Erwähnung verdient hier vor allem der Staatsvertrag zwischen Šuppiluliuma von Ḫatti und Niqmadu II. von Ugarit. Schliesslich geben einige ägyptische Inschriften aus der Zeit des Sethos I. sowie der frühen Jahre des Ramses II. Nachrichten über ägyptische Unternehmungen in Syrien, die dann in der bekannten Schlacht bei Qadeš gipfelten. Der Friede, der zwischen Ramses II. und Ḫattušili III. geschlossen wurde, ist sowohl in ägyptischer als auch akkadischer Fassung überliefert. Dieser Zeitraum des hethitischen Kampfes um Syrien ist damit recht gut dokumentiert, wenn auch einige Fragen, so insbesondere solche chronologischer Art, noch nicht gelöst werden können.

Das hethitische Vordringen in das nördliche Syrien führte zunächst zu einem Konflikt mit Mitanni. Es scheint, dass auf einem ersten raschen Vorstoss ein hethitisches Heer durch Nordsyrien zog und dabei vielleicht schon Šarrupši von Nuḫašše unterwarf.[5] Bleibt diese Aktion der Hethiter noch fast völlig im Dunkel, so tritt uns dagegen der grosse "einjährige" Syrienzug deutlicher vor Augen, der in der historischen Einleitung des Mattiu̯aza-Vertrages berichtet wird und auch in einigen weiteren Quellen Widerhall gefunden hat.[6] Demnach ist Šuppiluliuma über das Land Išuu̯a am oberen Euphrat[7] in das obermesopotamische Kerngebiet mitannischer Macht vorgestossen, überschritt dann aber, da Tušratta von Mitanni einer Entscheidungsschlacht auswich, in westlicher Richtung den Euphrat und eroberte Ḫalap sowie Mukiš (Alalaḫ). Wie es scheint, ist Šuppiluliuma das nördliche Syrien ohne grössere Kämpfe zugefallen. In Alalaḫ empfing Šuppiluliuma das Unterwerfungsangebot des Fürsten von Nii̯a, Takuu̯a, sowie den zuvor von Nii̯a, Nuḫašše und Mukiš angegriffenen Ugarit-König Niqmadu, mit dem dann ein Vertrag geschlossen wurde.[8] Der Zug verlief weiter nach Araḫ(a)ti; hier hatten sich Agittešub, ein Bruder des Takuu̯a, einige mari̯annu-Leute sowie der Fürst von Araḫ(a)ti gegen die Hethiter zusammengeschlossen. Sie wurden besiegt und gefangengenommen. Im Anschluss daran wird die Einnahme der Stadt Qatna erwähnt (dazu GS II 134 f.). Es ist anzunehmen, dass es während dieses Unternehmens zu einer Kontaktnahme zwischen den Hethitern und Aziru von Amurru kam, der offiziell ägyptischer Vasall war (s. GS II 272 ff.). Aziru selbst verweist in mehreren seiner Briefe, die zeitlich nahe an die Kontaktnahme mit den Hethitern heranzurücken sind, auf eine Anwesenheit des Ḫatti-Königs in Nuḫašše (EA 165 -167). Über seine Aktivität in Nuḫašše berichtet Šuppiluliuma gleichfalls (KBo I 1 Vs. 38 ff., vgl. GS II 38 ff.). Hier wurden die Angehörigen des offenbar abgefallenen Šarrupši nach Ḫatti deportiert, und in Ukulzat wurde ein gewisser Takibšarri eingesetzt. Šuppiluliuma wandte sich anschliessend nach dem Lande Abina, das wir wohl südlich von Nuḫašše suchen, jedoch nicht sicher mit Ube gleichsetzen dürfen. Zu diesem Zeitpunkt haben - wenn die Abfolge der Ereignisse in der Vertragseinleitung richtig dargestellt ist - der Fürst von Kinza/Qadeš, Šutatarra, sowie sein Sohn Aitagama ihre Truppen den Hethitern entgegengeführt; Qadeš gehörte zur ägyptischen Sphäre Syriens, und wir dürfen Šuppiluliuma wohl glauben, dass es zunächst noch ausserhalb seiner Feldzugspläne gelegen hat, vgl. schon GS II 162 ff. Die Hethiter wollten, solange Mitanni in seinem Kerngebiet nicht geschlagen war und die Festung Karkemiš als nordsyrischer Brückenkopf Mitannis im Rücken lag, gewiss einen offenen Konflikt mit Ägypten vermeiden. Möglicherweise aber veranlasste der Marsch der Hethiter in Richtung auf Abina den Fürsten von Qadeš, Šuppiluliuma entgegenzuziehen und ihm Widerstand entgegenzusetzen, bevor dieser das Gebiet von Qadeš selbst betrat. Šutatarra und Aitagama wurden besiegt und Šuppiluliuma konnte den Feldzug bis Abina fortsetzen; das Gebiet von Qadeš hat er offenbar auch nach dem Sieg nicht betreten. Aitagama wurde von ihm anstelle seines Vaters in Qadeš wieder eingesetzt, was von ägyptischer Seite dann als Abfall gewertet wurde, zumal mit der Investitur gewiss eine Eidesleistung verbunden war (EA 162). Wie in der Vertragseinleitung zusammenfassend festgestellt wird (Vs. 47), war nunmehr Syrien nördlich des Libanon, also die gesamte mitannische Zone, von den Hethitern erobert worden; zugleich hatte Šuppiluliuma durch die Einsetzung eines Fürsten in Qadeš und die Kontaktnahme mit Aziru von Amurru seinen Einfluss in die nördlichen Bereiche der ägyptischen Zone ausgedehnt.

Allerdings zeigte sich in der Folgezeit, nach Abzug der hethitischen Hauptstreitmacht aus Syrien und Hinterlassung eines Kommandos unter Führung des Prinzen Telipinu in Murmuriga, also im nordsyrisch - mitannischen Grenzbereich,[9] dass die hethitische Position noch ungesichert war. Aziru von Amurru reiste auf wiederholte Forderung des ägyptischen Königs nach dem Lande am Nil, um dort seine Treue zu bekunden und Anfeindungen, wie sie vor allem seitens des Ribaddi von Gubla/Byblos erhoben wurden, entgegenzutreten; als offiziell ägyptischer Vasall kehrte er später nach Amurru zurück. Auch andere Fürsten dürften versucht haben, ihre Politik des Lavierens zwischen Ägypten und Ḫatti fortzusetzen. Ägypten und Mitanni unternahmen dann sogar, wie dem Bericht der "Taten des Šuppiluliuma" zu entnehmen ist, einen Gegenstoss: Die Ägypter griffen Kinza/Qadeš an, das seit der Investitur des Aitagama durch den Hethiterkönig als feindlich galt, während Mitanni die in der Stadt Murmuriga im östlichen Nordsyrien stationierten hethitischen Truppen vertrieb.[10]

Die Hethiter wiederum sahen sich aufgrund des ägyptischen Angriffes auf Qadeš legitimiert, ihrerseits gegen ägyptisches Territorium in Syrien vorzugehen. Zudem war zu befürchten, dass einer gemeinsamen Aktion von Mitanni und Ägypten die hethitischen Eroberungen in Syrien rasch zum Opfer fallen würden - dass sich die syrischen Regenten sofort ihren früheren Oberherren unterwerfen würden, daran wird auch in Ḫattuša kein Zweifel bestanden haben. Šuppiluliuma griff daher erneut mit seiner Hauptmacht in Syrien ein und konzentrierte sich selbst zunächst auf die Eroberung von Karkemiš, die eine Vorbedingung für eine Bindung der hethitischen Armee in den südsyrischen ägyptischen Bereichen darstellte. Währenddessen fielen seine Generale Lupakki und Tarḫuntazalma in das Land Amka ein, das offiziell ägyptisches Hoheitsgebiet war.[11] Die Mitanni-Truppen waren bereits vor Beginn der Belagerung von Karkemiš wieder über den Euphrat zurückgeworfen worden,[12] und der ägyptische Angriff auf Qadeš scheint sein eigentliches Ziel nicht erst erreicht zu haben. Noch während Šuppiluliuma Karkemiš belagerte, erhielt er ein Schreiben der Witwe des kürzlich verstorbenen ägyptischen Königs Tutanchamon, in dem eine dynastische Verbindung zwischen Ḫatti und Ägypten vorgeschlagen wurde.[13] Es zeigt sich hier eindeutig eine Veränderung in den Machtverhältnissen Vorderasiens - ein Umstand, dem auch die syrischen Fürsten Rechnung tragen mussten. Da auch die Euphratfestung Karkemiš inzwischen in die Hände der Hethiter gefallen war, andererseits auch in Mitanni selbst labile Verhältnisse entstanden waren, konnten die syrischen Regenten kaum noch eine Hilfeleistung seitens Mitanni erwarten. So hielt es Aziru von Amurru für angebracht, sich Šuppiluliuma zu Füssen zu werfen und offiziell hethitischer Vasall zu werden, was in einem Staatsvertrag Ausdruck fand (s. GS II 288 ff.). Die hethitische Herrschaft in Syrien war damit bis in den Libanon hinein ausgedehnt worden, eine Situation, die auch in der Einleitung des Talmišarruma-Vertrages Widerhall gefunden hat (KBo I 6 Vs. 33 ff.).

Mitanni war zwar aus Syrien verdrängt, jedoch noch nicht in seinem obermesopotamischen Kerngebiet entscheidend geschlagen worden. Die bereits erwähnten inneren Konflikte, denen der Mitanni-König Tušratta zum Opfer fiel, boten den Hethitern eine günstige Gelegenheit, auch den Bereich an Belīḫ und Ḫabūr zu unterwerfen. Da der aus Mitanni geflüchtete Sohn des Tušratta, Mattiu̯aza, bei Šuppiluliuma Schutz suchte, konnten die Hethiter sogar als Wahrer der Rechte des legitimen Thronerben auftreten.[14] Zusammen mit dem hethitischen Prinzen Pii̯aššili, den Šuppiluliuma in Karkemiš eingesetzt hatte, zog Mattiu̯aza nach Obermesopotamien, und nach erfolgreichem Kampf wurde er in Mitanni durch Šuppiluliuma auf den Thron gehoben; er wurde durch einen Eidschwur und einen Vertrag an Ḫatti gebunden. Für die syrischen Fürsten wurde damit endgültig die Möglichkeit ausgeschlossen, bei Aufständen gegen die Hethiter Hilfe aus Mitanni zu erwarten. Hierfür kam nur noch Ägypten in Frage; denn nach dem Scheitern des Heiratsprojektes und der Ermordung des als Ehegatten der ägyptischen Königin vorgesehenen hethitischen Prinzen waren die hethitisch-mitannischen Auseinandersetzungen offen ausgebrochen und hielten bis zum Tode des Šuppiluliuma an, ohne dass es allerdings ständig zu militärischen Begegnungen gekommen wäre. Dieser Krieg zwischen Ḫatti und Ägypten wurde praktisch erst durch den Friedensschluss beigelegt, den Ramses II. und Ḫattušili III. in die Wege leiteten. Für die Politik der syrischen Fürsten war der latente Kriegszustand zwischen den beiden um Syrien rivalisierenden Mächten insofern von Belang, als sie bei Erhebungen gegen die Hethiter auf ägyptische Hilfe hoffen durften.

Solche Aufstände gegen die hethitische Oberhoheit sind in der Folgezeit mehrfach ausgebrochen: Bereits kurz vor (oder wenig nach) dem Tode des Šuppiluliuma kam es zu einer Erhebung von Nuḫašše und Kinza/Qadeš, die sich dann zur Zeit des Muršili II. (in dessen Jahren 7 und 9) wiederholten (GS II 50 ff. und 168 f.). Während der ersten neun Regierungsjahre des Muršili II., d.h. bis zu seinem persönlichen Eingreifen in Syrien, scheint die hethitische Position in den syrischen Besitzungen nicht sehr fest gewesen zu sein; Muršili selbst war mit seiner Hauptstreitmacht in Kleinasien gebunden, um dort die Revolten niederzuschlagen, die bei dem Tode des Šuppiluliuma und des Arnuwanda erneut ausgebrochen waren. An der syrischen Rebellion gegen die Hethiter hat sich, wie aus dem späteren Vertrag des Muršili II. mit Niqmepa von Ugarit hervorgeht, auch die Handelsstadt Ugarit beteiligt (GS II 358 ff.), wenn auch Grund zur Annahme besteht, dass sich diese Teilnahme mehr in einer finanziellen Unterstützung der Rebellen ausdrückte als in einem militärischen Engagement. Über die Ursachen und die Ziele der Aufstände wird in den Quellen nichts ausgesagt, da in diesen die Haltung der syrischen Fürsten nach dem hethitischen Sieg interessierte, nicht deren Beweggründe für den Abfall von Ḫatti. Es ist anzunehmen, dass die syrischen Regenten, und besonders die des zentralen Syrien, versuchten, die Politik fortzuführen, die bereits aus den EA-Briefen deutlich geworden ist: Es galt die Gewinnung einer grösstmöglichen lokalen Autonomie bei nur formaler Anerkennung der Oberhoheit einer fremden Macht. Eine solche Politik war innerhalb der hethitischen Herrschaftszone kaum noch aussichtsreich. Die Hethiter machten ihre Rechte als Oberherren offenbar stärker geltend als zuvor die Könige von Mitanni und Ägypten und griffen, wie es das Beispiel Ugarits zeigt, auch in die internen Angelegenheiten der Fürstentümer ein, wenn Ruhe und Ordnung in hethitischem Sinne bedroht waren. Anlass zur Erhebung gaben einerseits die Verhältnisse in Ḫatti selbst, insbesondere Herrscherwechsel, andererseits die Haltung Ägyptens. In den Annalen des Muršili II. wird unter dem 7. Regierungsjahr vom Heranrücken eines ägyptischen Heeres gesprochen, das dann aber zur Umkehr gezwungen wurde.[15] Weiterhin ist zu berücksichtigen, dass die Assyrer während der ersten Jahre des Muršili II. die allgemeine Situation, vor allem die Bindung der Kräfte der Hethiter in Anatolien selbst, ausnutzen und bis zum Euphrat bei Karkemiš vorstossen konnten. So bestand bereits im 2. Jahr des Muršili die Gefahr eines assyrischen Angriffs, und Muršili entsandte den Feldherrn Nuḫanza mit einem Heer an den Euphrat bei Karkemiš. Nach hethitischer Darstellung nahmen die Assyrer daraufhin von einem Angriff Abstand - doch es ist anzunehmen, dass die Assyrer ohnedies zunächst noch keinen Kampf westlich des Euphrat planten. Im 9. Jahr des Muršili verstarb der hethitische Vizekönig von Karkemiš, neue syrische Aufstände brachen aus und die Assyrer erschienen wiederum am Euphrat. Das alles machte ein persönliches Erscheinen des Hethiterkönigs mit seiner Hauptstreitmacht erforderlich. Eine wichtige Stütze für die hethitische Herrschaft war während dieser Krisenzeit die positive Haltung von Amurru, also die syrische Uneinigkeit selbst; die Treue Amurrus gerade während dieser Zeit wird in den Amurru-Verträgen immer wieder hervorgehoben (GS II 206 ff.). Zwar versuchte Amurru, durch Zahlung von Abgaben den Ägyptern entgegenzukommen,[16] doch leistete es andererseits den Hethitern Hilfe - und eine solche Hilfeleistung musste gerade aus dieser Richtung, d.h. vom Rücken der Rebellen her, besonders willkommen sein. Auch wenn die Notizen in den Amurru-Verträgen die positive Haltung Amurrus übertreiben, so dürfte auch eine hethiterfreundliche Haltung Amurrus ohne militärisches Engagement ins Gewicht gefallen sein.

Die entscheidende Wiederherstellung hethitischer Herrschaft in Syrien erfolgte im 9. Jahr des Muršili II., als sich dieser einerseits in Kleinasien selbst durchgesetzt hatte, andererseits die Situation in Syrien unbedingt das Eingreifen des Grosskönigs erforderte. Muršili entsandte einen Feldherrn gegen Nuḫašše und Kinza/Qadeš, während er selbst etwas später nach dem Lande Aštata und dann nach Karkemiš marschierte. Er setzte einen Sohn des Pijaššili in Karkemiš zum Nachfolger ein und empfing die Huldigung des von seinem General besiegten und gefangengenommenen Königs von Qadeš, der als Vasall in seine Stadt entlassen wurde. In Ugarit wurde ein neuer König eingesetzt bzw. dessen Thronbesteigung begünstigt, und das Verhältnis Ugarits zu Ḫatti wurde durch einen neuen Vertrag geregelt; in Ḫalap bestätigte Muršili die Nachfolge des Talmišarruma, des Sohnes des Telipinu. Desgleichen wurde - auf der Basis des Aziru-Vertrages- die vertragliche Regelung mit Duppitešub von Amurru fixiert. Am Euphrat selbst, im Lande Aštata, wurde eine hethitische Festung angelegt und mit einer Besatzungstruppe versehen, um das hethitische Syrien gegen künftige assyrische Angriffe zu schützen. Die hethitische Herrschaft in Syrien konnte nunmehr wieder als gefestigt betrachtet werden.

Ägypten begann bereits unter Haremhab, nach Überwindung seiner inneren Schwierigkeiten, wieder eine expansive oder besser: restaurative Politik in Syrien zu betreiben. Mit Unternehmungen des Haremhab in dieser Richtung sind wohl die Nachrichten aus den Muršili-Annalen zu verbinden, die unter den Jahren 7 und 9 des Muršili II. eine ägyptische Aktivität notieren. Ägypten hat den Hethitern deren syrische Eroberungen zunächst nicht streitig zu machen vermocht. Sethos I. (s. Helck, Beziehungen 200 ff.) hat dann offenbar den Angriff bis in die Eleutheros-Ebene und nach Qadeš vorgetragen, um diesen wichtigen Bereich, den schon Thutmosis III. als Ausgangsbasis benutzt hat, in seine Hände zu bekommen. Es gibt Anzeichen dafür, dass Qadeš zeitweilig wieder unter ägyptische Kontrolle geraten ist.[17] Wenn eine Reliefbeischrift Siege bis hin nach Nahrina meldet,[18] so darf darin wohl nur die Übernahme einer älteren Formulierung gesehen werden; es scheint, dass die Nennung von Siegen in Nahrina in offiziellen Inschriften bereits eine Tradition geworden war. Diese aktive Syrienpolitik ist von Ramses II. fortgeführt worden, der in seinem 4. Regierungsjahr an der Küste entlang marschierte und dabei bis nach Amurru gelangte (GS II 308 f.). Der Gedanke eines politischen Anschlusses an Ägypten dürfte sich dabei in Amurru bereits entwickelt haben, und spätestens bei dem Herannahen des ägyptischen Heeres während des Jahres 5 des Ramses II. ist Bentešina dann zu den Ägyptern übergegangen. Es kam zu einer Eskalation der militärischen Auseinandersetzungen zwischen Ḫatti und Ägypten um den Besitz Syriens, die in der Schlacht von Qadeš gipfelten. Vor der Schlacht zeigte sich folgende Situation: Ägypten hatte seinen Einfluss in seinen ihm verbliebenen Besitzungen wieder gefestigt und hatte bereits Vorstösse über diesen Bereich hinaus unternommen; an der Küste vermochte es seinen Anspruch auf Oberhoheit bis etwa zur Senke von Homs bzw. der Eleutheros-Ebene geltend zu machen. Bis auf das nur zeitweilig gewonnene Qadeš hatte Ägypten, nachdem auch Amurru auf seine Seite übergetreten war, fast denselben Besitzstand in Syrien erreicht wie vor dem Erscheinen des Šuppiluliuma. Der hethitische Grosskönig musste nunmehr unter Aufbietung aller Macht versuchen, ein weiteres Vordringen der Ägypter zu verhindern und das abgefallene Amurru in den Bestand der hethitischen Besitzungen zurückzuführen. In der hethitischen Historiographie wird der Kampf um Amurru und die Bestrafung des abtrünnigen Fürsten in den Vordergrund gerückt (GS II 213 ff.). Als Hilfstruppen der Hethiter erscheinen in der ägyptischen Darstellung der Qadeš-Schlacht auch Kontingente syrischer Bereiche: Aus Karkemiš, Ḫalap, Nuḫašše, Ugarit und Qadeš; andere syrische Fürsten - so Bentešina von Amurru - standen auf der ägyptischen Seite.[19]

Der Verlauf der Schlacht von Qadeš ist bereits mehrfach ausführlich dargestellt worden.[20] Da die syrischen Fürsten hierbei nur als Vasallen der Hethiter bzw. Ägypter auftraten, ist es in diesem Rahmen nicht notwendig, den Gang der Ereignisse zu schildern. Wesentlich für die syrische Geschichte war das Ergebnis der Schlacht, vor allem die Rückgewinnung von Amurru durch die Hethiter, die damit wieder die Kontrolle über diesen wirtschaftlich und strategisch wichtigen Bereich gewannen; das zurückweichende ägyptische Heer wurde bis in das Land Ube (also bis nördlich Damaskus) verfolgt.[21] An dieser Wiederherstellung des hethitischen Besitzstandes in Syrien vermochten auch die weiteren Unternehmungen des Ramses II. in Syrien trotz zeitweiliger Erfolge nichts zu ändern.[22] Der Nachfolger des Muwatalli, des Gegners Ramses'II. bei Qadeš, scheint während seiner Regierungszeit in Syrien nicht militärisch eingegriffen zu haben; es liegt bislang noch kein Hinweis auf eine Aktivität des Muršili III. / Urḫitešub in dieser Richtung vor. Unter Ḫattušili III., der seinen Neffen Urḫitešub vom hethitischen Thron verdrängte, kam es dann zu dem bereits erwähnten Friedensschluss mit Ägypten, der durch eine dynastische Ehe untermauert wurde.[23] Die "schöne Bruderschaft" und der "schöne Friede" zwischen beiden Mächten wurden vor dem Hintergrund der erstarkenden assyrischen Herrschaft im oberen Mesopotamien geschlossen. Wer den ersten Schritt unternahm, bleibt noch unklar; die ägyptische "Hochzeitsstele"[24] sowie die ägyptische Version des Friedensvertrages deuten an, dass das Friedensangebot von hethitischer Seite ausgegangen sei. Das erscheint insofern gut möglich, als es gerade die hethitischen Besitzungen waren, die von den Assyrern bedroht wurden, zudem die Hethiter ihren Besitzstand in Syrien in jenem grössten Umfang hatten behaupten können, den er zur Zeit des Šuppiluliuma erhalten hatte. Vielleicht hatten beide Seiten zudem erkannt, dass eine Fortsetzung des Kampfes kaum wesentliche Veränderungen in der Aufteilung Syriens herbeizuführen vermochte, dagegen den expansiven Zielen anderer Mächte dienlich war. Inwieweit auch innere Entwicklungen in Ḫatti und Ägypten hier heranzuziehen wären, bedürfte noch einer Untersuchung. Es scheint, dass der Friedensschluss auf dem status quo geschah; von Veränderungen im syrischen Raum wird im Vertrag nicht gesprochen. Damit verblieb das südliche Syrien einschliesslich des Gebietes von Damaskus und Gubla/Byblos bei den Ägyptern, während der weitaus grösste Teil des Landes weiterhin der hethitischen Herrschaft zugehörte. Ob Syrien betreffende Regelungen des Friedensvertrages auf gesonderten Tafeln fixiert waren, muss noch offen bleiben.

Für die syrische politische Geschichte hatte der Friedensvertrag zwischen Hethitern und Ägyptern insofern Bedeutung, als sich die fremde Oberhoheit weiter stabilisierte und ein Lavieren zwischen den Mächten nunmehr ausgeschlossen war. Zugleich wurden damit ruhigere, dem Handel förderliche Zeiten heraufgeführt, die im wesentlichen bis zum Ende der hier zu behandelnden Periode syrischer Geschichte fortbestanden.[25]

b) Syrien unter hethitischer Herrschaft.

Im folgenden seien einige allgemeine Bemerkungen zur hethitischen Herrschaftsordnung in Syrien während der Grossreichszeit angeschlossen; für Einzelheiten muss auf GS I und II verwiesen werden. Über den ägyptisch beherrschten Bereich Syriens ist aus der auf die ʿAmārna-Periode folgenden Zeit, wie bereits erwähnt wurde, kaum etwas bekannt; die durch die EA-Texte beleuchtete Situation dürfte wohl fortbestanden haben. Für den hethitischen Herrschaftsbereich liegen dagegen umfangreiche Quellenzeugnisse vor, und zwar einerseits aus Boğazköy/Ḫattuša, andererseits aus dem syrischen Rās Šamrā/Ugarit.

Als die Hethiter Syrien bis zum Libanon unter ihre Herrschaft gebracht hatten, standen sie vor der Frage, auf welche Weise sie die vom hethitischen Kernland weit entfernten und durch den Taurus auch geographisch deutlich geschiedenen neuen Besitzungen regieren sollten. Sie sahen sich in Syrien nicht einem einzelnen unterworfenen stärkeren Gegner gegenüber, sondern einer grösseren Zahl kleinerer politischer Einheiten unterschiedlicher Struktur und Zielsetzungen. Diese staatliche Aufgliederung Syriens war den expansiven Bestrebungen der Hethiter entgegengekommen, erschwerte nunmehr aber die praktische Beherrschung des Bereiches. Vor allem sahen sich die Hethiter - im Gegensatz etwa zu den Ägyptern - in Syrien einem höheren Niveau der wirtschaftlichen Entwicklung gegenüber, einem komplizierteren ökonomischen und sozialen Gefüge als in Anatolien. Syrien war in den Handelsverkehr des Vorderen Orients und der Mittelmeerwelt integriert und von Entwicklungen abhängig, die die Hethiter gewiss nicht zu überschauen vermochten. Es musste daher ein System gefunden werden, das es den Hethitern ermöglichte, ohne eigenes direktes Engagement in der Leitung und Durchführung der Produktion und des Warenaustausches in den Besitz eines Anteiles am Gewinn zu gelangen. Diese Problematik wurde bereits an anderer Stelle notiert und es wurde dabei darauf verwiesen, dass die Hethiter in der Folgezeit offenbar ein Prinzip auf eine andere Ebene übertrugen, mit dem sie bereits seit längerer Zeit in Anatolien Erfahrungen besassen. Sie hatten sich dort zu Herren über intakte wirtschaftliche Einheiten aufgeworfen und aus den ihnen gelieferten Abgaben ihren Unterhalt bestritten und ihre Wehrkraft erhalten.[26] Nunmehr wurde der hethitische Grosskönig Oberherr der syrischen Fürsten, die an der Spitze kleinerer politischer und zugleich ökonomischer Einheiten standen. Sie wurden Vasallen des Hethiterkönigs und regierten ihre Bereiche hinfort weiter, doch erhielten sie sie vom Grosskönig als Lehen zugewiesen. Sie hatten einen Eid auf den König zu leisten, der sie zur Treue verpflichtete sowie zur Leistung von Abgaben und militärischer Gefolgschaft. Diese Bindung von Vasallen durch Eidesschwur war bereits bekannt, doch wurde es nunmehr die Regel, dass der hethitische Grosskönig zu syrischen Fürsten von einiger Bedeutung ein vertragliches Verhältnis einging, dessen Bedingungen im Detail festgelegt waren. Gewöhnlich erfolgte der Abschluss des Vertrages in zwei Sprachen, wobei die beiden Fassungen auch inhaltlich etwas voneinander abweichen konnten: In hethitischer sowie in - entsprechend der Geltung des Akkadischen als "internationales" Verständigungsmittel auch in Syrien - akkadischer Sprache. Bei Verträgen mit Ugarit wurde auch eine ugaritische Übersetzung angefertigt. Diese Rücksichtnahme auf die Sprachenfrage war wohl nicht zuletzt darin begründet, dass die Verträge - und insbesondere ihre historischen Einleitungen - zur öffentlichen Verlesung und zu wiederholtem Vortrag vor dem Vasallen bestimmt waren. Diese Verträge haben die juristische Grundlage der hethitischen Herrschaft in Syrien dargestellt und seien im folgenden kurz besprochen.

Es sind eine ganze Reihe von Staatsverträgen hethitischer Könige mit syrischen Fürsten überliefert, und es sind aus Boğazköy sowie aus syrischen Grabungsplätzen künftig weitere Vertragstexte zu erwarten. Es handelt sich bislang um Verträge mit den Fürsten von Amurru (Aziru, Duppitešub, Bentešina, Šaušgamuu̮a), Nuḫašše (Tette), Ḫalap (Talmišarruma), Ugarit (Niqmadu II., Niqmepa), Karkemiš (Talmitešub)[28] und Tunip.[29] Damit dürften zugleich die wichtigsten politischen Einheiten der hethitischen Herrschaftszone in Syrien erfasst sein. Dass vor allem Amurru und Ugarit als Vertragspartner erscheinen, mit denen nicht nur einmal - in einer bestimmten historischen Situation etwa - ein Vertrag geschlossen wurde, ist gewiss nicht nur ein Zufall der Überlieferung. Die Hethiter haben vielmehr danach gestrebt, gerade diese ökonomisch wertvollen Bereiche, die nicht durch eine militärische Besetzung Teil des hethitischen Herrschaftsgebietes geworden waren, durch vertragliche Abmachungen zu binden. Bis auf den nur kurz regierenden DU-Tešub sowie den nur zeitweilig in Amurru eingesetzten Šapili haben alle Amurru-Fürsten Verträge mit den Hethitern abgeschlossen, und vielleicht werden auch für diese beiden Fürsten noch die Vertragstafeln entdeckt. Diese Verträge stellten im Prinzip die Anwendung des mit Aziru geschlossenen Vertrages auf die jeweilige Person des Fürsten dar. Bei Ugarit machte sich eine neue Vertragsregelung notwendig, nachdem die Handelsstadt sich an der syrischen Rebellion gegen Ḫatti beteiligt hatte. Bei Ugarit stehen die finanziellen Regelungen stark im Vordergrund, durch die sich Ḫatti einen Anteil am Handelsgewinn und an der weit entwickelten Produktion dieses Bereiches verschaffte. Sowohl für Ugarit als auch für Amurru ist in Quellen angedeutet, dass sie trotz Anerkennung der hethitischen Oberhoheit weiterhin in Kontakt mit Ägypten blieben; hier dürften ökonomische Erwägungen ausschlaggebend gewesen sein.[30] Wenn unter dem letzten hethitischen Grosskönig, vondem wir Kenntnis haben, noch einmal ein Vertrag geschlossen wurde, und zwar mit Karkemiš und auf etwa paritätischer Basis, lag das in der besonderen politischen Situation dieser Zeit begründet, s. GS I 87 f. Hethitischerseits wurde, wie ein in Ugarit entdecktes Schreiben verdeutlicht,[31] die vertragliche Bindung mit dem Grosskönig als ein Positivum auch für den Vasallen gewertet.

Was den Inhalt und den Aufbau der Staatsverträge betrifft, so ist zunächst festzuhalten, dass allgemein - wenn auch das Schema etwas variiert werden konnte - am Anfang eine Präambel steht, in der Name und Titel des Grosskönigs bzw. auch seiner Vorfahren genannt werden. Es schliesst sich dann gewöhnlich eine historische Einleitung an, die die Beziehungen zwischen den Vertragsländern aus hethitischer Sicht darstellt und zuweilen zeitlich weit zurückgreift - jeweils soweit, wie es dem hethitischen Grosskönig nützlich erschien. Es folgen dann die einzelnen Vertragsbestimmungen, und den Abschluss bilden die Deponierungsklausel und die Schwurgötterliste nebst der Fluch- und Segensformel.[32] Die Bestimmungen des Vertrages wurden einseitig im Interesse der Grosskönige formuliert, die lediglich den Schutz des Vertragspartners und seiner legitimen Nachfolger übernahmen, solange sie treu blieben. De facto waren die Vasallenverträge Edikte der hethitischen Könige, die vom Vasallen beschworen werden mussten.

Im einzelnen handelte es sich bei den Verpflichtungen der Vasallen: Zunächst um den Verzicht auf eine eigene auswärtige Politik. Das bedeutete, dass es den Vasallen untersagt war, Verträge mit anderen Fürsten oder Mächten abzuschliessen oder eigenmächtig Kriegshandlungen zu eröffnen. Krieg in einem anderen Land war nur im Verband des hethitischen Heeres oder in grossköniglichem Auftrag möglich. Die Truppenstellung, also die militärische Gefolgschaftsleistung, wurde in den Verträgen ausdrücklich gefordert und teilweise recht detailliert dargelegt. Dabei sollte der Vasall diese Hilfe sowohl bei Konflikten Ḫattis mit den Nachbarmächten als auch bei Raubzügen und Strafexpeditionen der hethitischen Könige leisten, ferner bei Aufruhr in Ḫatti selbst. Die Vasallen wurden verpflichtet, bei feindlichen Angriffen oder Rebellionen von sich aus, d.h. ohne ausdrückliche Aufforderung durch den Grosskönig, einzugreifen und den König von Ḫatti zu unterstützen nach der Devise: Mein Freund sei dein Freund, mein Feind sei dein Feind. Vor allem sollten die Vasallen in solchen Situationen nicht erst das Ergebnis des feindlichen Angriffs oder Verhaltens abwarten, ehe sie eingriffen. Gelangte ein

Vasall zur Kenntnis über feindliche Umtriebe gegen Ḫatti bzw. das hethitische Königshaus, war er zur sofortigen Meldung verpflichtet. Flüchtlinge , die das Gebiet des Vasallen betraten, waren zu ergreifen und dem Grosskönig auszuliefern.[33] Dasselbe galt für Gegner des hethitischen Herrschers. Dass man in der Praxis mit der Erfüllung dieser Verpflichtungen nicht immer sehr rasch war, bezeugt ein Text der Zeit des Muršili II. (KBo III 3 III 1 ff.). Eine Entpflichtung von der Auslieferung der Flüchtlinge galt als ein besonderes Privileg, und man darf annehmen, dass die Aufnahme von Flüchtlingen für den Regenten eines Gebietes eine Vermehrung der produktiv oder im militärischen Dienst einsetzbaren Kräfte bedeutete. Von Bedeutung und möglicherweise in einem besonderen Abkommen geregelt war die Tributleistung; Angaben über die zu entrichtenden jährlichen Tribute finden sich bisher nur in den Verträgen mit Ugarit, Amurru und Nuḫašše. Es zeigt sich dabei, dass es in erster Linie um Gold ging (vgl. GS II 45, 290 und 353), das in Syrien, vor allem in den Handelsstädten, reichlicher vorhanden war als in Kleinasien, wo bei Tributleistungen offenbar das Vieh im Vordergrund stand. In Ugarit wurde, wie einem Textfund entnommen werden könnte (GS II 353), die Summe des hohen Gesamttributes auf die einzelnen Gemeinden umgeschlagen, die nach ihrer Einwohnerzahl oder finanziellen Kraft einen Anteil zu liefern hatten; auf ähnliche Weise dürfte auch in den übrigen Vasallenfürstentümern der Hethiter die Tributsumme aufgebracht worden sein.

Die Verträge wurden nur vom Vasallen beschworen. Ein Vertragsbruch bedeutete die Erledigung des Lehens; der Eidbrüchige wurde militärisch besiegt und abgesetzt, gewöhnlich nach Ḫatti deportiert und durch einen anderen Fürsten - zuweilen aus der gleichen Familie - ersetzt. Auf natürliche Weise erledigte sich das Lehen durch den Tod, was dann zu einer Bestätigung des Nachfolgers durch den Grosskönig oder auch einer Vertragserneuerung führte. Massgeblich blieb dabei wohl, wie im Falle von Amurru deutlich ist, der erste Vasallenvertrag , der auch ohne eine Neufixierung übertragen werden konnte.

Die Fürsten wurden vom hethitischen Grosskönig eingesetzt oder in ihrer Nachfolge durch ihn legitimiert. Allgemein war die Herrscherwürde in den Fürstentümern erblich, und die legitime Erbfolge wurde seitens des Grosskönigs garantiert. Solche Fürstentümer sind insbesondere durch die hethitischen Staatsverträge bekannt: Am Euphrat Karkemiš, das auch den Bereich von Aštata am Euphratbogen mit einschloss; sodann Ḫalap im zentralen Nordsyrien sowie an der Orontesmündung Mukiš (mit Alalaḫ). In Mukiš scheint es nach der Zeit des Šuppiluliuma keinen eignen Fürsten mehr gegeben zu haben, sondern hethitische Statthalter (GS II 442 f.). An den Bereich von Mukiš grenzte im Süden der von Ugarit; eine Grenzregelung wurde zugunsten Ugarits von Šuppiluliuma getroffen und dann von Muršili II. bestätigt. Siḭannu, das zunächst zu Ugarit gehört hatte, wurde zur Zeit des Muršili II. als eigene, jedoch der Kontrolle von Karkemiš unterstellte Einheit abgetrennt. Östlich des mittleren Orontes befanden sich die Nuḫašše-Länder, unter die zuweilen auch Niḭa (bei Apamea) mit einbegriffen wurde. Es kann sein, dass Niḭa zur Zeit des Muršili II. seine Stellung als eigenes Fürstentum verloren hat (GS II 73). Nuḫašše hat offenbar nach der Regierung des Tette, des Vertragspartners des Šuppiluliuma, keinen Fürsten mehr besessen bzw. war in mehrere Bereiche aufgesplittert. Qatna bei Ḥoms spielte seit der Zeit des Šuppiluliuma keine Rolle mehr und gehörte vielleicht mit dem Nuḫašše-Bereich an; ein eigenes Fürstentum hat es wohl nicht mehr dargestellt. Über das Schicksal Tunips in der Zeit nach Šuppiluliuma ist wenig bekannt, während Kinza/Qadeš weiterhin eine eigene politische Einheit darstellte (vgl. den Qadeš-Bericht sowie Ugaritica

V Nr. 38 - 40). Das südlichste hethitische Vasallenfürstentum bildete Amurru. Ausser diesen erwähnten politischen Einheiten - zu notieren wären hier noch Barga (s. oben S. 74) und vielleicht Zulabi (s. oben S. 77 f.) - wird es insbesondere im Randgebiet der Steppe sowie in den Buschwaldzonen der Gebirge noch halbnomadische Stämme gegeben haben, die sich der staatlichen Organisation des Kulturlandes weitgehend zu entziehen vermochten. Ihre Bewegungsfreiheit dürfte allerdings durch die striktere Durchsetzung der hethitischen Oberhoheit eingeengt worden sein. Es scheint, dass sich die Zahl der in Syrien bestehenden Fürstentümer allmählich etwas verringert hatte; es bildeten sich grössere Einheiten heraus, unter denen vor allem das hethitische Vizekönigtum Karkemiš, die reiche Handelsstadt Ugarit sowie der südliche Grenzbereich Amurru eine Rolle spielten.

Das hier dargestellte System der Bindung der einzelnen bedeutenderen syrischen Fürsten durch Vasallenverträge an den hethitischen Grosskönig konnte allerdings nur dann funktionsfähig sein, wenn genügend hethitischer Nachdruck dahinter stand und das Verhalten der Vasallen ständig kontrolliert wurde. Das war umso mehr notwendig, als Syrien aufgrund seiner geographischen Position und ökonomischen Zielsetzung nicht nur Interessensphäre fremder Mächte blieb, sondern auch selbst Kontakte zu den Staaten unterhielt, die als Handelspartner in Frage kamen. Die Küste stand in erster Linie mit der Ägäis, mit Zypern und Ägypten in Verbindung, während die syrischen Orte des Binnenlandes insbesondere mit Kaufleuten aus Assyrien und Babylonien in Berührung kamen. Dadurch stand Syrien auch einer politischen Einflussnahme anderer Staaten offen. Für den hethitischen Grosskönig, der sich in Anatolien selbst immer wieder Feinden gegenübersah und vor allem von den Kaškäern angegriffen wurde,[34] war eine direkte Kontrolle des syrischen Reichsteils schwierig. In Karkemiš wurde daher von Šuppiluliuma bereits ein Prinz als Vizekönig eingesetzt und mit

Befugnissen ausgestattet, die über den eigentlichen Bereich der Stadt hinausgingen.[35] Karkemiš lag an einer wichtigen Nahtstelle des hethitischen Grossreiches, und das hethitische Kernland, die syrischen Besitzungen der Hethiter sowie der zunächst noch unter hethitischer Oberhoheit stehende mitannische Pufferstaat waren von hier aus gut zu erreichen. Karkemiš hat sich in der Folgezeit als eine wichtige Stütze der hethitischen Herrschaft in Syrien erwiesen und im Laufe der Zeit immer mehr an Bedeutung gewonnen. In Ḫalap installierte Šuppiluliuma einen anderen seiner Söhne ebenfalls mit Vollmachten, die über Ḫalap selbst hinausgingen. Als Grund dafür könnte einmal auf die einstige Vormachtstellung Ḫalaps im nördlichen Syrien verwiesen werden, vor allem aber auf seine Bedeutung als in Syrien weithin geschätztes Kultzentrum des Wettergottes. Es darf kaum als Zufall betrachtet werden, dass Telipinu, der in Ḫalap inthronisiert wurde, zuvor bereits Priester von Tešub, Ḫepat und Šarruma geworden war - Gottheiten, die in Ḫalap vorrangig verehrt wurden. Auf die priesterliche Stellung des Telipinu wird auch in Texten verwiesen (GS I 196 ff.). Vielleicht lag es in der Absicht des Šuppiluliuma, sich dadurch eine Art von ideologischer Stütze in Syrien zu schaffen. In der unmittelbaren politischen Bedeutung und Kompetenz wurde Ḫalap allerdings von Karkemiš übertroffen, und unter dem Nachfolger des Telipinu ging Ḫalap der politischen Sonderstellung verlustig.

Über das Bestehen von Garnisonen der Hethiter in Syrien ist den Texten nichts zu entnehmen.[36] Ob in Karkemiš hethitische Truppen stationiert waren, ist unklar, doch gut möglich.

Waren die einzelnen Vasallenfürsten innerhalb ihrer Bereiche weitgehend selbständig, so griffen doch sowohl der hethitische König als auch der Vizekönig von Karkemiš gelegentlich in interne Angelegenheiten ein, die für den hethitischen Besitzstand in Syrien bedeutsam werden konnten. Es sind eine Reihe von hethitischen Erlassen sowie Entscheidungen des Vizekönigs von Karkemiš überliefert, die Grenzfragen, die Lösung dynastischer Verbindungen, militärische Verpflichtungen der Vasallen, Thronfolgeprobleme, finanzielle Angelegenheiten usw. betreffen.[37] Hethitische Beamte wurden in besonderen Missionen nach Syrien entsandt, und an einigen Orten scheint es hethitische Gouverneure gegeben zu haben.[38]

Konnten die hethitischen Besitzungen in Syrien gegen die erneute Expansion der Ägypter verteidigt und dann im Friedensvertrag gesichert werden, so vollzog sich östlich des Euphrat eine Entwicklung, die von den Hethitern aufmerksam und mit Sorge betrachtet werden musste.[39] Bereits Muršili II. hatte, noch während des latenten Kriegszustandes mit Ägypten, ein assyrisches Vordringen durch Obermesopotamien bis zum Euphrat bei Karkemiš zur Kenntnis nehmen müssen, ohne die Assyrer besiegen und auf ihr Kernland beschränken zu können. Nach einem erwarteten, doch dann ausgebliebenen assyrischen Vorstoss nach Karkemiš (AM 26 ff.) kam es während des 9. Regierungsjahrs des Muršili zu einem assyrischen Sieg über Karkemiš, der allerdings nicht eine Eroberung dieser westlich des Euphrat gelegenen Stadt gebracht haben dürfte (AM 116 ff.) Das persönliche Eingreifen des hethitischen Königs galt wenig später der Sicherung des Grenzgebiets am Euphrat und einer "Ordnung" der innersyrischen Verhältnisse. Zu einer bewaffneten Auseinandersetzung mit den Assyrern ist es dabei nicht gekommen; beide Seiten haben den Euphrat nicht überschritten.[40] Der zunächst mehr oder weniger ephemere assyrische Erfolg unter Adadnirari I. ist von dessen Nachfolger Salmanassar I. dann wiederholt worden, der wiederum bis zum Euphrat vorstiess (KAH I 13 II 16 ff., = IAK 116 ff.). Auf dieses Ergebnis wird auch in einem Brief des hethitischen Grosskönigs an Salmanassar Bezug genommen, der dem assyrischen König eine unfreundliche Reaktion auf ein entgegenkommendes Schreiben der hethitischen Seite zum Vorwurf macht.[41] Wie es darin heisst, habe der assyrische König einen Vorstoss "gen Sonnenuntergang" unternommen und dabei die Städte an sich genommen, die früher einmal von Šuppiluliuma besiegt und den Hethitern untertan gemacht worden waren. Salmanassar I. gelangte bis in die Nähe von Karkemiš,[42] der Eigenstaatlichkeit von Ḫanigalbat unter hethitischer Oberhoheit wurde ein Ende bereitet. Der assyrische Machtbereich grenzte am Euphrat nun unmittelbar an den hethitischen und bedrohte zugleich die hethitische Herrschaft in Syrien. Auch wenn die Assyrer zunächst noch nicht syrischen Boden betraten, so hatte doch das Auftreten eines neuen mächtigen Gegners der Hethiter am Euphrat Konsequenzen für die hethitische Politik in Syrien. Einmal musste der Abschluss eines Friedensvertrages mit den Ägyptern nunmehr an Aktualität und Notwendigkeit gewinnen (s. schon oben), zum anderen wurde für den hethitischen Grosskönig der Vizekönig von Karkemiš ein immer wertvollerer Partner, mit dem schliesslich ein Vertrag geschlossen wurde (GS I 68 f.). Zugleich wurde auch die politische Stellungnahme von Ugarit und Amurru für die Hethiter gewichtiger. Der Vorstoss des Tukultininurta I. in Gebiete westlich des Euphrat, verbunden mit der Fortführung einer grösseren Zahl von Gefangenen aus Syrien,[43] hat eine lebhafte hethitische Aktivität ausgelöst und zu dringlichen Truppenanforderungen auch an Ugarit geführt (GS I 85). Der Verlauf der syrischen Geschichte selbst wurde davon jedoch nicht direkt berührt, zumal sich die Assyrer offenbar rasch wieder hinter die Euphratlinie zurückzogen. Inwieweit eine von hethitischer Seite verhängte Handelsblockade gegen Assyrien, an der auch Amurru teilnehmen sollte,[44] dann tatsächlich wirksam wurde, muss noch dahingestellt bleiben. Politische Massnahmen der Hethiter, die dem ökonomischen Interesse der syrischen Vasallen entgegenstanden, werden nur schwer realisierbar gewesen sein.

Eine permanente Besetzung syrischen Territoriums durch die Assyrer ist jedenfalls während der Zeit der hethitischen Oberhoheit nicht erfolgt. Als später Tiglatpilesar I. von Assyrien bis zur Küste des Mittelmeeres vordrang, war die hethitische Herrschaft in Syrien bereits zusammengebrochen.[45] In der nordsyrischen Steppe begegnete Tiglatpilesar I. den Stämmen der Aramäer; gegen sie hat er eine Reihe von Feldzügen unternehmen müssen und dabei - seinem eigenen Bericht zufolge - 28 Mal den Euphrat überquert. Offenbar begannen die Aramäer zu diesem Zeitpunkt, verstärkt in das Kulturland am Euphrat einzudringen; zugleich ging auch eine aramäische Einwanderung in das Kulturland westlich der Steppe vor sich. Es waren aramäische Fürsten, die dann im frühen 1. Jahrtausend den Assyrern als die führende politische Kraft entgegentraten, als diese auch Syrien ihrem Reich einzugliedern suchten.

c) Syrien am Ende des 2. Jahrtausends: "Seevölker" und Aramäer.

Für das Vordringen der sogenannten "Seevölker"[46] steht als bisher wichtigste historische Nachricht eine Inschrift des Ramses III. zur Verfügung, die aus seinem 8. Regierungsjahr stammt und sich in Medinet Habu befindet.[47] Sie meldet das Auftreten fremder Völkerschaften, die von der ägäischen Inselwelt her nach dem Vorderen Orient vordrangen und eine Reihe von Staaten vernichteten, darunter auch das Land Karkemiš, d.h. hier das nördliche Syrien als hethitischer Reichsteil. Schliesslich hätten sie im Lande Amurru ihre Lager aufgeschlagen. Die ägyptische Gegenreaktion brachte dann das weitere Vorrücken der "Seevölker" noch in Syrien zum Stehen.[48] Diese Ereignisse, die unter dem Jahr 8 des Ramses III. gemeldet werden, dürften sich etwas davor abgespielt haben, da vor der Auseinandersetzung mit den Ägyptern noch ein Zeitraum angesetzt werden muss, in dem die Angehörigen der "Seevölker" mit ihren schwerfälligen Ochsenkarren und aufgehalten durch Auseinandersetzungen mit den lokalen Fürsten Vorderasien bis etwa zur Senke von Ḥoms durchzogen. Da eine andere ägyptische Inschrift, datierend aus dem Jahr 5 des Ramses III., vermerkt, dass der König von Amurru "zu Asche geworden" sei, seinen Namen es nicht mehr gebe und alle seine Leute gefangen, zerstreut und unterworfen seien, könnte es naheliegen, diese Notiz mit dem Eindringen der "Seevölker" in Amurru in eine Verbindung zu bringen.[49] Auf welchem Weg die Zuwanderer bis zum Libanon-Gebirge gelangten, lässt sich nicht exakt rekonstruieren. Das neue Textmaterial aus Rās Šamrā/Ugarit, das in die Regierungszeit des Ḫammurapi von Ugarit zu datieren ist (GS II 398 ff.), bezeugt die Annäherung von Gegnern zu Wasser; feindliche Schiffe landeten an der nordsyrischen Küste und ihre Mannschaften fielen plündernd ins Land ein. Die gegnerischen Landtruppen, d.h. die auf dem Landweg einrückenden Teile der "Seevölker", dürften über Kilikien nach Syrien gelangt sein. Ob sie dann weiter im Binnenlande nach Süden zogen und Ugarit umgingen[50] oder direkt an der Küste nach Süden marschierten und die Stadt Ugarit selbst dabei plünderten, lässt sich noch nicht sicher erweisen. Da der Ausgräber Ugarits, Cl.F.-A. Schaeffer, jetzt als Ursache für das Ende der Stadt nicht eine feindliche Aktion, sondern eine Naturkatastrophe (Erdbeben) annehmen möchte (Ugaritica V 760 ff.), wobei er sich auf (noch nicht publizierten) archäologischen Befund stützt,[51] könnte ersterer Wanderweg wahrscheinlicher sein. Vielleicht kann man auch vermuten, dass Ugarit es vermochte, sich durch finanzielle Leistungen eine Verschonung seines Gebietes durch die Einwanderer zu erkaufen? Dass ugaritisches Territorium zuvor von der See her attackiert worden war, haben die neuen Textfunde aus dem Brennofen der Stadt gezeigt (s. GS II 402 ff. zur Situation). Allzu weit werden die Truppen der "Seevölker" nicht in das syrische Binnenland eingedrungen sein; wenn die Vernichtung von

Karkemiš im oben erwähnten Sinne verstanden werden darf (vgl. GS I 88), dann bedeutete sie nicht ein Erreichen der Euphratstadt selbst. Es ist auch im Hinblick darauf, dass die zu Lande wandernden Truppe versuchen mussten, einen Kontakt mit den zu Wasser vorrückenden Angehörigen der "Seevölker" zu halten, eine nicht weite Entfernung von der Küste anzunehmen. In Betracht käme, wenn die Küste ausscheidet, dann am ehesten eine Wanderung östlich der Grabenzone, und die Senke von Ḥoms bot dann nach längerer Isolierung wieder eine Möglichkeit, Kontakt zu den Schiffen aufzunehmen.[52] Ob das Ende von Alalaḫ (GS I 255) sowie das Verschwinden von Tunip aus der historischen Überlieferung (GS II 93 f.), ferner auch die Zerstörung von Qadeš (GS II 176) damit in einen Zusammenhang zu bringen sind, ist noch nicht zu klären. Es ist zudem nicht gerechtfertigt, den "Seevölkern", deren Bedeutung und Macht in den ägyptischen Darstellungen gewiss übertrieben hervorgehoben wurde, um den eignen Sieg umso besser hervortreten zu lassen, allein die politischen und kulturellen Veränderungen anzulasten, die am Ende der späten Bronzezeit in Syrien zu verzeichnen sind. Kulturell und ökonomisch dürften sich die Angehörigen der "Seevölker" bald in die neue Umwelt integriert haben und assimiliert worden sein; inwieweit sie für einige technische Neuerungen verantwortlich waren, lässt sich nicht deutlich erkennen. Es ist anzunehmen, dass wenigstens die raschere Verbreitung des Eisens als Gebrauchsmetall mit auf ihr Einwirken zurückzuführen ist.

Von grösserer historischer Tragweite war eine andere ethnische Veränderung. Sie steht mit der "Seevölker-Bewegung" insofern in einem gewissen Zusammenhang, als durch die Vernichtung einiger politischer Zentren im westlichen Vorderasien die Ausbreitung einer neuen "Welle" von nomadischen Zuwanderern erleichtert wurde. Die erwähnte Notiz in einer Inschrift des Tiglatpilesar I. stellt die erste eindeutige historische Nachricht über das Auftauchen der Stämme der Aramäer am Rande des mesopotamischen Kulturlandes dar; man darf gewiss unterstellen, dass etwa gleichzeitig auch eine Einwanderung aramäischer Stämme in die Bereiche westlich der nordsyrischen Steppe erfolgte. Die lange Grenzlinie des syrischen Kulturlandes gegenüber der Wüstensteppe wurde erneut historisch wirksam.

Es ist bereits auf das Eindringen der westsemitisch-amurritischen Stämme nach Syrien um die Wende zum 2. Jahrtausend verwiesen worden (s. oben S. 119 ff.), die dann sowohl in Syrien als auch in Mesopotamien zum politisch führenden Element wurden.[53] Die Māri-Texte bezeugen einen Aufenthalt der Rabbaiten im Lande Jamḫad,[54] und für die Sutäer (Sutū) werden Raubzüge in Richtung Qatna sowie in der Gegend von Tadmir/Palmyra und Našalā/ el-Karjatēn berichtet (ARM V 23).[55] Da die PN der Stammesführer, soweit sie bekannt geworden sind, westsemitischen Charakter tragen, dürfen wir diese Stämme wohl dem gleichen Element zurechnen, das auch im Kulturland wirksam wurde.[56] Bei den Sutäern, deren Name später offenbar eine breitere Bedeutung erhielt und auf alle Nomaden angewendet werden konnte, hat Idrimi auf seiner Flucht eine Nacht in der Steppe verbracht (Idrimi Z. 13 ff.), und Sutäer sind dann noch öfter als räuberische Nomaden sowie auch als Söldner im Dienste sesshafter Fürsten in Keilschrifttexten der 2. Hälfte des 2. Jahrtausends belegt.[57] Da einerseits ein ständiger Druck aus dem Steppengebiet auf das angrenzende Kulturland erfolgte, andererseits es den sesshaften Autoritäten kaum möglich war, eine unmittelbare Kontrolle über das Steppengebiet auszuüben, mussten sich die syrischen Fürsten mit den Halbnomaden arrangieren - wohl in ähnlicher Weise, wie das für Māri so deutlich bezeugt ist. Dieses Arrangement war umso notwendiger, als durch das Steppengebiet wichtige Handelswege verliefen, deren Sicherung im Interesse der Bewohner des Kulturlandes lag. In den Inschriften werden dann seit dem

14. Jahrhundert[58] die Stämme der Aḫlamū erwähnt, deren eigentliches Streifgebiet westlich und östlich des mittleren Euphrat lag und die in den Inschriften teilweise mit der Stammesgruppe in Verbindung gebracht worden ist, die in der Folgezeit an Bedeutung gewann, den Aramäern.[59] Es scheint, dass die Aramäer seit dem 11. Jahrhundert in zunehmendem Masse das politische Geschehen in Syrien beeinflussten. Sie lassen sich sprachlich von den westsemitisch-amurritischen Stämmen, also den Angehörigen der früheren Einwanderungs-"Welle", unterscheiden, jedoch sollte eine derartige Differenzierung aufgrund sprachlicher Kriterien historisch nicht überbewertet werden.[60] Eine exakte Abgrenzung zwischen den einzelnen Einwanderungen, etwa zwischen den "Amurritern" und den "Aramäern", ist auch philologisch schwierig und besitzt für eine Darstellung der politischen Geschichte nur bedingten Wert.

Ein Teil der ethnischen Veränderungen - und gerade der historisch wirksamste - des 2. Jahrtausends geht also auf Zuwanderungen aus dem Steppenbereich zurück, auf die ständige, mit den Machtverhältnissen im Kulturland korrespondierende Infiltration oder massierte Einwanderung halbnomadischer Bevölkerungsgruppen. Sie gingen dann im Kulturland allmählich zur vollen Sesshaftigkeit über. Als nach 1200 die hethitische Herrschaft über Syrien zusammenbrach, da der Hethiterstaat in Anatolien selbst zugrunde ging,[61] zudem die Einwanderung der "Seevölker" einige syrische Zentren der Bronzezeit zerstörte, wurde die Einwanderung aus dem Steppenbereich forciert.

Die politische Zersplitterung Syriens, die während der späten Bronzezeit nur durch einen Zwang von Aussen her - durch die Oberhoheit fremder Mächte - an einer vollen Entfaltung gehindert wurde, konnte sich nunmehr wieder frei zur Geltung bringen. Das umso mehr, als auch der ägyptische Einfluss auf das südliche Syrien nach Ramses III. zeitweilig verlorenging, wie das die Erzählung des Wenamon so deutlich vor Augen führt. Als Tiglatpilesar I. von Assyrien bis zur Küste vorstiess und Tribut von Byblos, Sidon und Arṷad empfing, ist ihm offenbar in Syrien kein stärkerer Gegner entgegengetreten.[62]

Anmerkungen

1 Dazu zuletzt H. Otten, Die hethitischen historischen Quellen und die altorientalische Chronologie (Wiesbaden 1968).

2 Vgl. dazu A. Schulman, JARCE 3 (1964) 51 ff. sowie H. Klengel, Altertum 11 (1965) 131 ff.

3 Vgl. EA 17, zu datieren etwa noch in die Jahre 30-34 des Amenophis III., s. dazu Helck, Beziehungen 175 und Kitchen, Suppiluliuma 24 f.

4 Dazu H. Klengel, MIO 10 (1964) 58 f. und Campbell, Chronology 1 ff. mit früherer Literatur, vgl. GS II 258 f. Anm. 1 und zuletzt K.A. Kitchen, Chronique d'Égypte XLIII, 86 (1968) 313 ff.

5 Mattiṷaza-Vertrag KBo I 1 Vs. 3 f., vgl. wohl auch EA 75:35 ff. Dazu H. Klengel, MIO 10 (1964) 71 Anm. 79 und GS II 39 mit Anm. 4; weitere Literatur s. dort.- Der erwähnte Passus im Mattiṷaza-Vertrag könnte allerdings auch nur als ein Hinweis auf das Resultat des späteren grossen Syrienzuges betrachtet werden, wonach dann im Text ein Rückgreifen auf den Beginn der Auseinandersetzung käme, die dann zu diesem Resultat führte.

6 Nachrichten finden sich ausser in KBo I 1 Vs. 30 ff. noch im Tette-Vertrag KBo I 4 und Dupl. I 1 ff. (Weidner, PDK 58 f.), im Niqmadu-Vertrag PRU IV 32 ff. (besonders RS 17.227:3 ff. und 17. 340:2 ff.), in den Fragmenten 26 und 27 der "Taten des Šuppiluliuma" = H.G. Güterbock, JCS 10 (1956) 84 f., in dem Brief RS 17. 132 = PRU IV 35 ff. sowie auch - bei nicht immer gesicherter Zuweisung - in den EA-Briefen (s. Kitchen, Suppiluliuma 42 ff.).

7 Dazu zuletzt H. Klengel, OA 7 (1968) 63 ff.

8 Zur Situation s. GS II 71 f. und 349 ff.

9 EA 151, vgl. Fragment 28 der "Taten des Šuppiluliuma" = H.G. Güterbock, JCS 10 (1956) 90 ff. und dazu MIO 10 (1956) 73 ff.

10 Fragment 28 II 15 ff. und IV 1 ff. der "Taten des Šuppiluliuma", s. H.G. Güterbock, a.a.O. 92 f. und 97

11 Fragment 28 III 1 ff. und IV 1 ff., s. H.G. Güterbock, a.a.O. 94 und 97, vgl. ders., RHA 66 (1960) 60 f. zu KUB XXXI 121 a II 6 ff.

12 Fragment 28 II 29 ff., s. H.G. Güterbock, a.a.O. 93.

13 Fragment 28 III 5 ff. und IV 10 ff., s. H.G. Güterbock, a.a.O. 94 und 97, vgl. dazu W. Federn, JCS 14 (1960) 33.

14 Mattiuaza-Vertrag KBo I 1 Vs. 48 ff.; es liegt auf der Hand, dass der hier von Šuppiluliuma gegebenen Darstellung nicht unbedingt gefolgt werden kann. Zu berücksichtigen ist die mit der Einleitung des Vertrages verbundene Absicht.

15 AM 86 f., vgl. AM 82 f. sowie GS II 169.

16 KUB III 14 Z. 33 f.; vgl. auch die Bemerkung in einer Steleninschrift des Ramses II. (G. Lefebvre, Annales du Service des Antiquités de l'Égypte 25 (1925) 34 ff. sowie ebenda Ch. Kuentz, 181 ff.), dass die Fürsten von Retenu Tribut und Kinder (als Geiseln) an den ägyptischen König geschickt hätten. Vielleicht darf auch daraus auf eine rückversichernde Politik syrischer Fürsten geschlossen werden.

17 GS II 173, vgl. auch die Beischrift eines Karnak-Reliefs, das den König beim Angriff auf Qadeš zeigt (J.A. Wilson, ANET 254). Das ebenfalls in Karnak dargestellte Fällen von Bäumen für Sethos I. durch Fürsten des Libanon (Wreszinski, Atlas II 34 ff., vgl. R.O. Faulkner, JEA 33, 1947, 34 ff.) sowie die Auffindung einer Stele des Sethos in Tell eš-Šihāb im Ḥaurān (Porter-Moss, Bibliography VII 383) zeigen zwar eine Aktivität des Sethos I. im südlichen Syrien, bedeuten aber keine Ausdehnung der ägyptischen Besitzungen auf Kosten des hethitischen Bereiches. Zur Qadeš-Stele vgl. noch die bei Porter-Moss, Bibliography VII 329 genannte Literatur. Zu einem Gefecht mit Hethitern vgl. Breasted, Anc. Rec. III § 143 ff.

18 Breasted, Anc. Rec. III § 118.

19 Vgl. dazu zuletzt Helck, Beziehungen 208 ff. sowie ders., AfO 22 (1968-69) 23 ff. Inschriften bei A.H. Gardiner, The Kadesh Inscriptions of Ramesses II. (Oxford 1960).

20 Helck, Beziehungen 208 ff. mit Literatur.

21 KUB XXI 17 I 14 ff. und KUB XXIII 1 I 37 ff.

22 Dazu Helck, Beziehungen 219 ff., vgl. Porter-Moss, Bibliography VII 383 ff. zu verschiedenen Inschriften des Ramses II. aus dem Grenzbereich gegenüber der hethitischen Sphäre.

23 Breasted, Anc. Rec. II § 367 ff., vgl. J.A. Wilson, ANET 199 ff. mit Literatur, ferner Helck, Beziehungen 224 ff.

24 G. Lefebvre, Annales du Service des Antiquités de l'Égypte 25 (1925) 34 ff. und Ch. Kuentz, ebenda 181 ff..

25 Zum Übergriff des Tukultininurta I. von Assyrien auf syrisches Gebiet sowie zur Handelsblockade gegen Assyrien s. unten, vgl. GS II 222 f. und 321 f.- Darstellungen aus der Zeit des Ramses III., die ihn im hethitischen Syrien operierend zeigen (Medinet Habu), sind offenbar Kopien von Originalen der Zeit des Ramses II., vgl. A.H. Gardiner, Geschichte des Alten Ägypten (Stuttgart 1965) 319 und Helck, Beziehungen 248.

26 Ähnliche Erscheinungen lassen sich auch bei anderen zugewanderten Völkern beobachten, die auf einen höher entwickelten Bereich trafen (vgl. etwa die Indo-Arier und die Kassiten).

27 Zur hethitischen Herrschaftsordnung in Syrien s. A. Alt, FF 25 (1949) 249 ff.(= föderative Form), ferner zuletzt M. Abdul-Qader Mohammad, Annales du Service des Antiquités de l'Égypte 59 (1966) 109 ff., ferner M. Liverani, RA 61 (1967) 1 ff.- Die Arbeit von M. Abdul-Qader Mu/ohamma/ed (Schreibung des PN unterschiedlich) ist hinsichtlich der Quellen und der Sekundärliteratur allerdings nicht auf dem neuesten Stand der Forschung; zudem darf man wohl kaum von einer hethitischen "Provinzialverwaltung" sprechen, da Provinzen der Hethiter in Syrien nicht bekannt sind.

28 Bei der vertraglichen Regelung der Investitur des Pijaššili handelt es sich nicht um einen Staatsvertrag im eigentlichen Sinne.

29 Datierung nicht sicher, vgl. GS II 83.

30 Ugarit betrieb einen umfangreichen Handel auch mit Ägypten, und durch das Gebiet Amurrus ging der Karawanenweg von Mesopotamien zur syrischen Küste, wo die Waren auch für einen Weitertransport nach Ägypten umgeschlagen wurden. Vgl. ferner auch RS 20.182 A (+)B = Ugaritica V Nr. 36 (Brieffragment), doch kann daraus wohl keine ägyptische Herrschaft im nördlichen Syrien (so J. Nougayrol, Ugaritica V S. 111) abgeleitet werden. Die hier erwähnte Kontaktnahme mit Ägypten (Ramses II.?) könnte auch daher erklärt werden, dass es sich um eine Kana'an betreffende Angelegenheit handelte. Die in Ugarit entdeckten Gegenstände aus der Zeit von Amenophis IV./Echnaton und Haremhab (Ugaritica III Fig. 120; Syria 31, 1954, 41) sind Zeichen des fortbestehenden Handelskontaktes mit Ägypten, nicht einer politischen Herrschaft Ägyptens.

31 Schreiben des Šuppiluliuma an Niqmadu II., RS 17.132 = PRU IV 35 ff., Z. 49 ff.

32 Zu den hethitischen Staatsverträgen vgl. V. Korošec, Hethitische Staatsverträge. Ein Beitrag zu ihrer juristischen Wertung (Leipzig 1931); J. Pirenne, ArOr 18 (1950) 376 ff.; A. Goetze, Kleinasien (München 1957) 95 ff.; E. von Schuler, Neuere Hethiterforschung (Wiesbaden 1964) 34 ff.

33 Vgl. zur Rolle des Flüchtlingswesens : M. Liverani, Rivista Storica Italiana 77 (1965) 315 ff.

34 E. von Schuler, Die Kaškäer (Berlin 1965) 37 ff.

35 GS I 51 ff. und schon M. Liverani, RSO 35 (1960) 135 ff.

36 Erwähnt wird die Stationierung hethitischer Kontingente im nordsyrischen Murmuriga nach dem "einjährigen" Feldzug des Šuppiluliuma ("Taten des Šuppiluliuma", Fragment 28, II 9 ff. = H.G. Güterbock, JCS 10, 1956, 92); ob nach dem mitannischen Angriff erneut eine Garnison in die Stadt gelegt wurde, ist nicht bekannt.

37 Vgl. dazu schon den Überblick bei V. Korošec, RHA 66 (1960) 65 ff.

38 RS 20.03 = Ugaritica V Nr. 26, vgl. GS II 442 f., bezeugt einen gewissen Šukurtešub, einen hethitischen Prinzen, als Statthalter in Alalaḫ. In den vertraglich mit Ḫatti verbundenen Fürstentümern, so vor allem Ugarit und Amurru, gab es gewiss keine hethitischen Statthalter neben den einheimischen Fürsten; Angelegenheiten, die die persönliche Vertretung der hethitischen Seite erforderlich machten, wurden durch die Entsendung hethitischer Beauftragter (darunter von Prinzen) geregelt.

39 Dazu zuletzt J.M. Munn-Rankin, CAH II/25 (Cambridge 1967).

40 Dazu E. Weidner, AfO 5 (1928-29) 89 ff.; 6 (1930-31) 21 f. und 19 (1959-60) 104.

41 679/z = vorläufig H. Otten, AfO 22 (1968-69) 112 f., vgl. demnächst die Edition in KBo XIX. Zur Situation s. auch H. Otten, AfO 19 (1959-60) 46.

42 KAH I 13 III 1 ff., vgl. E. Weidner, AfO 5 (1928-29) 30 f. und dazu R. Borger, Einleitung in die assyrischen Königsinschriften (Leiden/Köln 1961) 55.

43 E. Weidner, Die Inschriften Tukulti-Ninurtas I. und seiner Nachfolger (Graz 1959) Nr. 16 und 17.

44 Sommer, AU 321, IV 12 - 18, vgl. dazu GS II 321 f.

45 E. Weidner, AfO 18 (1957-58) 343 f. und 350.

46 Die ethnische Zusammensetzung der "Seevölker" und ihre Wanderung

sind bereits mehrfach Gegenstand von Untersuchungen gewesen, so dass in diesem Zusammenhang auf alles verzichtet werden darf, was nicht direkt das Vorrücken der "Seevölker" in Syrien berührt; s. zuletzt R. Stadelmann, Saeculum 19 (1968) 156 ff. sowie den Überblick bei P. Garelli, Le Proche-Orient Asiatique des origines aux invasions des Peuples de la Mer (Paris 1969) 219 ff.

47 Edgerton-Wilson, Historical Records of Ramses III. (Chicago 1936) 53, vgl. GS I 69 und II 229.

48 Vgl. das in GS II 229 notierte Material, ferner Helck, Beziehungen 241 ff. und R. Stadelmann, Saeculum 19 (1968) 156 ff. Eine teilweise andere Interpretation der Quellen findet sich bei Cl. F.-A. Schaeffer, Ugaritica V (1968) 640 ff.- Der Sieg des Ramses III. hat ein Weiterrücken von Teilen der "Seevölker" bis nach Palästina nicht verhindert; so werden in der Erzählung des Wenamon die Zeker um 1100 in der Stadt Dor südlich des heutigen Haifa bezeugt, und die Philister gerieten später mit dem aufstrebenden Israel unter David in Widerstreit.

49 Medinet Habu I Taf. 27 f. Z. 13 ff., vgl. Edgerton-Wilson, Historical Records (s. Anm. 47) II 22, vgl. GS II 230.

50 So jetzt Cl.F.-A. Schaeffer, Ugaritica V (1968) 753 ff.

51 Cl.F.-A. Schaeffer gibt hier nur einen Überblick über den archäologischen Befund, soweit er zur Stützung seiner These herangezogen werden kann; das Material soll ausführlich in Ugaritica VI dargestellt werden. Bis dahin kann daher noch kein sicheres Urteil über die Berechtigung der These, dass Ugarit durch ein Erdbeben zugrundeging, abgegeben werden.

52 Vgl. auch Cl.F.-A. Schaeffer, Ugaritica V (1968) 758 ff.

53 Grundlegend dazu Kupper, Nomades; daran hat sich eine grössere Zahl von Arbeiten angeschlossen, vgl. dazu die zuletzt von G. Buccellati, Cities and Nations of Ancient Syria (Rom 1967) 77 f. Anm. 6 und 7 genannte Literatur.

54 ARM I 6 und IV 6, vgl. dazu GS I 112.

55 Kupper, Nomades 83 ff. und RA 55 (1961) 197 ff. (zu den Sutäern).

56 Vgl. Kupper, Nomades 93.

57 Zusammenstellung bei Kupper, Nomades 96 ff.

58 Kupper, Nomades 108 ff.

59 Kupper, Nomades 112 ff.- Zu früheren Belegen für Aram als GN oder PN vgl. R.T. O'Callaghan, Aram Naharaim (Rom 1948) 94 ff.; S. Moscati, The Semites in Ancient History (Cardiff 1959) 66 ff.; für

einen hieroglyphischen Beleg in einer Ortsliste des Amenophis III. s. E. Edel, BBB 25 (1966) 28 (p; 'rm).

60 Der längere Aufenthalt im Steppengebiet hat anscheinend allmählich auch sprachlich zu einer Unterscheidung zwischen diesen und den bereits früher ins Kulturland gewanderten und dort sesshaft gewordenen Stämmen geführt; im übrigen s. bereits oben S. 154 Anm. 30.

61 Vgl. dazu E. von Schuler, Die Kaškäer (Berlin 1965) 65 f. sowie H. Otten, Fischer Weltgeschichte 3 (Frankfurt/Main 1966) 175. - Cl.F.-A. Schaeffer, Ugaritica V (1968) 756 führt die Zerstörung von Ḫattuša und den Zusammenbruch des Ḫattistaates auf eine Naturkatastrophe zurück, ein starkes Erdbeben. Es dürfte jedoch anzunehmen sein, dass wenigstens die politischen Veränderungen dieser Zeit, die in Kleinasien vor sich gingen, in einen Zusammenhang mit den ethnischen Bewegungen und dem Vorstossen bereits früherer Gegner Ḫattis, u.a. der Kaškäer, zu bringen sind.

62 E. Weidner, AfO 18 (1957-58) 343 f.

INDICES

Geographische und ethnische Namen

Ägyptische GN:

Personennamen

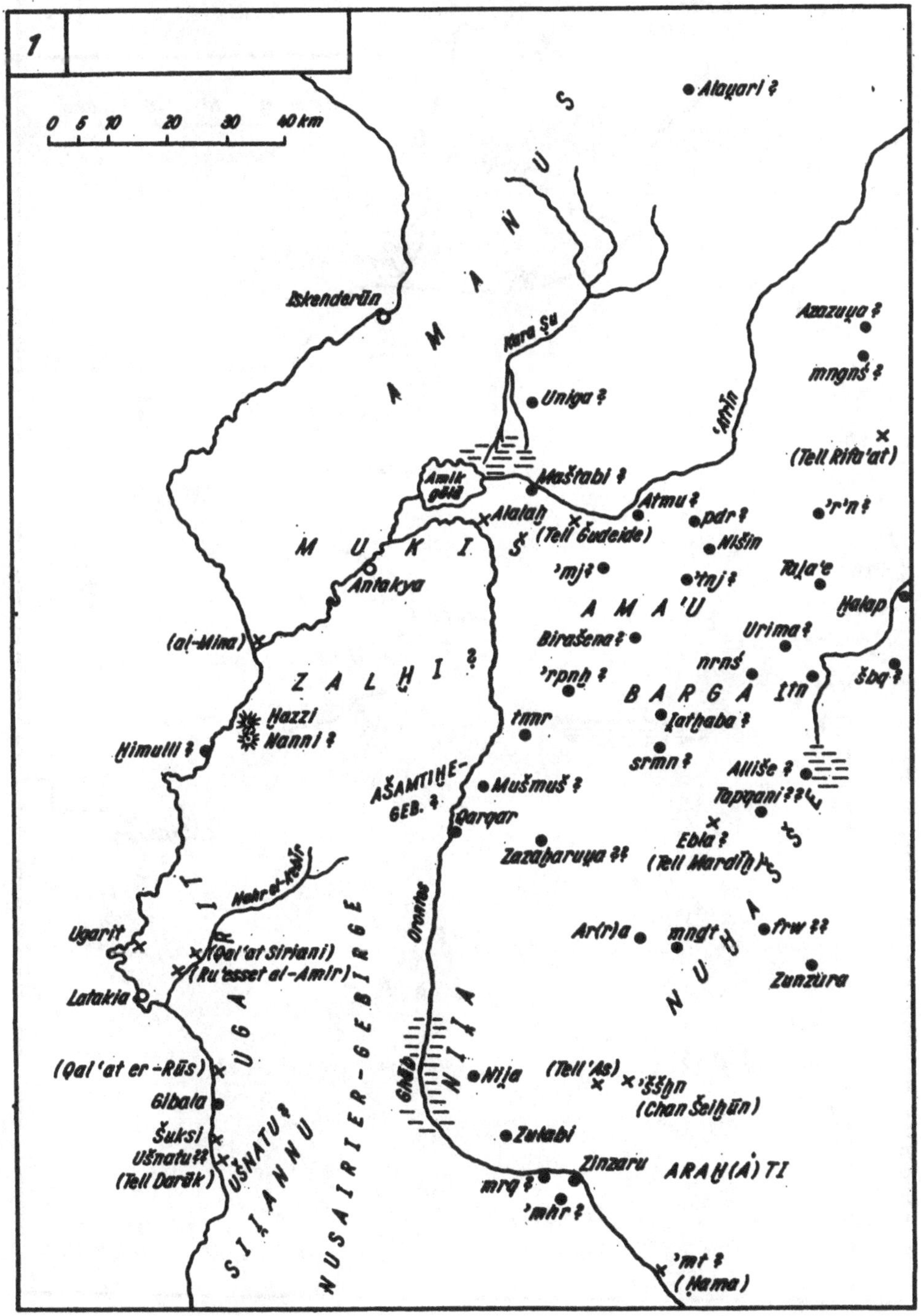

1
0 5 10 20 30 40 km
Alayari ?
A M A N U S
Iskenderūn
Kara Şu
Uniga ?
Azazuya ?
mngnś ?
ʿAfrīn
(Tell Rifaʿat)
Amik gölü
Maštabi ?
Atmu ?
Alalaḫ
(Tell Ǧudeide)
pdr ?
ʾrʾn ?
M U K I Š
Nišin
ʾmj ?
ʾtnj ?
Antakya
A M A ʾ U
Ḫalap
(al-Mina)
Birašena ?
Urima ?
Z A L H I ?
ʾrpnḫ ?
nrnś
B A R G A
ṯtn
šbq ?
Ḫazzi
Nanni ?
tmnr
Ḫimulli ?
srmn ?
Allišʾe ?
AŠAMTIHE-GEB. ?
Mušmuš ?
Tapqani ?
Qarqar
Ebla ?
(Tell Mardīḫ)
Zazaḫaruya ??
Nahr el-Kebir
Orontes
NUSAIRIER-GEBIRGE
Ugarit
Ar(r)a
mnqt
frw ??
(Qalʿat Siriani)
(Ruʾesset al-Amir)
Latakia
Zunzūra
U G A R I T
N U Ḫ A Š Š E
(Qalʿat er-Rūs)
Ġāb
N I I A
Nija
(Tell ʿAs)
ʾšḫn
(Chan Šeiḫūn)
Gibala
Šuksi
Zulabi
Ušnatu ??
UŠNATU ?
(Tell Darūk)
Zinzaru
ARAḪ(Ā)TI
mrq ?
ʾmhr ?
S I I A N N U
ʾmt ?
(Ḥama)

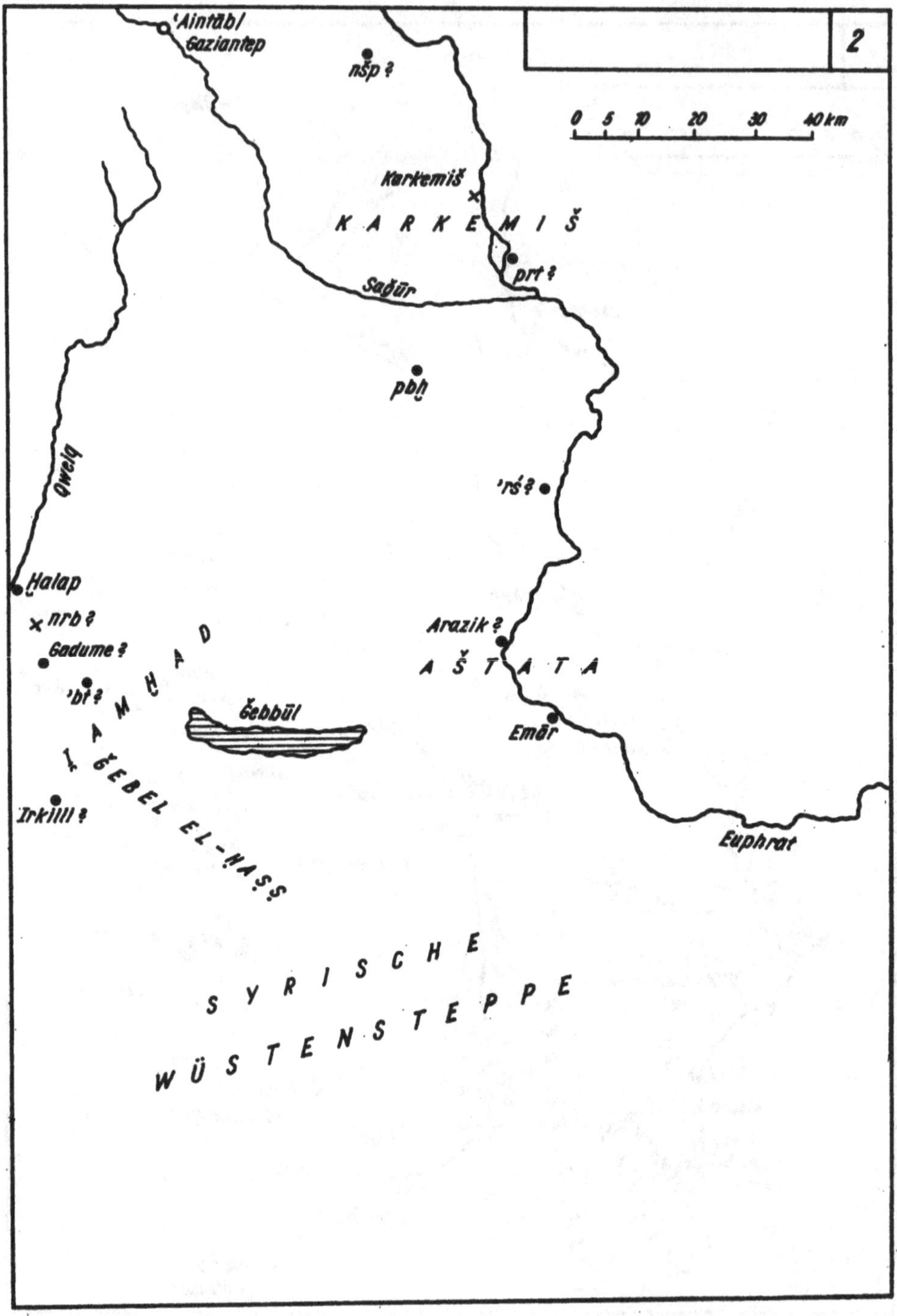

2
0 5 10 20 30 40 km
'Aintāb/
Gaziantep
nšp ?
Karkemiš
K A R K E M I Š
prt ?
Sağūr
pbḫ
'rś ?
Qwelq
Ḥalap
nrb ?
Gadume ?
'bt ?
Arazik ?
A Š T A T A
J A M Ḫ A D
Ǧebbūl
Emār
Euphrat
Irkilll ?
ǦEBEL EL-ḤAṢṢ
SYRISCHE
WÜSTENSTEPPE

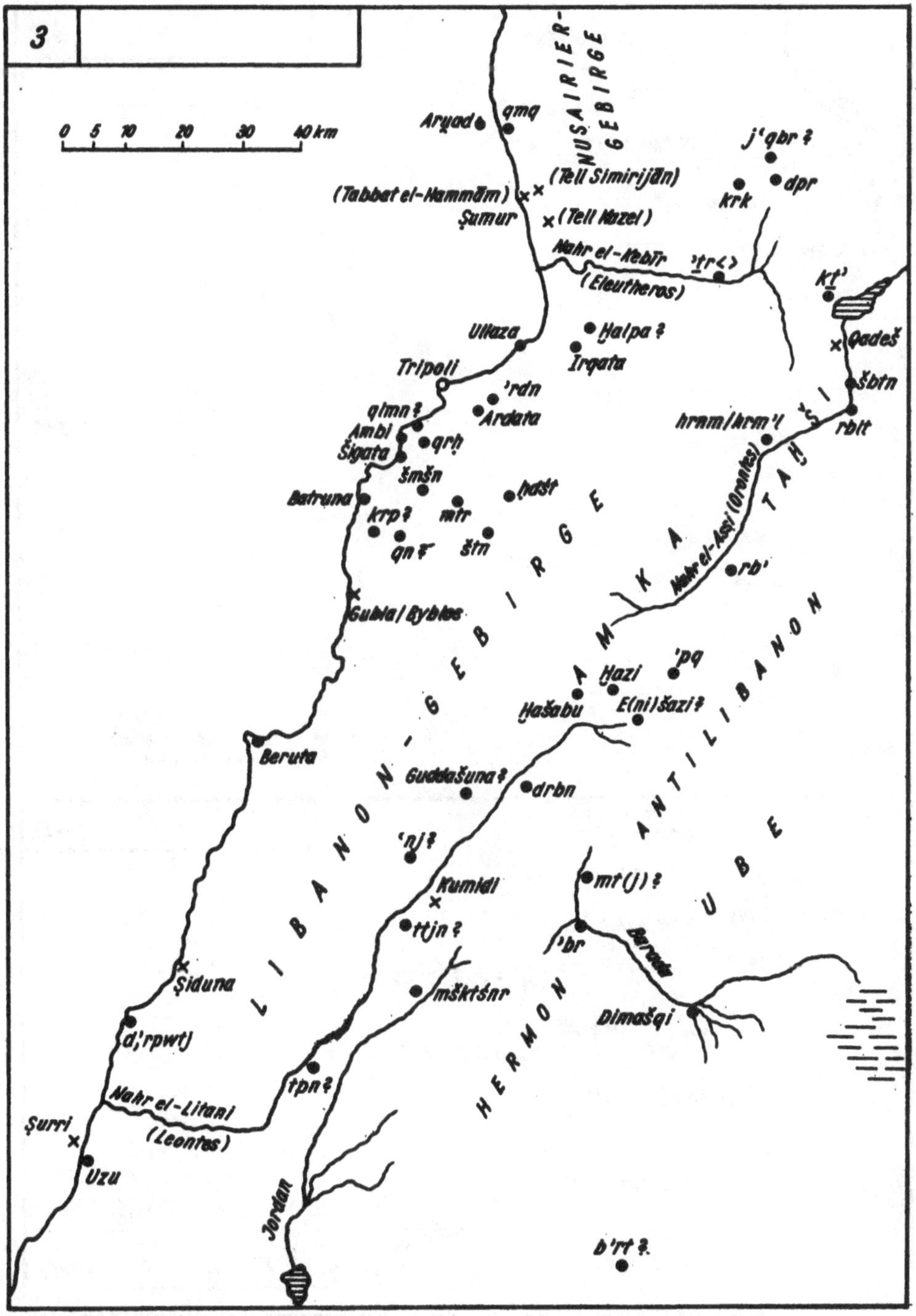
3
0 5 10 20 30 40 km
NUSAIRIER-GEBIRGE
Aryad
qmq
j'qbr ?
(Tell Simirijān)
dpr
krk
(Tabbat el-Hammām)
Ṣumur
(Tell Kazel)
Nahr el-Kebīr
'ṯr<>
(Eleutheros)
Kṯ'
Ḫalpa ?
Qadeš
Ullaza
Irqata
Tripoli
'rdn
šbtn
qimn ?
Ardata
Ambi
hrnm/krm'l
rblt
Šigata
qrḥ
šmšn
Batruna
hdšt
krp ?
mtr
qn ?
štn
Nahr el-Asi (Orontes)
rb'
Gubla/Byblos
LIBANON-GEBIRGE
AMKA
TAḪŠI
ANTILIBANON
'pq
Ḫazi
Ḫašabu
E(ni)šazi ?
Beruta
Guddašuna ?
drbn
'nj ?
Kumidi
mt(j) ?
ttjn ?
'br
Barada
UBE
mšktšnr
Ṣiduna
Dimašqi
HERMON
d;rpwtj
tpn ?
Nahr el-Litani
(Leontes)
Ṣurri
Uzu
Jordan
b'rt ?

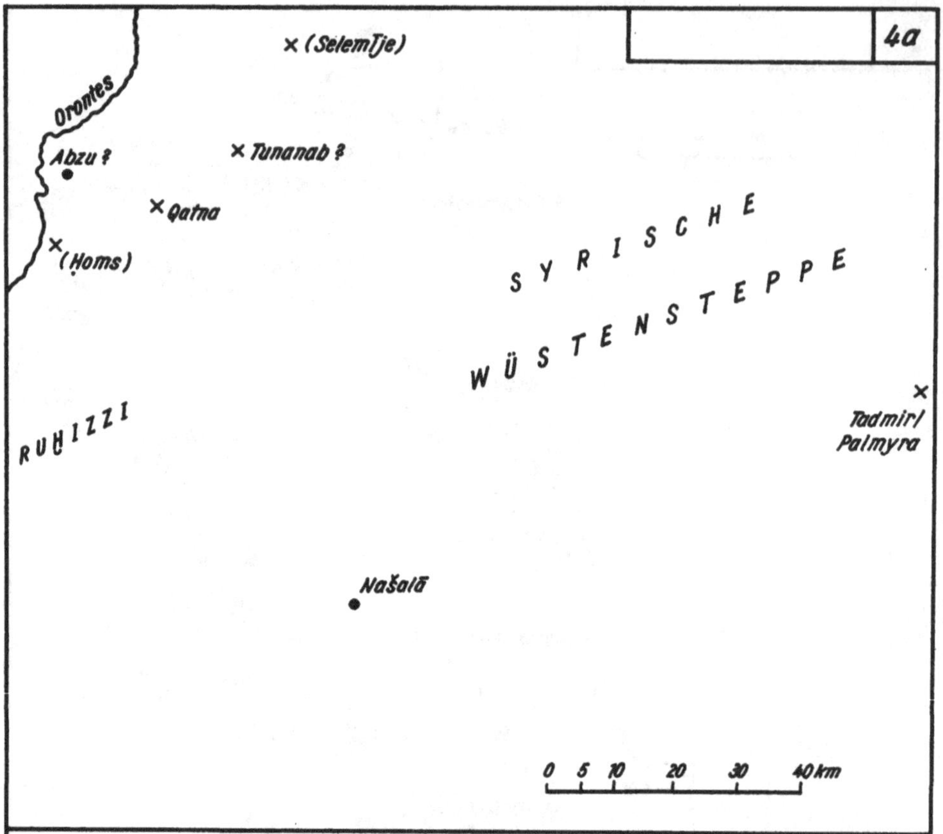
4a
× (Selemīje)
Orontes
Abzu ?
× Tunanab ?
× Qatna
× (Ḥoms)
SYRISCHE
WÜSTENSTEPPE
RUḪIZZI
× Tadmir/Palmyra
Našalā
0 5 10 20 30 40 km

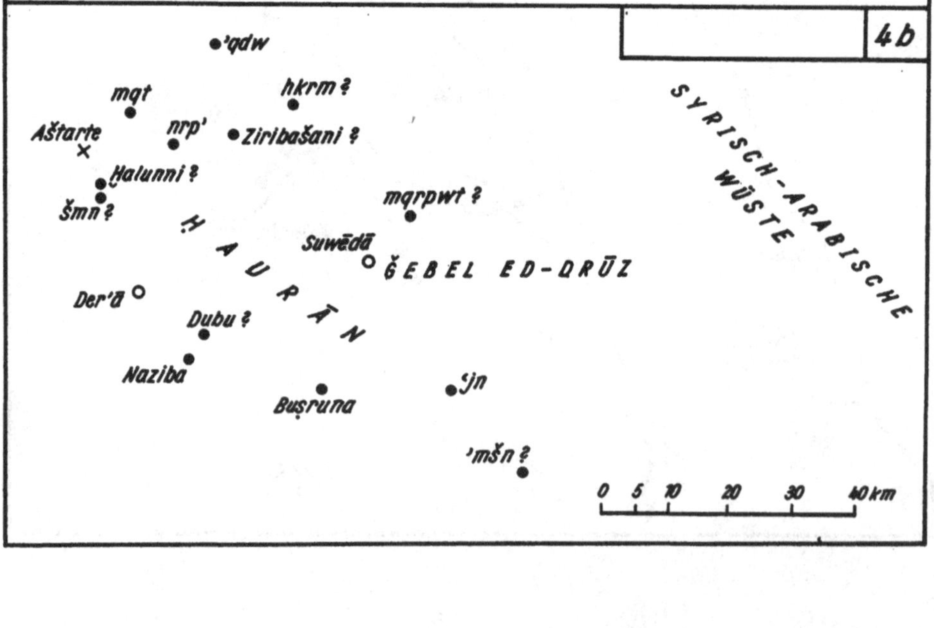
4b
'qdw
mqt
hkrm ?
Aštarte
nrp'
Ziribašani ?
Ḫalunni ?
šmn ?
mqrpwt ?
ḤAURĀN
Suwēdā
ĞEBEL ED-DRŪZ
SYRISCH-ARABISCHE WÜSTE
Der'ā
Dubu ?
Naziba
Buṣruna
'jn
'mšn ?
0 5 10 20 30 40 km

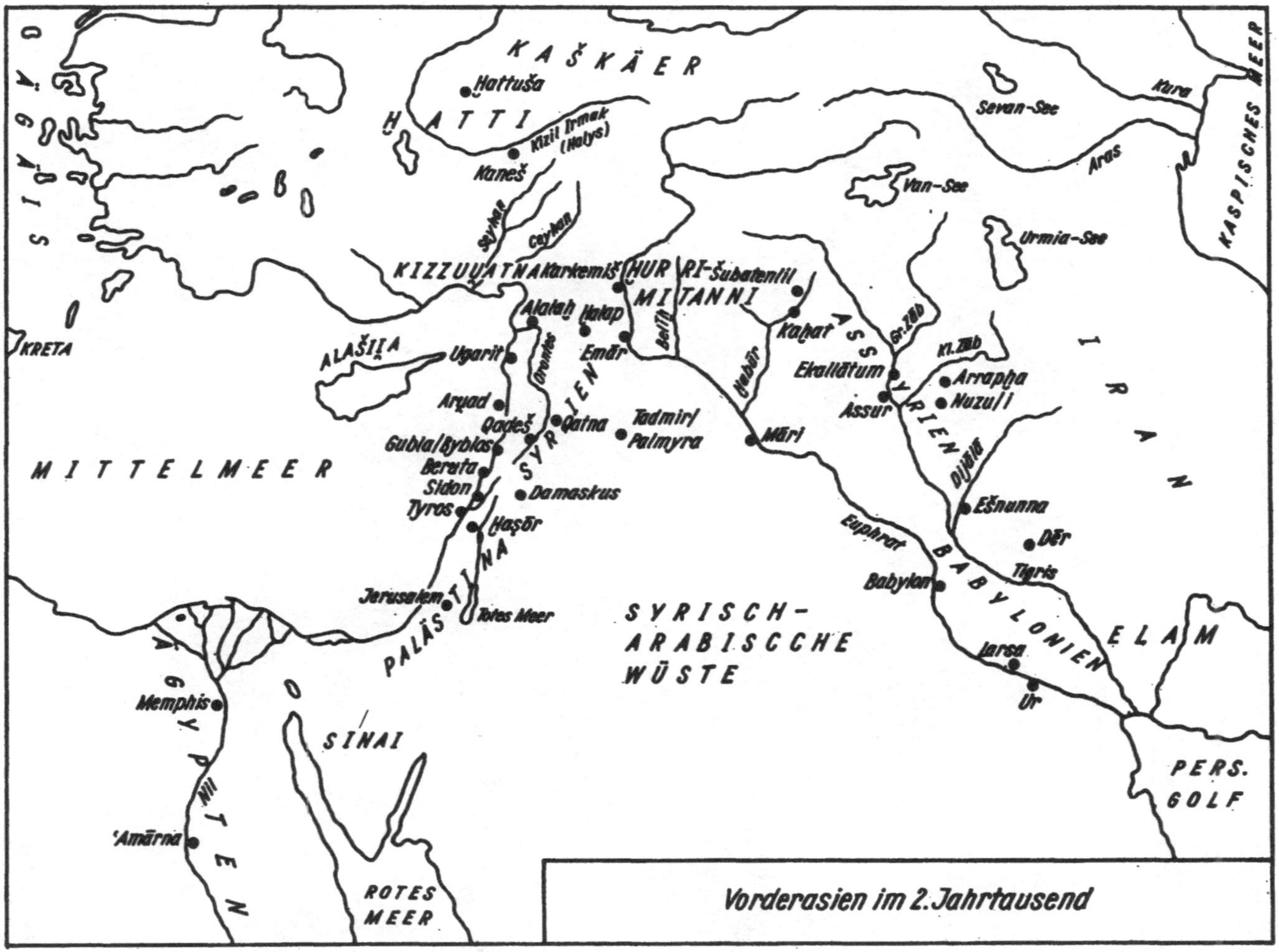

Vorderasien im 2. Jahrtausend

Prof. Dr. JUSSI ARO

Mittelbabylonische Kleidertexte der Hilprechtsammlung Jena

Mit einem Anhang:

Fünf alt-, mittel- und neubabylonische Texte verschiedenen Inhalts aus der gleichen Sammlung

(Sitzungsberichte der Sächsischen Akademie der Wissenschaften zu Leipzig, Philologisch-historische Klasse)

1970. Etwa 40 Seiten — 8° — etwa 5,70 M

In der vorliegenden Arbeit werden sechs mittelbabylonische Wirtschaftstexte, die u. a. Kleidernamen oder Verwandtes enthalten, in Umschrift und Übersetzung mitgeteilt. Fünf Texte stammen aus dem bekannten Nippur-Archiv vom 14.—13. Jahrhundert v. Chr., und einer von der Zeit Marduk-nādin-ahhī's (um 1100 v. Chr.). Die Kleidernamen der Texte werden durch ein Glossar erläutert, wo auch das Material aus früher publizierten ähnlichen Texten berücksichtigt ist.
Anhangsweise werden fünf weitere Texte der Hilprecht-Sammlung publiziert (eine altbabylonische Liste von Ackerbaugeräten, Datenliste Ammiṣaduqas, eine fragmentarische mittelbabylonische Namenliste, eine neubabylonische Grundstückskaufurkunde und ein neubabylonischer Brief).

Bestellungen durch eine Buchhandlung erbeten!

THEORIA CUM PRAXI

AKADEMIE-VERLAG BERLIN

Sumerische literarische Texte aus Nippur

Bd. II: Hymnen, Klagelieder, Weisheitstexte und andere Literaturgattungen ·

Mit Vorwort und Einleitung herausgegeben von Prof. Dr. SAMUEL N. KRAMER

Autographiert und mit Inventarverzeichnis versehen von Dr. INEZ BERNHARDT

(Texte und Materialien der Frau Professor Hilprecht-Sammlung, vorderasiatischer Altertümer im Eigentum der Friedrich-Schiller-Universität Jena, Neue Folge IV)

1967. 25 Seiten — 108 Taf. (Keilschrift) — 4° — 60,— M

Dieser abschließende Band enthält Autographien von 90 Keilschrifttexten, deren Inhalt das gesamte Gebiet der sumerischen literarischen Werke umfaßt. Von besonderer Bedeutung sind jedoch die Nummern 7—34, welche beträchtliches neues Material aus der Hymnen- und Klagelieder-Gattung hinzufügen.

Der hohe Wert der sumerischen Literatur für unseren Einblick in die kulturelle und geistige Entwicklung nicht allein Mesopotamiens, sondern in der Tat des gesamten Alten Orients wird heute von allen Fachgelehrten und Historikern anerkannt und gewürdigt, und die Hilprecht-Sammlung der Friedrich-Schiller-Universität Jena hat einen unschätzbaren Beitrag zu ihrer Wiederentdeckung und Wiederherstellung geleistet. So haben sich z. B. — um nur einige wenige Höhepunkte zu erwähnen — die Dokumente der Hilprecht-Sammlung für die Wiederherstellung folgender Texte von höchstem Wert erwiesen: der Mythen „Enki und die Weltordnung", „Inanna's Abstieg in die Unterwelt"; des Epos „Lugalbanda und der Berg Hurrum"; der Hymnen an Enlil, Nanna, Hendursagga und Schulgi; der historiographischen Dichtung „Der Fluch von Akkad"; der „Klage über die Zerstörung von Nippur"; der „Heilige Hochzeit"-Liebeslieder und schließlich einer ganzen Gruppe Weisheitsliteratur. Die Tontafeln, welche vor mehr als einem halben Jahrhundert in Nippur, dem kulturellen Zentrum des alten Sumer, ausgegraben worden sind, enthalten die älteste schöngeistige Literatur der Menschheitsgeschichte.

Bestellungen durch eine Buchhandlung erbeten!

A K A D E M I E - V E R L A G · B E R L I N

Infolge eines technischen Versehens ist bei einer Reihe von Eigennamen (wie Haleb, Hama, Homs, Haurān, Sumur, Surri, Sarafand) des öfteren der Punkt unter dem H bzw. S ausgefallen.

2013/40/III Klengel, Geschichte Syriens, Teil III

Kolibri 360 GmbH
Ferdinand-Jühlke-Straße 7
99095 Erfurt, Deutschland
produktsicherheit@kolibri360.de